珠江三角洲
住区休憩环境设计

杜宏武 著

中国建筑工业出版社

图书在版编目(CIP)数据

珠江三角洲住区休憩环境设计/杜宏武著. —北京：中国建筑工业出版社，2006
 ISBN 7-112-08108-4

Ⅰ. 珠… Ⅱ. 杜… Ⅲ. 珠江三角洲—居住区—文娱活动—公共建筑—建筑设计 Ⅳ. TU242.4

中国版本图书馆 CIP 数据核字(2006)第 014013 号

责任编辑：唐　旭
责任设计：赵明霞
责任校对：张树梅　张　虹

珠江三角洲住区休憩环境设计
杜宏武　著
*
中国建筑工业出版社出版、发行(北京西郊百万庄)
新　华　书　店　经　销
北京天成排版公司制版
世界知识印刷厂印刷
*
开本：787×960 毫米　1/16　印张：16¼　字数：335 千字
2006 年 4 月第一版　2006 年 4 月第一次印刷
印数：1—2500 册　定价：35.00 元
ISBN 7-112-08108-4
　　(14062)

版权所有　翻印必究
如有印装质量问题，可寄本社退换
(邮政编码　100037)
本社网址：http://www.cabp.com.cn
网上书店：http://www.china-building.com.cn

序

住区环境质量之重要标志应是住区环境的健康性

住区环境的规划与营造目的虽然众说纷纭，但归根结底最重要的是环境的健康性。何谓健康？传统的健康概念仅指人的肢体健全无疾病。世界卫生组织的健康定义却是"在身体上、精神上、社会上完全处于良好的状态，而不是单纯的指疾病或病弱"。我国《健康住宅建设技术要点》（2004年版），对健康的表达"包括生理健康、心理健康、道德健康和社会适应健康等四个层次"，文件以定量、定性的方式详细地表述了"居住环境的健康性"和"社会环境的健康性"的具体指标和具体的内容。在住区的具体规划和设计中如何才能营构达到上述健康目标的空间载体——硬件，然后通过合宜的组织形式——软件综合发挥硬件的作用，营造住区环境的真正健康。具体的手段应在住区环境的实体空间中构筑合宜的活动与交往空间，前者为住区环境中的体育活动场所，后者是在环境中塑造得体的人际交往空间，这是人们身、心健康的基础硬件。近几年，准确而言应是今后漫长的岁月，世界性的不断变异的疾病袭击人类，自以为是的人类除了运用"水来土掩"的药物研究外，最本质的预防工作应是"全民健康、增强体质"，这是健康概念落实到人的"身体上"。建构和谐社会（小至家庭，大至国际关系），这是时代之强音与需求。人与人需要互助、理解与关爱，尊重、友谊与沟通，住区环境之休憩、交往功能，不仅在实体空间要确保，同时要在意识指导下去设置，这交往空间就是健康概念的另一层面——精神与社会层面的健康，这涉及人们的生理、心理、道德和社会层面的健康。控制和指导我国住区规划有两道门槛，第一道是当地规划部门的规划、设计要点，这主要控制土地使用性质、用地与建筑红线、建筑间距、建筑高度、建筑密度、容积率与绿地率等；第二道则是作为国家标准的《城市居住区规划设计规范》，在触及住区建设方面主要落实到"千人指标"，这个指标只在住区中教育、医疗、文体、商业、邮电、市政和行政管理等方面作出规范。在今年国家建设部刚出版的《居住区环境景观设计导则》中和健康有关的一是"住区环境的综合营造"，对场地的物理因素提出一些要求；二是在"场所景观"中对"活动场地"方面提出相关的设计要求。总而言之国家对住区环境建设方面尚未真正提升到在健康的高度作出相关的规范，因而在国内近十年虽然住区环境建设从市场角度折射出其热点，但也多从视觉艺术效果出发。正因如此，我们更备感建设健康住区环境之现实性与时代性。本书选题与研究也体现出作者对建设健康住区环境有一个基本明确的概念。

住区环境之实体空间

住区环境之实体空间是建构健康环境之硬件基础。不同住区（含不同地段、不同规模、不同档次等因素）其基地基本状态差距极大。低层、多层、低密度、中密度等不同特征的住区，特别是选址于城郊的楼盘，它们拥有较广阔的土地，若是项目策划者真正理解住区环境之健康意义，这楼盘就有可能建造出具有实效的活动、交往空间。当然这类住区由于消耗较多不可再生的土地资源，因而审批应更严格。

在城区中的住区，这里具有完善的公交系统和完善的城市公共配套设施，因而生活非常方便，但在城区人口相对较密集，土地资源紧缺，因而这里的住区用地一般不大，多属高层高密度区段，人均实体公共活动空间较小。在这种有限土地资源的住区应如何创造出健康的住区环境，本书作者就立足于这类地块去探索住区环境的质量，因而此课题研究具有现实性。

课题研究的技术路线

良好的选题，恰当的主体定位是研究的重要基础，然而要使研究的成果有一定创意，能令人信服就需要选择科学、恰当、可行的技术路线。

本书在较全面研究珠江三角洲地区住区休憩空间与设施的基础上，进行了颇有深度的系列研究。一是以整体优化思路研究，提出了影响住区环境质量的基本因素（大部分因素都具有量化标准），探索整体的理论优化和评价模型。在别人研究的初步成果基础上进一步求索影响住区环境质量的相关指标；二是在研究国内外对住区环境综合评价的基础上，提出了珠江三角洲住区环境指标的评价体系，此体系也许并不一定很完善，但研究的方法、选择的技术路线应予以肯定。

关于"绿色方舟"

作者不但对住区环境质量指标与评价体系作出了具有一定深度的研究，同时希望结合专业项目提出了一个"解题"的方案。作者选择了一个难度较高的城区高层高密度住区环境作为解题的对象。这类住区特点是住区人口相对较密集而用地较小，但又要创造出具有健康环境的实体空间，在空中寻找有利于营构健康住区环境的活动与交往平台。概念设计"绿色方舟"虽然尚未成熟，但思路合理。这概念方案表达了高层或超高层住宅，在高层区域中分段营构公共活动平台，有效地提高人均"户外"开敞的空间面积，提高了人们在高层区段交往活动的机缘，也就是把昔日极有利于活动、交往的低层小组团住宅空间在高层住宅中分段"重现"。

本书选题具有时代特性，作者对与选题相关的国内外资料与现状有较全面的了解，在研究的技术路线方面尽量使研究成果更具量化标准，减少主管判断成分。最后一章结合现代高层高密度住区创造健康环境的思考，提出了概念设计方案——"绿色方舟"，这是一项有益的专业思维活动，把项目研究的主题落实到一个"载体"。

2006 年 3 月

前　言

　　珠江三角洲地区是我国经济发展水平最高的地区之一，由于其独特的地理、气候、人口和文化等特点，形成了富有特色的居住文化，但是在人多地少、住宅商品化、社会变迁带来的"社区重构"等一系列宏观背景下，本地区城市居住环境建设也面临着不少制约因素和不利条件，特别是对于以高层住宅为主的城市住区，如何改善和提高住区公共休憩环境的质和量，营造更富有吸引力的休憩和交往环境，是一个极具现实意义的重要课题。

　　本书围绕提高珠江三角洲城市商品住区休憩环境整体质量这一课题，以吴良镛教授所倡导的"整体思维"和"融贯的综合研究方法"为指导，以环境行为学理论、环境评价理论（特别是使用后评估理论）为支撑，以关于住区生态与可持续发展理论、城市化及社区建设的理论为背景，结合本地区的地域环境因素从不同的侧面进行了深入的探讨。

　　本书主要包括五个方面的内容：

　　第一部分为第一章，以和珠三角住区休憩环境课题密切相关的各种背景、理论或论述的文献研究为主，通过概念和理论的提炼与拓展，较全面地描述了课题产生的原因、形成的机制、牵涉的内容等一系列背景因素。

　　第二部分为第二章，对有关居民住区休憩行为的研究做了较全面的总结，并应用社会学和心理学的理论，以问卷调查和访问为主要方式，采用数理统计的分析法，对珠三角小区居民九类有代表性的休憩活动和居民交往的强度与途径做了概括性和整体性的分析，取得了大量有参考价值的数据。

　　第三部分内容主要反映在第三、第四章，是在大量的实地调研和理论总结基础上，探讨了珠三角住区步憩、坐憩行为及其空间，小广场，具有休憩功能开发价值的空间（商业边缘空间、架空层、室内停留交往空间），以儿童游戏场、游泳池和室外运动场地为主的户外休憩场地，会所等主要的住区休憩设施的规划设计问题，紧密围绕居民使用及其行为模式进行了深入的研究，提出了一系列重要的设计手法和原则。在此基础上，分析了影响休憩环境质量的各种因素，以整体优化和总体效益的若干原则为指导，对珠三角住区总体休憩环境指标的优化提出了一系列概念，并提出了整体的理论优化和评价模型。从休憩空间体系整合的思路出发，分析了休憩空间交通组织和视线引导的手法。

第四部分的内容在第五章，以住区休憩环境评价为中心，介绍了使用后评估和环境评价研究的基本状况；应用问卷调查和实地访问等方法以及数理统计的理论，以居民主观感受为基础，对影响珠三角住区休憩环境质量的10大类27项指标和影响休憩设施整体质量的11大类28种设施的状况和需求程度做了统计分析，并建立起各自的评价模型；应用多种专家决策方法对珠江三角洲有关专家进行了意见征询，建立起初步的专家评价指标体系，通过对居民主观感受和专家评判结论的对比分析，获得了对珠三角住区休憩环境质量的较全面的理解。

第五部分（第六章）探讨了在富有典型意义的高密度城市商品住宅区中，创造高质量公共休憩环境，营造更具亲和力的社区交往空间的具体途径，把探索珠三角新型住区休憩环境的基本要求归纳为九点。提出一个针对珠三角住区休憩环境的探索性概念设计——"绿色方舟"，这个设计是包括住宅群体布局、住宅建筑设计、休憩环境设计等的一个较为系统和全面的方案，其核心是"悬空院落"。在方案的基础上，还分析了可行性等问题。

目 录

前言
问题的提出 ·· 1

第一章　珠江三角洲住区休憩环境研究的背景和理论 ············ 4
　1.1　珠江三角洲及其城市化概况 ····························· 4
　　1.1.1　珠江三角洲概况 ································· 4
　　1.1.2　珠江三角洲经济发展与城市化 ····················· 6
　　1.1.3　珠江三角洲住宅建设的总体状况和突出矛盾 ········· 9
　1.2　休憩的概念和理论 ···································· 10
　　1.2.1　休闲及其相关概念的解析 ························ 10
　　1.2.2　休闲的本质及其相关理论 ························ 11
　　1.2.3　人居环境与社区休憩 ···························· 14
　1.3　珠三角住区休憩环境建设的现状 ························ 15
　　1.3.1　珠三角住区休憩环境研究的现实意义 ·············· 15
　　1.3.2　对珠三角地区住区公共休憩环境的认识过程 ········ 17
　　1.3.3　珠三角地区住区休憩环境的主要相关研究及文献 ···· 20
　1.4　珠三角住区休憩环境的基本特征 ························ 23
　　1.4.1　公共休憩空间的营造 ···························· 23
　　1.4.2　住区园林的特色与风格 ·························· 24
　　1.4.3　住区建筑的景观 ································ 25
　　1.4.4　以会所为核心的室内休憩空间 ···················· 26
　1.5　珠江三角洲住区休憩环境研究的方法和理论框架 ·········· 27
　　1.5.1　课题产生的背景 ································ 27
　　1.5.2　本研究工作的基本步骤 ·························· 27
　　1.5.3　研究的理论框架 ································ 28
　本章小结 ·· 30

第二章 珠江三角洲居民休憩行为和邻里交往的主要内容和特征 ………………………………………………… 33

2.1 住区休憩行为与邻里交往研究概述 …………… 33
- 2.1.1 住区休憩行为及其模式 …………………… 33
- 2.1.2 对住区休憩行为的描述和研究 …………… 36
- 2.1.3 邻里交往与社区环境 ……………………… 42

2.2 珠三角住区休憩活动的分类与受访家庭概况 … 45
- 2.2.1 住区休憩活动的分类 ……………………… 46
- 2.2.2 受访居民及其家庭的情况 ………………… 47
- 2.2.3 受访居民家庭收入主要来源人的职业和学历 …… 50

2.3 珠三角住区居民休憩行为的频度特征 ………… 51
- 2.3.1 性别、年龄与活动频度 …………………… 51
- 2.3.2 职业、学历与活动频度 …………………… 56
- 2.3.3 不同人群参加各类休憩活动的平均频度 … 56

2.4 珠三角住区居民休憩行为的时间特征 ………… 58
- 2.4.1 不同人群参加各类休憩活动所用时段的分布 … 58
- 2.4.2 不同人群参加各类休憩活动的平均用时 … 61
- 2.4.3 各类活动的频度和所用时间的关系 ……… 62

2.5 珠三角商品住区居民交往与社区组织力研究 … 63
- 2.5.1 居民交往强度分析 ………………………… 63
- 2.5.2 居民交往途径分析 ………………………… 64

本章小结 …………………………………………… 66

第三章 珠江三角洲住区休憩设施的适用性 ………… 69

3.1 步憩与坐憩行为及其休憩空间 ………………… 69
- 3.1.1 步憩行为与住区步憩空间 ………………… 70
- 3.1.2 坐憩行为与坐憩空间 ……………………… 75

3.2 小广场——集聚空间 …………………………… 80
- 3.2.1 珠三角住区内小广场的概况 ……………… 81
- 3.2.2 小广场的空间限定和围合 ………………… 82
- 3.2.3 珠三角住区内小广场存在的主要问题与思考 … 84

3.3 开发珠三角住区公共空间的休憩价值 ………… 90
- 3.3.1 住区内的商业服务与休憩空间 …………… 90
- 3.3.2 住宅架空层作为休憩交往空间 …………… 93
- 3.3.3 室内停留交往空间 ………………………… 96

3.4 特定的户外休憩场地 ··· 98
　　3.4.1 户外儿童游戏场地 ·· 98
　　3.4.2 游泳池和戏水池 ·· 102
　　3.4.3 户外运动场地 ··· 110
3.5 珠三角住区会所及其设施 ·· 112
　　3.5.1 珠三角住户会所的功能 ·· 112
　　3.5.2 住户会所与住区的总体关系 ···································· 114
　　3.5.3 珠三角住户会所设计中的几个问题 ··························· 116
本章小结 ··· 120

第四章 探索珠江三角洲住区休憩环境整体优化的思路 ············ 122
4.1 珠三角住区休憩环境质量的决定因素 ································· 122
　　4.1.1 反映珠三角住区休憩环境物质基础的因素 ·················· 122
　　4.1.2 休憩环境的可达性与便利性 ···································· 126
　　4.1.3 休憩环境的适用性 ·· 128
　　4.1.4 趣味中心的营造 ··· 130
　　4.1.5 住区文化 ·· 134
4.2 追求珠三角住区休憩环境总体效益的最大化 ······················· 135
　　4.2.1 对总体效益的理解 ·· 135
　　4.2.2 休憩环境整体优化应该遵循的原则 ··························· 137
　　4.2.3 整体优化的依据和理论模型 ···································· 138
4.3 珠三角住区总体休憩环境指标的探讨 ································· 140
　　4.3.1 住区总体休憩环境指标的实质和基本特征 ·················· 140
　　4.3.2 从面积和尺度入手探索改善珠三角住区休憩环境
　　　　 质量的途径 ··· 145
　　4.3.3 珠三角住区休憩空间体系的整合 ······························ 151
本章小结 ··· 155

第五章 珠江三角洲住区休憩环境综合评价研究 ······················· 158
5.1 居住环境评价研究的理论背景 ·· 158
　　5.1.1 国外相关研究 ··· 158
　　5.1.2 国内学者研究的成果 ··· 160
5.2 本文研究的背景和基本框架 ··· 161
　　5.2.1 珠三角住区休憩环境评价研究的背景 ······················· 161
　　5.2.2 研究工作的基本框架 ··· 162

5.2.3 本次住区休憩环境质量调查的方法和基本
　　　　　情况 ·· 162
5.3 珠三角住区休憩环境总体质量及其各类因素的多元统
　　 计分析 ··· 164
　　5.3.1 评价指标重要性的分析 ································· 165
　　5.3.2 平均值分析 ··· 166
　　5.3.3 相关分析 ··· 168
　　5.3.4 主成分分析 ··· 169
　　5.3.5 因子分析 ··· 169
5.4 珠三角住区休憩设施质量及各类设施需求状况的
　　 分析 ··· 171
　　5.4.1 珠三角住区休憩设施需求程度的分析 ············ 172
　　5.4.2 珠三角住区休憩设施质量评价的平均值分析 ··· 174
　　5.4.3 珠三角住区休憩设施质量评价的相关分析 ····· 174
　　5.4.4 珠三角住区休憩设施质量评价的主成分分析 ··· 175
5.5 珠三角住区休憩环境及其设施质量的综合评价 ········ 176
　　5.5.1 求影响住区休憩环境的 10 类因素和 11 类设施的
　　　　　权重 ··· 177
　　5.5.2 利用模糊集理论对休憩环境及其设施进行综合
　　　　　评价 ··· 181
5.6 根据专家意见建立初步的珠三角住区休憩环境评价
　　 指标体系 ·· 183
　　5.6.1 居住环境质量综合评价体系研究方法和主要
　　　　　因素 ··· 183
　　5.6.2 国家有关住宅评定的规范和标准 ··················· 185
　　5.6.3 珠江三角洲住区休憩环境指标评价体系的
　　　　　研究 ··· 187
　　5.6.4 对住区休憩环境指标评价体系(讨论稿)说明 ······ 191
本章小结 ··· 192

第六章　探索适应珠江三角洲地区的住区休憩环境 ·············· 195
　6.1 对新型住区休憩空间的探索与思考 ······················· 195
　　6.1.1 探索珠三角新型住区休憩环境的基本要求 ····· 195
　　6.1.2 实例分析 ··· 197
　6.2 "绿色方舟"——一个针对珠三角地区的探索性概念

11

　　　　设计 ·· 200
　　　6.2.1 "绿色方舟"的建筑设计 ············· 201
　　　6.2.2 "绿色方舟"的结构设计 ············· 205
　　　6.2.3 "绿色方舟"的消防设计与安全防范 ············· 207
　　　6.2.4 "绿色方舟"的总平面布置与总体经济技术
　　　　　指标 ·· 208
　　本章小结 ··· 210

结语 ·· 212
主要参考文献 ·· 216
图片来源 ··· 227
附表 ·· 234
后记 ·· 245

问题的提出

勒·柯布西耶说过,"建筑是住人的机器",作为对"建筑(的本质)是什么?"这一古老命题无数种回答中的一种,它至少包含两层意思,即"建筑是机器"和"建筑是用来住人的",对它的批判集中在"机器"二字上面,似乎没有人对"建筑是用来住人的"这个论断表示什么异议。当然,"住人"的真实解读应该是"为人服务",它揭示了这样一个事实,作为广义的概念,"居住"一直是建筑文化的核心,在整个建筑史上,以居住建筑为核心的人类住区的发展始终是一条清晰的主线。

我国古话云"安居乐业",良好的居住环境在整体生活质量上占有突出的地位。人类住区是与人类生活质量关系最密切的生态环境,正如联合国1976年《温哥华人类住区宣言》中指出的:"人类居住条件在很大程度上决定了人们的生活质量,改善这种条件是全面满足就业、住房、卫生服务、教育和娱乐等基本需要的先决条件。"

全球人类住区的形态正经历迅速的城市化过程。在我们当今的世界上,一方面人类住区建设取得了巨大成就,另一方面人类住区却又面临着一系列困境。人口膨胀、资源衰竭、生态环境恶化、社会不公等困扰着人类。而其中城市化飞速发展、人口过度集中带来的人类聚居环境的恶化表现得尤为突出。

我国的总体情况是城市化滞后于工业化进程。我国城市化水平低,带来了一系列负面效应(叶裕民,2001):首先是直接限制了农业的现代化。农村保有大量农业人口,生产率无法提高,也没有发展农业科技的动力;二是限制了乡镇企业产业素质的提高;三是造成我国产业结构调整的困难,是市场扩张能力弱的重要原因;四是不利于教育文化事业;五是不利于可持续发展战略的实施。

从我国国情看,城市化是由传统农村社会向现代城市社会转变的历史过程,表现为人口城市化和城市现代化的统一,我国城市化存在地区发展不均衡的情况,这两个方面在我国沿海发达地区表现得尤为突出。

因此，尽管我国城市化（包括沿海地区）普遍存在滞后现象，但在沿海发达地区，面临的城市化任务更为艰巨、现象更为复杂，而在这些地区人类住区建设中，城市居住问题尤其凸现出来，需要我们以可持续发展的战略思维来指导和推动这一进程。

由此可以看出，人类住区面临的挑战不是单纯的居住问题，甚至也不仅仅是经济问题，而是整合了经济、政治、文化等多方面的因素，是人类不得不面对和迫切需要解决的重大问题。

我国是发展中国家，又是世界上人口最多的国家，住房问题始终是我国极为复杂和重大的社会问题。建国50年，特别是改革开放后的二十几年，住宅产业取得了突破性进展，全国城乡居民的居住水平有了大幅度提高，住宅的工程质量、功能质量、环境质量、服务质量有了明显提高；另一方面，城镇基础设施得到全面改善，突出加强了供水、交通、环卫等方面的建设。

尽管我国住房建设取得了一定成就，但城镇人均住宅面积与发达国家及文明居住标准还有较大差距。住宅工程质量、功能质量、环境质量和服务质量也与国际文明居住标准有较大差距。我国是世界上最大的发展中国家，鉴于我国人多地少的国情，经济发展极不均衡，这就使城市居住环境建设面临了巨大的压力和挑战。住宅产业在今后相当长一段时间内仍需保持较大的发展规模。

珠江三角洲地区是我国经济发展水平最高的地区之一，近二十多年维持了持续稳定的高速经济增长，城市化伴随着工业化有了长足的进步，已经形成了密集的城市群，以广州、深圳、珠海、东莞等大中城市为代表，人类住区建设取得了巨大成就，城市居民总体居住水平和居住环境质量有了根本性的改善，在住区规划设计建设和管理等各方面都走在全国前列。

同时，珠三角地区城市居住环境建设也面临着很多的制约因素和不利条件。首先是人口数庞大，人口密集度很高，在约4.16万km^2的土地面积上目前有超过2200万的户籍人口，非户籍常住人口估计在1200～1500万之间，而这些人口主要集中在环珠江口的地带。城市化和工业化占用大量土地，尤其是耕地，并造成对生态环境的较严重影响。在这种情况下，居住向高层发展差不多是惟一的选择。另外住房制度改革使商品住宅成为住宅供应的主流，在住宅主要由以营利为目的房地产企业行为与居民的居住需求和政府的宏观管理职能之间也存在目标指向不一致的矛盾。再者，传统的社会关系纽带在经济力的冲击和社会形态变迁的影响下基本被割裂，城市居住环境面临着"社区重构"的巨大任务。

凡此种种，把一些尖锐的问题摆在我们面前，"如何充分利用现有条件，在尽量少地占用各类资源，趋利避害，从整体上稳步提高珠三角地区城市居住环境？"更进一步地，"从居民休憩的角度看，富有典型意义的高密度城市商品住区，如何改善和提高居民公共休憩环境（相对于以住户室内为核心的私人休憩空间）的质和量，营造更富于吸引力的社区交往空间？"理解和把握了这些问题，我们也就能认清珠江三角洲地区居住问题的核心内容，从而为进一步解决问题开辟道路。而这些恰恰是本书将要探索和研究的问题。

吴良镛教授在"广义建筑学"理论中大力倡导"整体思维"（holistic thinking）和"融贯的综合研究方法"（transdisciplinary methodology）来解决建筑问题。这就启发我们以综合的思路和全局的眼光对影响住区环境质量的主要因素进行系统的整合、优化，用这样的思路研究珠三角城市住区休憩环境，能使我们跳出孤立的、局部的、单一的住宅问题研究，更好解决面临的突出问题。

第一章 珠江三角洲住区休憩环境研究的背景和理论

1.1 珠江三角洲及其城市化概况

1.1.1 珠江三角洲概况

自然地理概念的珠江三角洲一般是指珠江三角洲冲积平原带。该地区地处南亚热带,属海洋性季风气候,夏无酷暑,冬无严寒,四季气候温和,雨量充沛。珠江三角洲区内河网密集,珠江流域三大支流西江、北江、东江在珠三角中部汇流、交叉后分八大口门注入南海。珠三角三大支流和珠江冲积形成的平原河网区,是珠三角的核心部分,无论光、热、水、土还是海、陆、河、港资源都是极为优越的。

目前一般提及的珠江三角洲,实际是以行政区划分为依据的珠江三角洲经济区(The Pearl River Delta Economic Zone,英文缩写以 PRD 表示),该经济区是广东省人民政府于 1994 年为编制经济区规划而划定的,由广州、番禺、花都、从化、增城、深圳、东莞、中山、珠海、斗门、佛山、南海、顺德、高明、三水、江门、新会、台山、开平、恩平、鹤山、惠州、惠阳、惠东、博罗、肇庆、高要、四会等 28 个市县组成(番禺、花都已于 2000 年撤市改区,划入广州市市区),土地总面积约 4.16 万 km^2,占全省 23.4%,比我国台湾省陆地面积(3.6 万 km^2)多约 5000km^2;总人口 1993 年末为 2056 万,1994 年底户籍人口 2095 万人,占全省人口的 31.3%,1996 年底为 2170.4 万,占全省 31.47%,大致也相当于台湾省人口规模。香港、澳门尽管属于自然地理意义上的珠江三角洲地区,但由于采取"一国两制"的政策,不属于一般概念中的珠江三角洲经济区。在本书如果不特别说明,珠江三角洲地区就是指珠江三角洲经济区(图 1-1 珠江三角洲经济区划图)。

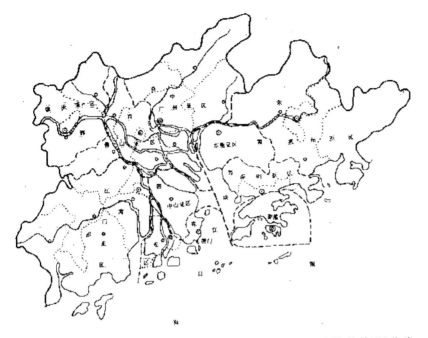

图 1-1
珠江三角洲经济区划图
Map of the Pearl River Delta Economic Zone

珠三角地区水源充足,肥田沃土,气候宜人,动植物资源非常丰富,植物茂盛,四季常青,而且自然条件极利于农业生产,在改革开放前一直以发达的农业著称,作为广东稻米、甘蔗、蚕桑、塘鱼、水果等的主产地,是当之无愧的"鱼米之乡"。

由于五岭阻隔,面向南海,以珠三角为主体的岭南地区在整个封建社会受中央集权的影响相对较少,与中原地区的农耕文明有显著的不同,而较多地受海洋文明的影响,中心城市广州历史上是海上丝绸之路的起点之一。本地区先民有漂洋过海、出国谋生的传统,至今在世界各国大量的华裔人口中相当一部分出自珠江三角洲地区,台山、开平等地是名副其实的"侨乡",大量的对外交流使本地区人民善于兼收并蓄、效仿和学习海外先进的文化成果,本地区成为我国近代民族资本的发源地之一,我国近代革命的主要发祥地有其必然性。同时还涌现出洪秀全、康有为、梁启超、孙中山等一大批重要历史人物也就有其必然性。

自秦汉一直到近代,广州都是我国重要的对外通商口岸。作为本地区的中心城市,广州已有两千多年的历史,是我国华南地区政治、经济、文化的中心。早在16、17世纪,珠三角的农业、手工业和商业已经有了较大发展,改革开放以前,设在广州的中国出口商品交易会几乎是新中国仅有的与外部世界进行贸易往来的场所。长

第一章 珠江三角洲住区休憩环境研究的背景和理论 5

期的商业文化的影响，培育了本地区人民较强的商品意识，也培养了务实苦干的作风。不尚空谈，讲求实际，敢为人先等成为推动本地区经济发展的重要因素。

语言是文化的重要载体和组成部分。由于历史的原因，珠江三角洲的语言以粤方言为主，杂有闽方言、客方言，改革开放前，普通话仅作为"官话"应用于某些官方场合以及教育系统，三角洲地区并无普通话语言社区（language community）[1]。所以总体而言，珠三角属粤语文化圈，富有深厚的历史文化和地方民俗文化的积淀。改革开放和经济发展作为内在动力促使本地传统文化、民俗和生活方式的自主变迁。而外来文化也在此交汇融合，其中香港因其巨大的经济辐射能力而对本地文化产生了深刻的影响。另一方面，繁荣的经济吸引了大量操不同方言的外来移民和外来务工人员汇集到本地区，促进了不同地区人们的文化交流。大量外来人员和外来工客观上推广了普通话，改变了本地区居民的语言生活，致使普通话语言社区出现，目前最大的两个普通话社区是深圳、珠海；另一方面以广州话为代表的粤方言随着珠三角强势发展的经济具有明显的扩张流行的态势，首先是在珠三角内部，闽客等"方言岛"迅速萎缩，其次随着传媒向周边地区和全国施加影响。总体看来，目前和未来相对长时间内珠江三角洲将是"双语体制"（bilingualism）。

1.1.2 珠江三角洲经济发展与城市化

传统上珠江三角洲一直以发达的农业著称。1952年农业占工农业总量的65%以上，建国后工农业有了一定发展，至1978年改革开放前，工业上形成了纺织、食品（主要是制糖）、机械和化工四个主导行业，但由于条件和体制等方面的制约，经济上基本上是以本地区为主的封闭式狭小市场，到1978年，出口总值仅为几亿美元，对内交换也不多。

改革开放前后，珠三角的基本经济条件是生产资料匮缺、劳动力较丰富、工业基础薄弱、生产技术落后；而一界之隔的香港，这一期间其出口导向型工业受到内外双重压力。内部来看工业技术落后于韩国、新加坡，工业劳动力人口不足，劳动力成本提高；外部面临泰国、马来西亚等新兴出口导向工业的冲击，使得香港劳动密集型加工业陷于夕阳状态，急于寻找腹地，提升产业结构。这样，地缘优势和产业互补优势把香港与珠三角紧紧联系起来。另一方面，珠三角要发展加工业，又依赖内地提供能源、原材料、劳动力和科技力量以及庞大的内地消费品市场。在这种背景下，珠三角与香港及内地经济形成一种非常有机的互补关系[2]。

成功的经济角色的转换使珠三角经济综合实力显著增强，成为我国乃至亚太经济引人注目的增长极。1996年，珠三角经济区国内生产总值4533.83亿元，占全省70%，人均GDP20889元，比全省平均水平高出一倍多。基本完成了以轻工业为核心的工业化目标。90年代开始，珠三角劳动密集型加工业面临提升产业层次的压力，开始逐渐向以高新技术加工输出基地和研发基地的角色转变，目前深圳、东莞、广州等地的高新技术产业已成为全球有一定影响的产业基地，以深圳、广州为主的高新技术研究实力也大大增强，向国际水平逐渐靠拢。根据广东省税务部门的统计，2001年广东国税总收入1546.58亿元，继续稳居全国第一，其中珠三角地区的广州、深圳、佛山、东莞、顺德、珠海和惠州七城市就占80.6%，即1246.54亿元，而仅广州、深圳两市就占58.86%，即910.32亿元；2001年广东地方税收总额为789.64亿元，其中珠三角地区占88.2%，即696.46亿元，而仅广州、深圳两市就占66.7%，即526.69亿元[3]。这些数字可以从总体上反映珠三角地区的整体经济地位和经济格局。

经济增长是城市发展的基本条件和最重要的动力。1978年以来，珠三角经济保持高速、稳定、持续的增长，成为本地区城市发展的巨大驱动力。城市化有了快速发展，主要表现在：(1)城市数量迅速增加。1978年，该区仅5个城市，32个建制镇；到1993年已有25个城市，392个建制镇；而到1996年全区小城镇数量达445个，有些城镇的建成区已联接起来。(2)城镇规模普遍扩大。改革开放初的县几乎都升格为市，原有的城市除广州规模大大增加外，其余四个(佛山、江门、肇庆、惠州)都成为中型城市，并涌现出深圳、珠海等一批大中城市。(3)城市化整体水平提高。表现在城镇非农业人口大量增加，建设用地规模扩大，也反映在地域产业结构的转变。

珠三角乡村城市化过程，既是乡村人口向城市转移的过程，也是乡村地域转化为城市的过程，同时还是城市思想观念和生活方式向乡村地区渗透的过程。总体来看，属于小城镇和小城市主导的城市化。外资涌入创造的大量就业机会，不但解决了当地农村剩余劳动力的转化，还吸收了大量区外、省外的自发性迁移人口，这构成了珠三角城市化过程中一个十分重要的组成部分。

城市化的发展，使珠三角土地利用与景观发生了巨变，从1980年到1993年，耕地由1570万亩减少到1070万亩。相应城市建成区大大增长，传统的农村景观已在"已看不到大块完整的耕地"这样一个情况下向城市景观转变。

从空间分布特征看，城市化的地区明显地主要集中在环珠江口的"U"形地带，这种情况被学者认为主要是由于香港作为强化的经济辐射中心的介入而产生的，各市镇通过水陆交通可直接与港澳联系，能获得较优先的发展机会。

以人口来看，1950～1980年珠江三角洲城市化水平一直在28%左右，改革开放后出现一个高速城市化的阶段，从1980年的28.41%上升到1996年46.6%，2000年达到50%左右。从产业结构来看，从业人员结构1995年的排列是第二、第三、第一产业，其中第二与第三产业就业人数之和超过76%，而广东全省不超过60%，全国不超过50%。从GDP来看，第一产业下降为8.1%，第二产业在45%～50%之间波动，第三产业则超过40%，向50%的目标接近。在对世界各国和地区经济的考察中可以发现，城市化与工业化互动发展的关系有"三个50%"的规律，即城市化率超过50%，第三产业占GDP的比重将超过50%，而第二产业占GDP的比例再也不会超过50%，目前珠三角正处这一阶段。但是把珠三角的人均GDP水平与城市化水平，第二、三产业占GDP的比重与城市化水平两组指标与世界类似发展水平的国家和地区比较，发现就珠三角工业化水平而言，城市化相对滞后。[4]

在珠江三角洲发展过程中，吸收了其他地方大量的外来工，1986年已吸纳185万，1988年增加到320万，2000年统计约为1000万，这还仅仅是官方统计，有学者认为在1200～1500万之间，有的认为超过1500万。从目前情况来看，珠三角地区已成为国内吸纳外来工最多的经济区。大量外来工流入珠三角，在现行户籍管理制度下，事实上形成了与本地人相对的"二元社区"[5]。外来工与本地人在分配制度、职业分布、消费娱乐、聚居方式和社会心理等五个方面都形成了不同的系统，牵涉到一系列问题，最直接的是珠三角土地承载力的问题和城市基础设施容量的问题，这为城市建设者提出了一个重大的课题。

与世界上许多国家走过了农村人口大量流向城市、乡村日渐衰落、城市日益膨胀的城市化道路不同，珠三角地区的城乡关系表现为城乡融合发展的城市化现象，这一点在本地区内圈核心地带尤其显著。这些地带城乡相互作用较频繁，经济相互交融，基本上出现共同发展的趋势，从而又推动了城乡空间逐渐融为一体，表现为农业区、工业区、商贸区、文教区、绿化区等高度混合交错的土地利用格局。[6]

1.1.3 珠江三角洲住宅建设的总体状况和突出矛盾

改革开放以来本区经济的快速、稳定、持续的发展，加上近年住房制度改革的逐步深化，给珠三角的住宅产业提供了良好的发展空间，珠三角成为全国房地产市场最为活跃的地区之一，近年来住宅建设取得了较突出的成就。

当前珠三角的住宅以深圳、广州为代表，策划理念、设计水准和建设水平都居于国内领先，涌现出百仕达花园、东海爱地、中海华庭、万科四季花城、金地海景、碧桂园、雅居乐、祈福新村等一大批知名楼盘，也出现了万科、中海、金地、新世界等一批有实力的大型发展商。但从整体来看，市场处于大浪淘沙阶段，大量楼盘的质量不能令人满意。

同时，住宅产业也面临巨大挑战，一方面人口对城市容量和基础设施的压力激增，人口高密集带来居住环境质量难以迅速提高，另一方面，经济发展和社会进步又使人们对居住环境提出了更高的要求。房地产市场的竞争非常激烈。在这样一种背景下，如何提高居住环境质量不但是一个重大而富有现实意义的课题，同时由于城市化水平的不断发展，珠三角的城市居住问题所处的重要性日益凸现，因此它又是一个极富前瞻性的课题。

珠江三角洲居住问题的突出矛盾是什么呢？概括地说有两点：一是以高层为主的城市居住区人口密度大、制约条件多与稳步提高居住环境质量之间的矛盾；二是由于人口流动切断了原有的社会网络、人际交往环境、社会支持系统等，而商品住区居民同质性低，由于社区文化贫乏、归属感弱等而造成的社会生态环境的不良状况。对前一个矛盾，专业人士必须立足于现有条件，抛弃乌托邦式的田园主义理想，以切实可行的手段研究和改进；后者则是由社会生产关系变化带来的不良结果，是带有全局性的社会问题，并非单纯的居住问题。这类问题的解决远非建筑师、规划师所能做到的，但建筑师、规划师也并非完全无能为力，可以充分借鉴社会学等学科的成果来完善规划设计。

市场经济条件下，住宅商品化程度很高，这使得珠三角居住环境包含的因素极其广泛。从宏观上讲有城市社会经济文化水平、城市基础设施、城市景观环境、城市生态环境；从中观层次看，有用地条件、周边景观、空气质量、物理环境、社区人文环境等；从微观层次上讲，有小区、组团的环境质量、建筑特别是住宅的室内环境质量。

本书的研究将范围限于微观层次，即住区居住环境中的公共休憩环境。住宅户内属于私人空间，不在本研究之列。本书所涉及的休憩环境实际上主要包括住区公共绿地和以会所为主的室内公共活动空间。

1.2 休憩的概念和理论

1.2.1 休闲及其相关概念的解析

与"休闲"相关存在很多概念，这些概念因其涵义的接近，容易使人产生歧义，需要对这些概念做一个准确的界定和区分。休闲是一个常用的概念，其本意是指农业上土地季节性的休耕或农民的农闲生活，但目前通常表示以放松的心态、有选择性和自主性地度过闲暇的生活方式或生活内容。

休闲的概念可以从四个方面来理解：（1）休闲作为时间，指在工作、睡眠及其他基本需要满足之后，个人可以支配的有效时间，也可称为闲暇。（2）休闲作为积极的心理状态。从心理状态来考察休闲活动，其外延大大扩展，某些非休闲活动，由于参与者积极的心理状态而带有休闲特征，如时下流行的"休闲购物"、"休闲餐饮"等。（3）休闲作为活动，是指个人在完成了工作及他在家庭和社会的义务之后可以自由选择的行为。（4）休闲作为一种生存状态，表现为一种精神上的观念和一种主观的欲望，反映出它是一种生活方式，也反映出它的人类栖居的本质。

娱乐（amusement，entertainment）与休闲的含义十分接近，但涵盖泛围较小，指参与某些特定的活动，如歌舞、观赏、某些运动等，它以参与的主动性和明确的目的性为特点。

游玩、游戏相对于娱乐，更重于多余能量的释放，其本质是"玩"，它对于儿童则意味着更多的内容，即在游戏过程中诱发好奇心而进行探索和学习的过程，娱乐则主要是针对成人而言的。

休憩之"休"与"憩"实质是一个意思，偏重于静态的概念；游憩（stroll about or have a rest，play and relax）之"游"则偏重于动态。前者往往与城市设计层次相联系，如城市休憩广场、街头休憩绿地、住区休憩绿地等，偏重于就近的、顺便的休闲活动；后者往往与城市规划层次或区域规划层次相联系，如城市郊野游憩林带，城市游憩规划等，偏重于有较明确目的性和计划性的短期休闲活动。比如到市区购物，顺便在附近的广场上休息娱乐，叫做休憩比较合适；而到近郊野生动物园去玩，称为游憩似乎更合适。

一般认为游憩与旅游有较明显的区分，游憩通常是指出行距离不远，可以当天来回而无需住宿，旅游则是指有较远的出行距离，通常需要在异地住宿的活动。从词义的表层看，游憩偏重于在"游"的过程中的"憩"，往往体力强度较低，而旅游的过程，旅行占较大比重，更追求新奇、刺激，体力和精神的支付强度也较高，相应的体力和精神的"产出"也可能更多。当然，这两个概念也并非可以截然区分的，比如周末自己驾车到城市周边的温泉小住一两日，这种活动介于游憩和旅游之间，以笔者的观点，称作游憩更合适。

这些概念既有区别，也有其共同之处，即对人而言都意味着可以自由选择，具有可支配性并能获得满足感。针对城市居住环境的情况，在本书中，我们使用"住区休憩环境"这一概念，以期较为准确地反映发生在住区内部公共环境的休闲活动。

1.2.2 休闲的本质及其相关理论

人的活动可以分为工作和休息两种。从广义上讲，工作和休息是人类的两种基本生活方式。休息是与工作相对的概念，可以指除工作外的所有活动。从两者的关系来看，工作创造价值，为休息提供物质保障和精神需求；休息使人们获得体力和精神两方面的恢复，为重新投入工作提供条件，两者相辅相成，缺一不可。休息内容非常广泛，大致可分为睡眠休息和休闲休息，前者可包括非工作状态的安静独处等活动，后者是指通过活动方式的转换达到休息的目的。休闲休息主要通过三种转换方式进行，即体力劳动与体力劳动（活动）的转换，体力劳动与脑力劳动（活动）的转换，脑力劳动与脑力劳动（活动）的转换。工作与休息关系模式图如图1-2所示。

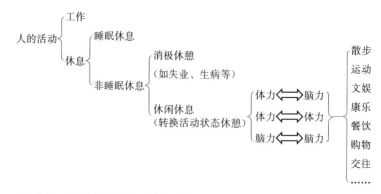

图 1-2

工作、休息、休闲的关系模式图

Relation Model of Work, Rest & Recreation

休闲一般可以指人们所有的闲暇时间的活动或经历，它把人与闲暇时间、空间联系在一起，满足了人对于这种特定生活方式的需要。人类对于休闲的认识，可追溯到数千年以前，古希腊哲学家亚里士多德曾经说过"我们忙碌是为了能有休闲"、"休闲才是一切事物围绕的中心"等；然而，在人类社会的大多数时间里，普通人对休闲的需求被迫加以克制，甚至遭到禁止，比如在欧洲中世纪的教会看来，娱乐是人类"不道德的欲望"，我国封建时代的正统伦理观也认为"玩物丧志"云云；现代的文化娱乐理论使人类思想得以解放，从更高层次上回复了古时人们对"休闲"的朴素认识，并赋予它更深的社会和文化内涵。现代文化娱乐活动已经成为人们日常生活中不可缺少的内容，对文化娱乐的消费和支出越来越成为使人们得到生活满足和不断发展的消费倾向。

在以等级制、私有制为核心的社会里，工作是为了谋生，休闲是有身份和有价值的体现，工作和休闲之间是对立的。绝大多数人的闲暇是绝对依附和从属于工作的。工业文明带给人们新的生存状态，休闲越来越大众化，大众休闲成为现代社会生活的重要内容。

有人认为休闲即为"不工作"，闲暇的意义即为通过休闲实现与工作分离得越远越好；休闲也被等同于休息，这是一种朴素的、浅显的认识，也是最传统的想法。休息确实是闲暇时间的首要任务，但绝非惟一的任务。从某种意义上讲，"工作一直是为了获得休息，而休息却未必是为了工作。"马克思说过，自由时间（即闲暇时间）就是"可被自由支配的时间，……。这种时间不被直接生产劳动所吸收，而用于娱乐和休息，从而为自有活动和发展开辟广阔天地。"

休闲文明与劳动文明相比具有不同的特点，发展程度也不相同。后者经千万年形成了完整的组织、管理、监督等机制，有一套高度理性化的行为准则和规范；而前者主要"是一个凭借给定的归类模式和重复性实践(思维)以及血缘和天然情感而加以维持的、自在的、未分化的、近乎自然的领域。"[7]

闲暇的核心是个体的日常生活方式,但正如爱因斯坦所说,人的差异在于人的业余时间。人类社会发展的最终目的是为了人的自由和解放,工作和休闲的整合统一,是人类对未来的希望。

亚历士多德曾把人的活动分为严肃活动和闲暇活动。前者是必不可少的,但只有效益,而不会使人丰富和高尚,后者却可以增长人的道德、理性和精神生活,是使人值得活下去的活动。而阿德勒则明确把现代工作分为"谋生工作"和"闲暇工作",从而强调闲暇也是一种困难的工作,前者追求效益,开拓外在世界,后者追求价值,开拓自身内在世界。工作使我们理解生活,休闲则使我们理解美好的生活。

娱乐是我们在谋生工作和闲暇工作之外的第三种主要活动,是为了洗脱前两种工作的劳累和紧张,德国文化学家皮柏则指出,休闲与工作不是相反的关系,而是直角关系,"我们越是在休闲中开拓自己,也就越能在工作中表现出色,反之亦然。"

休闲文化,"一般是指社会整体工作范畴之外的文化现象与文化行为,其核心是对自由时间的支配和休闲生活方式。"[8]

吴承照认为游憩作为文化现象,可分为三个层次:(1)物质文化:公园、博物馆等与游憩有关的物质实体;(2)精神文化:是思想、传统、意识形态等;(3)行为文化:主要是指游憩行为和制度,是物化的心理和意识化的物质。[9]休闲也具有同样的特征。

城市作为人类文化的主要载体区别于乡村的重要内容之一,就是城市社会完整的休闲文化,包括明确分割的休闲时间、广泛的休闲文化设施、多样的休闲文化内容和多元的休闲文化行为。城市化和城市现代化的过程,一定意义上也是人们纯粹劳动时间减少、自由支配时间增多的过程。

休闲文化是社会经济发展的动力,是科学文化创造发展的一个源泉。把休闲生活理解为消费为主体的生活时,强调了休闲消费与生产消费的区别。生产消费的主体和产品是分离的,产品通常是主体异在或异化物,休闲消费的主体和产品是统一的,它既是消费过程,也是知识水平、认知能力、劳动技巧和体力精力发展提高的生产过程。

相对而言,休闲生活较少受到人们的理性关注,基本上处于放任状态,主要依靠主体自觉安排。对多数人来说,其中居于主导地位的影响机制是未经理性过滤的情感、习俗、经验、常识、传统等。

1.2.3 人居环境与社区休憩

人居环境研究的根本目的是"要以人为中心,在适应经济规律的同时,注重人的非功利性的一面,要摆脱功利性和非功利性、经济发展与人的发展的矛盾与困惑,在空间规划与设计过程中把人的发展考虑进去,建立持续发展的社会生态系统。"[10] 游憩是人居环境的基本功能之一,是作为主体的人必要的能量补偿和生产系统,当前普遍存在的游憩场所不足的问题,直接影响人们的游憩生活,从而必然导致人们物质和精神能量系统的失衡,影响到个人与社会的健康和全面发展。游憩环境可以作为人居环境的一个子系统考察,因而相应地可以分为物质实体游憩方面以及同游憩有关的社会人文方面两大类。

在物质实体方面居于核心地位的是游憩空间体系,按照通常的看法,以居住地为中心的市民游憩空间体系可分为若干层次,分别与室内休憩、社区休憩、城区游憩、地区旅游等相对应。[11]

社区休憩一般是指发生在城市居住社区内的休憩活动,如邻里交往、散步、游泳、餐饮等。城市社区在空间形态上通常以居住区为基础,但并不等同于居住区,因而社区休憩的概念其实并不等同于居住区(小区)休憩的概念,尽管两者有很多相似之处;相对而言,社区休憩的概念更加广泛,但就我国城市,特别是珠江三角洲城市来看,商品住宅住区是城市居住空间的基本类型,在目前的开发模式和管理体制下,住区休憩其实是社区休憩的主要内容。

图 1-3
城市居民游憩活动体系

System of Citizen's Recreational Activities

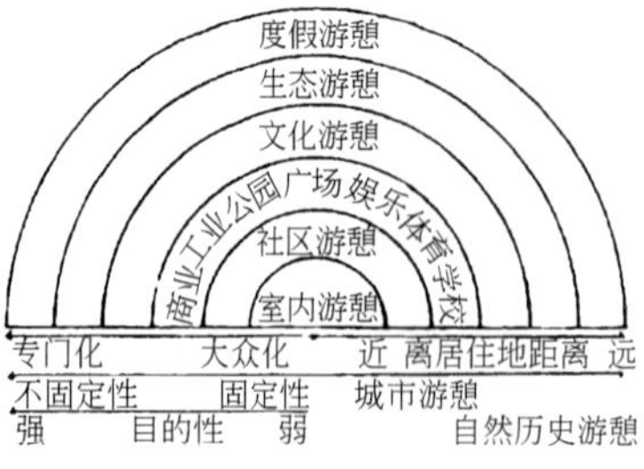

在整个游憩大系统看,住区休憩居于重要的基础性地位,是城市游憩体系的最重要一环。据专家估计,一般城市居民中全年在居住区中的时间,上班一族约合 120 天以上,小学生约合 180 天,退休在家的老年人就更长,而一个城市居民一生中有超过三分之二的时间在居住区度过。所以居住区的环境质量直接影响居民的生活质量,而居住区休憩环境质量则居于核心和基础地位。

在本研究中,对住区休憩环境偏重于对实体环境及居民观念和感受的研究,基本不涉及住区社会人群交往环境的研究。

住区休憩的基本特征是自发性、自主性、随意性、归属感和规律性。自发性是指居民休憩活动如散步、驻足、小坐、观赏、倾听等特性,按照杨·盖尔的分析，自发性活动只有在人们有参与的意愿，并且在时间、地点可能的情况下才会发生；自主性表明居民可以有效地控制自己的休憩行为，并有充分的选择性，其基础在于业主的身份和归属感；随意性表明居民活动的不确定性和变异性，这是自主性的一个合理发展；住区休憩环境的实体建成后，一般不会有大的变化，因而对于居民来讲，其吸引力不在于新奇和刺激，而在于长期居住产生的归属感；在一个熟悉的住区休憩环境里，居民的休憩行为具有一定的时间规律和空间规律性，与城市游憩和旅游相比，具有更明确的时空特征。

从住区休憩的系统来看，尽管住区不等同于社区，但住区却不能失却社区文化，在社区建设中，社区休憩环境建设除了物质实体外，还注重管理、组织和实践，因而住区休憩环境与社区建设有密切关系，前者是后者的重要内容和基本目标之一。在我国商品住区的基本开发模式下，业主委员会和物业管理公司逐渐承担了更多的社区建设和管理的职能，开拓和强化这些职能是改善和提高住区休憩环境质量的重要保障。通过有意识的引导，可以使住区休憩具备更广阔的社会空间，具有更广泛的社会意义和文化内涵，从而提升住区休憩的总体质量。

1.3 珠三角住区休憩环境建设的现状

1.3.1 珠三角住区休憩环境研究的现实意义

游憩是城市的一项重要基本功能。吴承照将发生在城市居住区的游憩活动称之为社区游憩。就目前珠三角的商品住区而言，其社区意识实际十分薄弱，新建住区很多采取封闭式物业管理。而"社区游憩"概念本身更偏重于概念性空间内的游憩活动，不能准确表示发生在有明确边界和范围的居住环境内的人们的行为特征。在上一节我们已经探讨了"游憩"、"休憩"两个概念的区分，可以认为"游憩"活动有不同的出行方式，通常不是规律性的行为但相对计划性较强。比如"珠江夜游"是一种游憩活动，一般需提前计划，但不会天天去"珠江夜游"。因而这一概念更多是一个城市规划、旅游规划、人文地理的概念，除非规模庞大的居住区，"游憩"的概念并不十分符合发生在住区的活动。相对而言，"休憩"更偏重于"休息"、"放松"，更易于表征那些发生在熟悉环境中的自发性的活动或其他行为；其出行强度较小，而活动的空间范围则是步行可以到达而不会感觉劳累的距离；从时间上看"休憩"更偏重于茶余饭后处理完工作和家务之余的休息状态。

从目前珠三角商品住宅开发的情况看，以政府为投资主体的已比较少（主要是福利性质或安居性质的居住项目，如深圳住宅局开发的梅林一村、桃源村等），大量的商品住宅项目规模都不是很大，多数是组团级的开发项目，小部分是小区级的开发项目，由独立开发商营建的居住区级项目几乎没有。为了与这种情况相适应，我们将范围限定在小区概念之内，而研究"住区休憩"行为。住区休憩行为可以泛指住宅户内的私密性休憩行为和发生在公共空间的休憩行为。本书研究的对象是后者。发生休憩的公共空间包括户外公共休憩空间（主要指公共园林绿地，首层架空层、屋顶花园等空间）和室内公共休憩空间（主要指会所，住区内的餐饮、购物等公共空间，以及住宅大堂等），这些空间可以统称为"住区休憩环境"。

住区休憩环境是一个涵盖面很广的概念，按照叶荣贵教授的论述，大致可以按图 1-4 分为硬件和软件两个方面。通常我们涉及的仅仅是硬件方面，在本书中探讨的也主要是硬件问题，但一个良好住区休憩环境的营造，必然也依赖于软件方面，两者相互融合，共同影响着环境质量。

图 1-4
住区休憩环境要素的构成
Constituent of Residential Recreational Environment

```
                 ┌ 公共空间——作为休憩、交往、活动的功能载体
            硬件 ┤ 生态环境——与健康住区、可持续性、绿色建筑等概念密切相关
住区休憩         └ 景观环境——适宜的景观，与美、愉悦、意象、意境等概念密切相关
环境要素
            软件 ┌ 住区文化氛围——作为社区建设的重要内容和社区文化基本载体
                 └ 管理、措施——与环卫保洁、设施维护、治安保卫、住区服务等职能
                                 有关的管理方法和措施
```

住区休憩环境与居民日常生活息息相关，在很大程度上规定了居民的休闲模式，直接影响到人们的生活质量，还可以进一步涉及城市面貌；住区休憩环境同时也是居民交往环境，也一定程度上影响着邻里关系和人们的交流与沟通，对少年儿童的健康成长、老年人的养老生活起着至关重要的作用，甚至在一定程度上影响人们的精神状态和精神生活。

以往的研究已经证明，城市高密度的居住环境、恶劣的环境质量不但影响人们的身体健康，也会影响人们的心理健康，在我国人多地少的城市基本条件和相应的居住模式下，如何最大程度地创造

美好的居住休憩环境是我国建筑师和规划师面临的重大课题。而在住宅商品化条件下，探索商品住宅住区休憩环境质量的优化方法和理论则是当前十分紧迫的任务，对于提高策划水平、规范设计质量、改进物业管理和服务的水准等都有非常重要的意义。

珠江三角洲地区经济发展水平居于全国前列，已开始逐步发挥其经济辐射作用，而其商品住区的策划、设计、建设和管理也处于全国领先地位，实际上已经起到了示范作用。研究珠三角的住区休憩环境更具有现实指导意义，探索珠三角住区休憩环境整体优化的理论和方法，不但能提高本地区的水平，还可以充分发挥其先导和示范效应，对全国的住区休憩环境规划设计提供参考或指导。

1.3.2　对珠三角地区住区公共休憩环境的认识过程

改革开放以前，珠三角地区同全国一样，谈不上什么房地产业。自改革开放以后，国家倾斜的政策，逐渐增强的经济实力，加上传统的商业意识等诸多因素促使珠三角的房地产业从无到有，从弱小到壮大，经历了一个逐渐成熟的过程。其中作为居住环境质量的一个重要方面，住区休憩环境也经历了一个认识不断深入和逐步成熟的过程，根据笔者的观点，可大致分为四个阶段：

1. 贫乏期：

改革开放以前，珠三角地区同内地许多地方相比，整个经济实力和居住生活水平处于中下游，城市居住的突出矛盾是有无问题，谈不上居住休憩环境，以中心城市广州为例，20世纪50年代建成的为数不多的小区中，经济水平和设计观念等很落后，按规划意图实现的更少，住宅多呈小街坊状态，真正完整的小区不多，其中第一个较为完善的住宅区是"华侨新村"。六七十年代由于国家政治经济条件的制约，住宅建设长期处于停滞状态。改革开放以后，珠三角住宅建设有了很大发展，以广州为例，从1978—1990年，广州市区新建住宅2377万 m^2，是前29年的2.54倍。这一时期的典型小区有东湖新村（广州市第一个利用外资建设的小区，引入一些西方的规划设计经验）、江南新村、晓南新村、五羊新城等。[12]作为改革开放实验田的深圳，住宅建设也取得了一系列成就，如80年代的"滨河新村"刚落成时，被国人称为未来住区的典范，"莲花北村"落成后一直是深圳的一张名片，经常受到国家领导人视察。

这一时期的房地产市场还处于起步阶段，住宅建设的主体还是政府和企业单位。其成就主要表现在打破了以往单纯的行列式和周边式的布局；住区的功能分区、公建配套日益受到重视，但除了较好的住区，多数住区采用低层高密度模式，住宅间距过小，住区内少量的休憩环境也较为粗劣；建筑的造型虽有改进，但仍有千篇一律之感。

在国家和企业行为并存的二元住宅建设模式下，多数开发商限于用地、资金、技术、观念等的制约，对居住问题的认识极为肤浅，从商品住宅市场启动，一直到1993、1994年房地产过热期间，开发商的精力集中在如何"划地图钱"上，多数开发商根本不关心规划设计质量，也不关心楼盘素质，而是一味追求高容积率，因为"高容积率等于高回报"，户型本身的功能问题多多，更谈不上对住区休憩环境的关注了。另一方面，由于土地获取方式多为合作形式，地块面积较小，楼盘总建筑面积过小，公共休憩环境面积和规模十分有限。在这样的背景下，只有少数有实力、有超前意识的开发商，在某些特定的项目中对住区休憩环境予以一定程度关注，如外资背景的中海集团早期开发的海丽大厦、海富花园等楼盘。

2. 调整反思期：

1993年6月国家决定对房地产实行宏观调控的收缩政策，随着1994年底房地产过热的泡沫散尽，国家经济紧缩，房地产业经历了几年困难的徘徊期。

以1994年1月顺德市率先实行货币分房为标志，珠江三角洲地区的住房制度改革和住宅商品化逐渐展开。商品房地产住宅市场逐步被培育起来，开发商在地产泡沫的惨重教训中受到很大教育，而日益形成的房地产市场促使竞争加剧，也引导开发商走提高质量的道路。同时，80年代中期开始建设部"试点办"组织的"城市住宅小区建设试点工作"逐步展开并扩大了影响，1994年开始，由建设部和国家科委组织的"2000年小康型城乡住宅科技产业工程"等，取得了大量实践经验和理论进展，出版了一系列文献，对人们的居住观念、商品住宅开发商的开发理论起到了重要的影响作用。珠三角这一时期的代表小区有广州红岭花园、中山壅景园等示范小区。

3. 启蒙期：

随着国家试点小区的建成，房地产开发商的调整反思，以1997年落成的深圳"百仕达花园"和"东海爱地花园"为标志，珠三角的住区开发理念进入启蒙期。这两个楼盘的设计均由知名公司设计，从景观上看，住宅立面和住区园林环境都堪称典范，公共休憩的质量被提高到了一个显著的层次，成为当年深圳市、珠三角，乃至全国公认的明星楼盘，产生了广泛的影响，大批参观者络绎不绝。对珠三角地区的开发商产生了极大的启发和示范作用。1997年后，随着住房制度改革方向的明确，国家停止福利分房，真正意义上的商品房地产市场形成了，而居民对公共园林景观提出了更高要求，在这样一个市场的引导下，以此为契机，开发商们开始关注住区建筑造型和园林绿地景观质量。一批具有国内领先水准的住宅区陆续建成，有代表性的有广州锦城花园、中海锦苑、保利花园、金碧花园，番禺金亚花园，深圳中海华庭、万科城市花园、四季花城、金地海景、中山凯茵花园等。这一时期另一个突出的特点是各种概念的炒作，如"绿色住区"、"生态住区"、"人性化社区"、"新城市主义"、"回归自然"等，这些称谓多数只是满足宣传需要而往往有名无实。

另外，在这一时期，国家出台了试行的《商品住宅性能评定方法和指标体系》，对住宅区规划设计起到了一定政策引导作用。

4. 走向成熟：

2000年以来，随着珠三角范围内品牌楼盘不断涌现，有名无实的商业炒作已不能吸引日益精明的购房者，消费者既要求实用，也要求住宅的美观、经济。消费者持币观望、货比多家。房地产价格比较平稳，甚至略有下降。这些迫使开发商更深入地研究潜在住户的需求。各知名开发商都成立专门的设计研究部门，集中一批高素质人才开展研究，如中国海外集团的设计研究部、万科地产下属的万创设计公司，从成果上看，有代表性的有万科提出的"泛会所"概念，强调会所公共休憩设施的自由式、开放型布置，最大限度贴近和满足居民使用；而中国海外集团则开展了一系列重要的使用

图 1-5
百仕达花园一景
A Glance at Sino-link Garden

图 1-6
东海花园一景
A Glance at Donghai Garden

后评估研究和住宅问卷调查。这标志着有前瞻眼光的开发商开始关注于居住实际使用的满意度，而不仅仅是售楼业绩。另外，对于绿色生态住宅的研究和建设也取得了一定的成果，2001年10月建设部编制《绿色生态住宅规划设计导则》（试行），一系列生态住宅会议得以召开，其中广州的汇景新城被评为第一个绿色生态住区。

对住区休憩环境认识的逐步深入也促进了设计和营造的专业化。以往珠三角住区休憩环境设计和建设中，通常由建筑设计院做粗略的室外环境设计，植物配置基本也很少推敲，园林工程也仅被作为一般的室外工程由土建工程承包商完成，最多由园艺工人种上植物。目前珠三角住区的园林工程和室内公共空间，通常由专业的园艺设计公司和室内设计公司设计，由专业园林施工单位和装饰施工企业完成施工。由于这两种工程的设计和施工的复杂性，通常的项目也并非一家单位完成。以深圳中海华庭为例，前后共有十几家设计单位和数个施工单位进行设计和施工。在境外设计单位的引导下，设计的深度和广度大大增加。目前水平较高的园艺作品基本由香港或境外事务所完成，较为知名的有新加坡雅可本、香港贝尔高林等。而建筑外立面根据业主的需要在主体基本完成前重新请设计单位做调整方案也极为普遍。

由于住宅户内交楼标准目前多采用毛坯房和一般装修，难以表现开发商的实力，因而开发商倾向于在住区公共休憩环境上做足文章，这种关注与重视也反映在设计费和工程造价上。目前园林工程的设计费一般高出建筑设计费不少，室内装饰工程设计费用则远高于建筑。从园林的单方造价来看，300元到500元是很正常的，高的可以达到600~800元。会所等室内休憩环境的造价也很高。

1.3.3 珠三角地区住区休憩环境的主要相关研究及文献

由于地缘优势，以珠三角居住外部环境作为对象的研究主要集中在广州地区，特别是华南理工大学，早期有代表性的是1986年华南工学院（现华南理工大学）建筑学系的三篇硕士论文，这三篇论文的指导教师都是林克明和郑鹏，都借鉴了西方国家20世纪70年代兴起的环境—行为理论和研究方法。其中陈雄（1986年）对广州地区的住宅外部空间环境（在该文的概念里，住宅外部空间环境是指住户户门以外的空间环境，即不仅包含室外环境，还包含楼梯、走廊等室内公共环境）进行了小规模和代表性调查，涉及邻里关系、交往途径、环境行为特征和居民对环境的评价等，对居民户外环境行为及改善外部空间质量的设计手法进行了初步的探索。朱立本(1986年)通过文献介绍，结合对广州一些居住区的问卷调查，对居住区儿童户外活动特征和户外活动场所进行了总结和研究。翁颖(1986年)以社会学、社会心理学理论为指导，立足于社会调查的方法，对广州地区以多层为主的九个居民点做了问卷调查，获得有效问卷158份，问题涉及对邻里关系的满意度、对住宅室内外环境质量的四个方面(健康性、方便性、舒适性、社会性)的主观评价、不同住宅形式的交往程度和交往意愿等，对邻里交往的行为模式、环境特点作了概括性探讨，进一步提出了邻里交往空间建构的定量和定性标准、组织方式和方法。

颜紫燕(1992年)分析和概括了1949—1990年广州住宅的发展状况，并分析了其形成的原因和特色，在此基础上提出了对以后住宅在单体和总体方面的发展设想与展望。张秀萍(1994年)以深圳高层商品住宅为例，论证了形式与功能之间的关系以及有关设计的问题，针对高层商业住宅发展过程中出现的一些问题做了一定的探讨。梁梅、向大庆(1995年)对珠海吉莲新村，深圳白沙岭、园岭、滨河小区分别进行了一天的行为调查，对商品住宅公共空间与户外行为的基本特征进行了概括的描述和分析。

杜宏武(1997年)在文献研究和调查基础上，对现代休闲会所的定义、分类等进行了研究，其中结合实例对珠三角以住户会所为主的住区室内公共休憩环境做了初步分析；范学功(1998年)对当前国内住户会所，尤其是珠三角地区的住户会所进行了广泛的调查研究和分析比较，结合香港和海外的实例，分析了住户会所随商品住区而产生、发展和完善机制，对住户会所的项目策划、工程设计和建设、后期的经营管理等做了较为全面的研究。

有关珠三角住区休憩环境的研究中，杨宏烈对南粤居住小区建设开发、园林绿化、建筑设计、智能化等特点进行评述分析(1999年)，并对南粤居住住区园林的景观特点、类型特征、发展状况进行了分析，对住区园林经营的若干问题提出了建议。

任炳勋(1999年)对珠江三角洲住区内开放空间进行了重点研究，提出住区开放与发展的十种趋势，归纳出五种空间模式：集仿私园式、公园式、内广场式、树状结构、住宅融入公园式，并归纳出住区内开放空间的十一种具体营造手法。

程炜(2000年)分析了珠三角居住区公建设施配套的现状，发现配套指标落后于地区发展水平，提出今后公共设施建设应重视各种人群的需要，对现行指标体系进行了探讨，提出了一些改革建议。陈清(2001年)结合广州市居住区公建配套建设的主要特点和薄弱环节进行了研究和探讨，对广州市居住区配套公建定额标准控制方法和项目设置提出了初步构想。

杨柏坚(1999年)对可变住宅的有关文献做了归纳和整理，结合珠三角城市的区域特征和住宅发展现状，指出了可变住宅在本地区的现实可行性和使用价值，并就有关设计方法和实现模式进行了探讨。

李中康(2000年)对广东地区住区规划和住宅设计发展动态做了研究，探讨了住宅区建设的广东特色问题，对未来的发展模式和设计原则也做了讨论。论文主要以珠江三角洲的案例为研究对象。

赵洁(2000年)则以广州地区90年代具有代表性的、比较优秀的住宅区的规划设计现状为分析依据，从规划设计的经济、环境效益、社会效益以及规划设计方法等角度总结了广州地区90年代住宅区的特点和建设经验，同时也指出了不足之处。对该地区住宅房地产市场的发展趋势和未来住宅区的发展模式进行了探讨。

范逸汀(2000年)总结了对当前人居环境的生态发展趋势、环境评价的内容和方法、居住区生态环境的一般设计方法等，以深圳市居住区环境为案例进行了初步探讨。

王晖(2001年)对珠三角地区城市住区开放空间的景观环境做了分析和研究，主要包括住区景观发展历程和现状，从形态、美学、经济三方面总结了环境营造的特点，提出了相应的原则及发展的可能性。

苏锟(2001年)以南方地区城市滨水居住区为研究对象，对其发生、发展及现状背景做了论述，指出了与之有关的气候条件、物理因素的影响，对总体规划布局形式和单体的设计原则和方法做了归纳。

赵松乐(2001年)以高层住宅的外部形态为课题，以珠江三角洲地区有代表性的高层住宅为考察对象，以外部形态的生成机制与社会环境的有机作用为主要论点，借助对不同地区、气候和环境的类比方法，对影响外部形态生成的各个要素进行了探讨。

郑潇(2002年)对珠三角住区的水环境设计展开研究，探讨了住区水环境的重要生态和景观价值，探索了水体整体布局、生态设计和实质景观的设计手法。在对现状反思的基础上提出了一些建议。

1.4 珠三角住区休憩环境的基本特征

1.4.1 公共休憩空间的营造

珠三角近来建成的商品住区，大都重视了公共休憩空间的营造。从户外休憩空间来看，营造大面积的公共园林绿地已成为通常的做法，为营造更大的面积，高层住宅广泛采用架空层（支柱层）已为不少楼盘采用。以广州、深圳等典型城市的情况来看，市内新建住区基本以高层为主，除了配备必要的公建和公用设施，住宅裙房部分基本不做住宅，大多被处理成开敞形式，而设计成有绿化和休憩设施的空间，有些用地狭小不易布置开敞绿地的住区（如深圳创世纪滨海花园），甚至采用完全架空（除住宅入口大堂）的做法。其原因一是为了增加公共休憩面积，另一个原因是"裙房"部分如安排住宅，这里的户型受干扰较大，不易出售，另外还有技术上不好处理的原因。在近郊以多层为主的住区内，也有一些采用首层架空，不过由于建筑容积率不高，整体比例较少。

住区会所目前几乎是新建住区必备的设施。其规模和设置休憩项目或内容主要受以下因素影响，一个是区位因素，离市中心较近，附近有较完善的休闲娱乐设施的，会所就较简单，而近郊或较偏僻地方的住区，会所规模比较大，而且设施也很齐备。另一个因素是楼盘档次，高档楼盘的会所一般较豪华，面积大，尽管可能其使用率并不高。从目前的情况来看，会所在物业上的权属尚没有一定的规定，大多作为商业配套面积，属于开发商所有，但会所往往独立建造，而面积较大，经常占去大片的公共开敞空地，实际上侵占了居民的公共活动空间。

住宅大堂也是实质上的公共休憩空间，当前住区建设中，中高层、高层住宅一般都有一个具一定面积的住宅大堂，在室内设计和装饰上也非常重视。

另外也有一些楼盘根据现有条件，利用裙房屋顶或建筑屋顶作为休憩空间的，但由于人流交通组织不合理，使用不便，管理困难，成功的例子不多。其中比较优秀的实例是广州翠湖山庄，住区休憩空间全部建在裙房屋面上，住宅围绕屋顶庭园布置。

1.4.2 住区园林的特色与风格

从历史上看,珠三角地带本来就是岭南古典园林的一方沃土,番禺余荫山房、东莞可园、顺德清晖园、佛山梁园等著名私家园林保存至今,近代也集中了不少华侨私家住宅园林。庭园文化和传统十分丰厚。

在当前居民对住区环境和绿化要求提高的情况下,珠三角住区环境发生了质的变化,住区园林绿地设计和建造更是五彩纷呈、各具特色。概括特征有:(1)城内重特色、郊外大面积。(2)中西相结合,古今相融洽。(3)住区与体育联姻,体育设施园林化。(4)注重规划的整体性与景观系列的主题性。[13]

图 1-7 二沙岛棕榈园小尺度环境

Small Space in the Palm Garden, Ersha Island

图 1-8 充满绿意的锦城花园内庭院

Greenery Inner Space in Jincheng Garden

图 1-9 以叠石为特色的曦龙山庄

Piled-stone as Characteristic in Xilong Village

图 1-10 中海名都的小桥流水

Brook & Wooden Bridge in Zhonghai Mingdu

从整体来看，珠三角住区园林并没有明显的主流性风格特征，表现为折衷主义的倾向，在很多园林作品里，中国式庭园自由的布局、叠山砌石、景亭等和西式的柱廊、檐口线角、喷泉等经常组织在一起；适应公共需求，环境气氛多追求景观要素的丰富多彩，类似于内部公园，而非私家园林那种内敛含蓄的风格。另外发展商特别注重园林的广告效应，现在通常做法是售楼阶段，主体还在施工而园林基本建成，这样做的好处除吸引买楼者外，业主入住时，因为植物经过一段时间生长，效果也大为改观；但存在的问题是园林往往迁就售楼期的广告效应，而有时会牺牲楼盘入住以后的住区园林整体效果。

由于本地区较为优越的地理和气候条件，水景的运用是一大特色，可以做到四季花团锦簇，植物四季常绿。相对于国内其他地区，也更注意到了居民户外活动的需要。

1.4.3 住区建筑的景观

受高层住宅平面形式的制约，住区住宅的建筑形体变化并不很丰富，室外空间相对也比较单纯，但是建筑立面处理风格富于变化，尤其是会所等公建的处理，就更为灵活自由，从而成为住区景观环

图 1-11
广州盈翠华庭的内庭园环境设计
The Inner Garden Environment Design of Yingcui Huating in Guangzhou

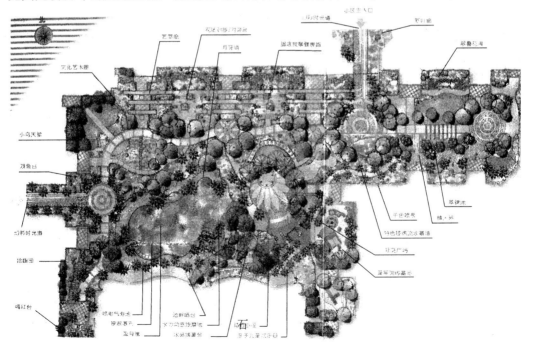

境的重要组成部分，总体概括起来又分为：

（1）追求豪华气派的倾向：如广州帝景园，深圳万科俊园等，通常是位于市区内CBD区的高级公寓，色调深沉，装饰华贵。

（2）田园主义倾向：追求休闲性居住的气息，自然而和谐，喜用坡屋顶，一般为近郊的多层和中高层。代表作品有广州番禺星河湾、万科四季花城。

（3）现代简约风格：特征是鲜明的色彩对比和体块穿插。

（4）追求技术美学的倾向：特征是大面积通透的玻璃窗，充满金属感的构架等。

（5）追求个性倾向：通常出现在高层住宅的处理，尤其是顶部处理，其效果往往毁誉参半，如广州中海锦苑的"帆船顶"、新理想华庭"拿破仑顶"、海珠半岛花园的"绿色金字塔顶"。

（6）"欧陆风"，实际是西方古典风格折衷和标签化、符号化的结果。近些年被建筑设计界围剿的情况下，在一些地方特别是中小城市依然很有生命力，但已不是发展的主流。

需要指出的是以上几种倾向并非各自完全独立，有时会相互重叠。比如万科俊园是比较地道的西方古典风格，但同时追求高尚豪华的气息。

1.4.4 以会所为核心的室内休憩空间

珠三角住区建设中，会所通常是不可或缺的内容，又是反映楼盘档次和水平的重要标志。住户会所的布局形式、规模、项目内容与其运营模式密切相关，纯私人性质的住户会所，只对业主服务，布局上应方便多数业主的就近使用，内容相对较单纯；开放式住户会所同时对外服务，考虑外来客人而往往布置在住区临主要道路边缘。

影响住户会所的项目配置的因素很多，而具体项目随所属物业的不同情况表现得各有差异，但有些相对比较固定的项目：如健身房、更衣室、乒乓球室。

会所因其服务方式、内容等呈现出不同的特征，难以用一个统一的标准归类，

图 1-12
星河湾的建筑风格
Architectural Style of Xinghewan Garden

图 1-13
阳光棕榈园会所的建筑风格
Clubhouse in the Sunny Palm Garden

图 1-14
汇景新城会所的建筑风格
Style of Clubhouse in the Huijing New-city

就一般城市住区而言，可分为：(1)一般性住区会所；(2)商务性住区会所(莱茵花园、金业花园)；(3)度假住区会所(祈福新村新会所)。

按所处位置分：(1)多层住区内部独立设置；(2)高层住区内独立设置；(3)高层住宅的裙楼部分；(4)混合型(分散与集中)。[14]

从定位上看，会所服从于住区整体开发的定位和开发模式。例如祈福新村原销售对象是香港中下层人士或外企员工住房。旧会所规模较小，随着项目的展开，目标客户对准了珠三角的富裕阶层，从而营建国际学校、人工湖、新的大型会所、商场等项目，实际上形成了一个大型游乐场所的概念。

图 1-15
祈福新村会所
Clubhouse in the Qifu Village

1.5 珠江三角洲住区休憩环境研究的方法和理论框架

1.5.1 课题产生的背景

在前面大致讨论了珠江三角洲住区休憩环境有关问题的由来，综合各方面的情况，可以用图 1-17 所示的流程图从总体上反映课题产生的背景。需要指出的是，经济发展与制度创新、经济发展与两个重要转变、城市化及各种城市现象和问题等等，并非简单的因果关系，而是互为因果，相互促进，自然地理和气候作为较为稳定的因素，地方文化与传统作为相对稳定的因素始终起到它们的作用，而制度创新则贯穿着城市居住问题的整个过程，是非常活跃的促进因素。

1.5.2 本研究工作的基本步骤

本研究工作的基本步骤，遵循"发现问题"、"分析问题"、"调查与分析"、"理论建构"的过程，反映如何解决问题的基本思路，在这个过程中非常强调与重视的是获得比较全面的和第一手的调查资料，并以值得信服的科学分析方法来研究。

1.5.3 研究的理论框架

吴良镛倡导的"整体思维"，启发我们以更广阔的视野和系统观念看待规划设计问题，要求我们具有发散性思维，而"融贯的综合研究方法"则是"整体思维"合乎逻辑的发展，强调研究方法上的多视角和多层次。在研究中，除与研究课题直接相关的支撑性理论外，背景性理论与地域环境各类因素受到充分重视，强调普遍原理与具体案例的结合；在方法上，围绕住区休憩环境研究这个中心，尝试用多个角度和具体方法进行研究，并对其各自结果进行对比分析，以期获得更全面而深入的理解。

在本书的理论框架中，居于核心地位的是环境行为科学。环境行为学相对于环境心理学的研究范围略窄，注重环境与人的外显行为（overt action）之间的关系和相互作用，作为心理学的一部分在20世纪60年代兴起，在此以前有所谓"环境决定论"（environmental determinism）、"行为主义"等带有机械唯物论色彩的理论，偏重实验室研究，在规划建筑领域有相应的"规划决定论"、"建筑决定论"等，在70年代形成高潮。挪威建筑学教授Christain Norbery-Schulz以皮亚杰生理学的理论为基础，研究了"空间"问题，写出了《存在、建筑与空间》一书，而美国人Christopher Alexander在60年代的论文《城市不是一棵树》、70年代的《模式语言》，文丘里（Venturi）的《建筑的复杂性与矛盾性》等很多都涉及环境心理学内容。在60年代对近代建筑理论的检讨中，学者们提出了一些新看法。其中Jon Lang及Charles Burnette从管理科学、系统论等角度出发提出了行为科学与建筑设计相结合的理论模型（见图1-16）。

环境行为研究方法：
- 观察法
- 实态调查法
- 问卷法
- 比较权衡法
- 知觉模拟
- 时间支配与时间地理
- 设计回访评价
- 环境策划
- 景观评价
- ……

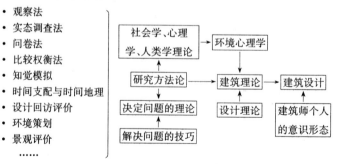

图1-16
行为科学与建筑设计的结合
Combination of Evironment-Behavior Study With Architecture Design

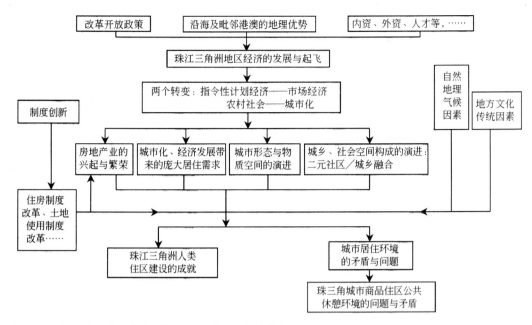

图 1-17 珠江三角洲住区休憩环境研究课题生成的机制模型

The Formation of Topic of the Recreational Environment in PRD Housing Estates

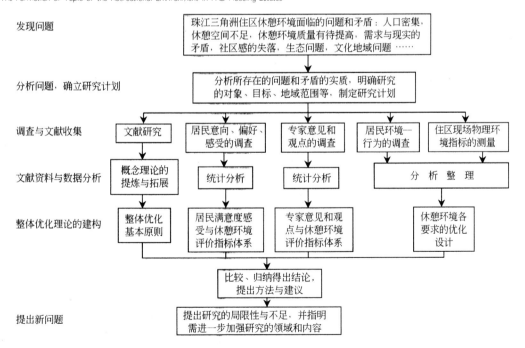

图 1-18 珠三角住区休憩环境研究工作程序

Process of Recreational Environment Research in PRD Housing Estates

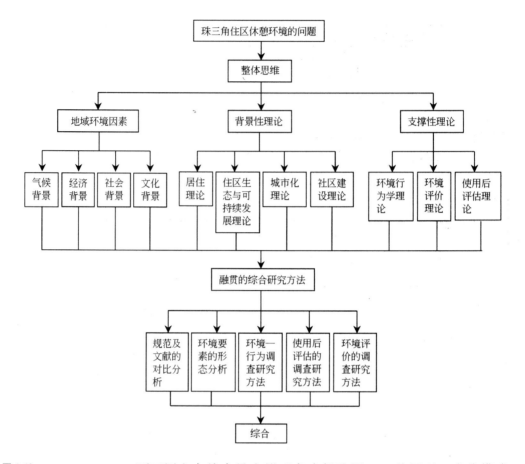

图 1-19
珠三角小区休憩环境研究的理论框架
Theoretical & Methodological Framework of Recreational Environment in PRD Housing Estates

而亚历山大从大量人居现象中提取了 253 种原型，或称模式，从而把设计设想为若干模式的组合，每种模式都是空间模式与行为模式的结合，注重于空间与形式所表达的内容。

20 世纪 70 年代以后，具体化、定量性的分析成为环境行为研究的主流，强调做社会调查和实证研究，并作为设计构思的来源之一。所以环境行为学是偏重于如何应用的学科。

本章小结

本章分析了珠江三角洲经济区自然地理、人文地理和经济地理的概况，着重对解放以后、特别是改革开放以来本地区城市化进程中城镇经济角色的转换，经济快速增长带来的城镇的数量、规模、城市用地和城市景观的变化，本地区人口与外来人口的二元社区现象作了初步探讨。

为了清楚地界定和说明本书的论题，本章还对休闲、娱乐、游戏等概念作了探讨，重点分析了"休憩"与"游憩"在概念上的差别，对工作、休息、休闲的关系模式、本质及其在住区休憩系统中的地位和特征进行了分析探讨。

本章从分析珠三角住宅建设的总体状况和突出矛盾入手，确立了住区公共休憩环境研究的基本概念、重要意义和研究范围，将改革开放前后本地区住区休憩环境认识和实践的过程分为贫乏期、调整反思期、启蒙期和走向成熟四个阶段。

珠三角居住外部环境的相关研究及各类文献主要见诸于有关学术论文和学位论文，本章对其中主要的研究成果作了文献研究和简要介绍，在此基础上对珠三角住区休憩环境四个方面的基本特征，即公共休憩空间的营造、住区园林的特色与风格、住区建筑的景观、以会所为核心的室内公共休憩空间作了概括的评述。

本章最后以流程图表的方式直观地表示了本研究课题产生的背景、研究工作的基本步骤和研究的支撑理论框架。

本章注释：

[1] 张振江. 珠江三角洲经济发展与文化变迁——以语言为对象的研究. 中山大学学报（社科版）. 1997，（1）

[2] 许小波. 珠江三角洲在中国与亚太经济中扮演的角色. 广东社会科学. 1995，（6）

[3] 资料来源：广东税收全国第一. 南方都市报. 2001年1月2日A06版

[4] 阎小培等. 珠江三角洲乡村城市化特征分析. 地理学与国土研究. 1997，（5）

[5] 周大鸣. 外来工与'二元社区'——珠江三角洲的考察. 中山大学学报（社科版）. 2000，（2）

[6] 魏清泉. 珠江三角洲经济区城市发展研究. 地域研究与开发. 1997，（6）

[7] 从日常生活批判到哲学人类学. 天津社会科学. 1992，（1）

[8] 陈麟辉. 休闲文化：社会发展的新机遇. 探索与争鸣. 1995，（12）

[9] 吴承照. 现代城市游憩规划设计理论与方法. 北京：中国建筑工业出版社. 1998：8-9

[10] 吴承照. 现代城市游憩规划设计理论与方法. 北京：中国建筑工业出版社. 1998：6-7

[11] 吴承照. 现代城市游憩规划设计理论与方法. 北京：中国建筑工业出版

　　　　社.1998：32
[12]　赵洁.广州地区九十年代住宅小区研究.华南理工大学硕士论文
[13]　杨宏烈.浅谈南粤居住小区园林.中国园林.2000（5）：37-40
[14]　范学功.住户会所建筑设计研究.华南理工大学硕士论文.1998：75-76

第二章 珠江三角洲居民休憩行为和邻里交往的主要内容和特征

2.1 住区休憩行为与邻里交往研究概述

2.1.1 住区休憩行为及其模式

2.1.1.1 居住与行为

环境—行为学中的行为可以看作是处在环境中的人的内在生理和心理变化的外在反应,既是环境作用于人而产生的外显反应和活动,又是人作用于环境的活动。行为是一种极其复杂的主体事件,是一个过程而非事物,它不断变化而具有流动性,某些特征则转瞬即逝,难以对其做静态的观察和研究。常怀生(1990年)认为行为是为满足一定目的和欲望而采取的过渡行动状态,人的行动状态是通过状态的推移来表现的。心理学中一般把动作视为身体的一部分伴随意识的运动和运动的系列,强调"伴随意识"是为了与"无条件反射"相区别;活动按最狭义的和单纯的理解时,指人体全部状态的变化,最容易观察到的一系列动作的集合,如步行、跳舞、交谈;广义的活动指生物普遍而又广泛的运动形式。渡边仁史(1982年)把空间中的行为定义为"带有目的之活动的连续集合",并将其特点归纳为[1]:

(1) 空间的秩序:即行为在时间上的规律性和一定的倾向性;

(2) 空间中人流的流动:即人从某一点运动到另一点的位置的变化;

(3) 空间中人的分布:指人如何占据和利用空间;

(4) 与空间相对应的人活动时的心理和精神状态。

人与环境的相互作用表现在行为场景中的外显行为的规律,即行为模式。行为模式所针对的不仅是行为的一般规律,还有其结构的规律性。行为主义心理学的创始人Watson认为行为是有机体许多简单反射的组合，刺激—反应（S—R）是行为模式的基本公式，Tolman，Wood Worth等进一步提出了：刺激—有机体—反应（S—O—R）的公式，表明有机体不只对刺激作出反应，还依据自身的要求来判断这一心理过程并做出适应周围环境的行为。

与居住环境有着密切而直接联系的居民行为可称为居住行为。黄承元、周振明（1998年）将居住行为按递进层次分为：

（1）基本行为：指进食、洗漱、睡眠等生理行为；

（2）家务行为：指与家庭经济状况和生活方式相关的整理、炊事等生活保障行为；

（3）文化行为：指受个体的年龄、性格、职业和文化程度影响的，与居民精神生活相关的行为；

（4）社会行为：是家庭生活在邻里间的延伸，包括邻里间的交往、居住区内的公共集会、活动等。

2.1.1.2 住区休憩行为

从休憩的角度考察居住生活，实际上是从居民时间总体分配上看待居住生活。休憩行为是居住行为的一个重要组成部分。居住行为可分为：必要性及劳作性行为和居住休憩行为。居住休憩行为是指发生在居住区内的休憩行为，它包括发生在户内的私密性休憩与发生在住区公共空间的公共性休憩。本书研究的是公共性居住休憩行为。为了与现有商品住宅的开发模式和住宅区空间模式相适应，我们以"住区休憩行为"来表示本书涉及的环境—行为研究的对象。

以珠三角商品住宅区为考察对象，其住区休憩环境给居民提供了多种活动方式，每种活动方式的发生都与特定的行为主体、特定的时间和场所（其中场所与活动在其中的行为主体共同构成行为场景）。"环境所具备的物质特征支持着某些固定的行为模式，尽管其中的使用者不断更换，但固定的行为模式在一段时期内却不断重复。这里的行为属于非个体行为，这样的环境被称为场所。"[2]

利用扬·盖尔对公共空间中的户外活动的划分，相应地可以把住区内的居住行为分为必要性活动、自发性活动和社会性活动[3]：

必要性活动是各种条件下都会发生的活动，很少受物质构成和外部环境的影响，参与者没有选择的余地。住区内的必要性活动主要有上学、上班、购物、理发等；自发性活动是在人们有参与的意愿、适宜的室外条件、适宜的时间和地点才会发生的活动。大多数住区休憩行为都属于自发性行为，因而这种行为是我们研究的重点。

社会性活动是指在公共空间中有赖于他人参与的各种活动，包括儿童游戏、互相打招呼、交谈、各类公共活动，基本上它是由前两类活动发展而来的，由于人们处于同一空间而产生的不同层次和深度的交往活动。

2.1.1.3 珠三角住区休憩行为的划分

刘士兴（1997年）将住区室外环境中行为按其目的性分为休息、健身、交往和游戏四种方式[4]。这种划分的基础是建立在过去计划经济体制下福利性住区休憩设施相对贫乏的基础之上，对于珠江三角洲近年的商品住区而言，公共休憩环境提供的休憩方式大大扩展了，同时随着发达地区人们生活方式和观念的变化，休闲、休憩的内涵更加丰富，比如一家几口时常在会所餐厅吃饭，实际也是一种休闲行为，而很大程度上脱离了作为必要的生理需要的意义。因而从珠三角住区休憩环境的基本特征出发，我们可将住区休憩行为按其模式分为七大类：

1. 休息：休息是住区休憩的最基本形式，一般指在住区室内外公共空间恢复体力及放松精神的活动，如闲坐、散步、看人、欣赏、晒太阳、乘凉、带婴幼儿户外活动、遛狗等。"休息"是一个概括性用词，一般是以个人或家庭成员为主体的行为，是一种静态或低强度的活动。

2. 交往：严格地说，交往并不能算一种独立的休憩活动，除了一个人或一家人的独处，交往实际上发生和贯穿于居民日常休憩活动的方方面面，只要有人群交汇的地方就会出现一定程度的交往。这里的交往是取其狭义，认为住区交往主要有两类，一是没有特定的安排，带有某种自主性、随意性的，与非家庭成员之间的结交、闲谈、倾听等活动；另一类是有一定组织和安排、受控的团体性活动，如社区公益活动、业主委员会开会、管理处组织舞会及中秋嘉年华会等。

3. 康体：或称康乐体育，一般有几个特点，首先是一定体力的支出，第二是往往以健康为目的，第三是竞赛或活动过程获得乐趣和心理培养。如强度较高的网球、羽毛球、跑步、篮球、室内攀岩、健身等，或强度较低的乒乓球、保龄球、打拳、舞剑等。

4. 文娱：或称文化娱乐，活动带有明显的文化性和娱乐性，一般是指阅读、影视欣赏、卡拉OK、跳舞等。

5. 游戏：可以泛指以儿童为活动主体的行为，游戏的过程更多地包含探索和学习的因素，因而新奇感、创造性显得比较重要，住区内的游戏活动主要有戏水、室外器材游戏、室内器械及电子游戏等。

6. 被动休闲：指在会所内以人体被动接受为基本特征的活动，如桑那、氧气吧、人造日光浴、沐浴机、美容美发、保健按摩等。

7. 餐饮购物：将住区休憩作为积极的心理状态来考虑，其外延大大扩展。由于住区内的餐饮设施和日常购物环境质量的改善，居民以更轻松愉快的心态来参与，从而使餐饮、购物等日常活动带有了浓厚的休憩色彩。比如本地人有饮早茶的习惯，老年人大早起来锻炼身体，喜欢三五结伴到附近的酒楼或小吃店饮早茶，或者节假日一家几口在会所的餐厅就餐，或者在超市购买日用副食品，这些活动已经摆脱了纯吃饭或购物本身的需要，同时也是社区交往的一个重要内容。

可以看出，各类活动并非可以截然区分的，而是存在很多交叉和重合之处，这种分类的目的主要是便于分析和研究，因而在具体的情况下要注意灵活地区别对待。

2.1.2 对住区休憩行为的描述和研究

2.1.2.1 对影响住区休憩行为主要因素的研究

住区休憩行为因行为主体的年龄、性别、职业、气质、受教育程度、经济条件、身体状况、个人生活习惯和生活方式、个人爱好等的不同而有很大差异。以下就几项最主要的因素进行分析。

1. 年龄：不同年龄层次的居民在住区户外空间中的参与程度和依赖程度有很大差别，几乎所有研究者都认为，无论从时间上还是从人数上，老人、儿童是室外环境中为数最多的使用者。表2-1是对唐山市四个小区的居民使用宅边绿地情况的抽样调查情况，其中认为7岁以下儿童的户外行为基本是在大人监护下进行的。

唐山市四个小区的居民使用宅边绿地情况　　　　表2-1

Percentage of Residents Freguently Using Nearby Plots in Four Housing Estates in Tangshan

年龄（岁）		7~12	12~15	15~18	18~25	25~30	30~40	40~50	50~60	>60	合　计
填表总人数		302	163	206	444	401	1284	6801	576	378	4446
经常去活动者	人数	212	90	98	178	169	545	296	321	228	2137
	%	70.2	55.2	47.6	40.0	42.1	42.4	43.0	55.7	60.3	48.1

资料来源：郭芳慧著《居民的户外行为与邻里交往环境》郑州工学院硕士论文，1996：3

表2-1的调查是基于受访者的主观判断,由于各自标准的差别,对使用状态的描述是粗线条的。我们根据中国人大、国家统计局等单位主持的"北京市哲学社会科学'九五'规划项目"的子项"北京市城市居民的生活时间分配"这一课题的有关数据从侧面来说明该问题。调查于1996年10月进行,抽取了北京9个区县173户居民,437位居民。在该项研究中,居民生活时间被分为三类二十八项,我们把不同年龄组用于与休憩有关的四项时间抽取出来制成表2-2,总体上反映对休憩生活的参与程度。

2. 性别:性别差异对休憩活动时间,活动方式和内容有很大影响,而不同年龄段的性别差异更大。多数国外研究者认为女性参加户外活动的时间和次数较多,但在我国有截然不同的研究结果(表2-3)。

北京市各年龄段城市居民四类休憩活动花费时间(分钟)　　　　表2-2
Four Kinds of Recreational Time of Beijing Citizen Divided by Age-section (Min.)

年龄	15～19	20～24	25～29	30～39	40～49	50～59	60岁以上	合计
游园散步	3	22	12	16	34	26	49	20
其他娱乐	17	37	24	15	9	9	16	22
体育锻炼	16	12	6	6	20	28	23	12
休息	33	24	19	17	19	20	22	20
四项合计	69	95	61	37	82	83	110	74

资料来源:王琪廷等著《城市居民的生活时间分配》,北京:经济科学出版社,1999:159

北京市各年龄段不同性别居民四类休憩活动花费时间(分钟)　　　　表2-3
Four Kinds of Recreational Time of Beijing Citizen Divided by Age-section & Gender (Min.)

年龄	15～19		20～24		25～29		30～39		40～49		50～59		60岁以上		合计	
	男	女	男	女	男	女	男	女	男	女	男	女	男	女	男	女
游园散步	7	0	13	29	7	17	14	19	24	43	32	22	31	79	15	24
其他娱乐	29	10	33	40	34	15	18	13	17	2	12	7	21	9	26	18
体育锻炼	20	13	21	5	8	5	5	7	16	25	29	27	31	10	14	10
休息	39	29	25	22	21	16	16	17	19	20	21	19	18	27	21	19
四项合计	89	52	92	96	70	53	53	56	76	90	94	75	101	125	76	71

资料来源:王琪廷等著《城市居民的生活时间分配》,北京:经济科学出版社,1999:162,165

3. 气候：住区休憩活动大多是自发性活动，受气候条件影响很大。就我国情况看，南、北方气候有显著差异，北方地区冬季较长，气候寒冷不适于室外活动，因而休憩活动较集中于春、夏季。南方地区四季温差较小，居民户外活动的时间跨度较长，气候条件相对比较优越。珠江三角洲地区四季气候较温和。夏无酷暑，冬无严寒，非常适于户外活动。另一方面，长期自然条件也影响到居民的生活习惯，南方(特别是珠三角地区)在习惯上对户外活动更为热衷，而建筑和环境设计上也有明显的与这种生活习惯相适应的处理，而更强调室内外空间的流通和交融、空间的通敞等。很多学者的研究证明，冬季人们总是乐于在向阳背风的地方活动，夏季则是在遮阳通风的地方，而在一天里随着阳光照射范围的变化，人们的活动地点也显现出明显的流动性特征。

2.1.2.2 住区休憩行为基本特征

1. 儿童户外行为特征

对于儿童的年龄范围历来有不同的意见。我国城市儿童0~3岁一般由家庭直接监管，4~6岁入幼儿园，未上小学的可称为婴幼儿。根据我国情况，入学对孩子来说，是生活模式的重大转折，因而习惯上，小学生可称为儿童，中学生可称为少年。在我国满18周岁即拥有选举权，可以大致认为18岁以上为成年人，未满18岁都处于监护下，从医学和心理学角度出发，目前我国专家逐渐形成共识，即倾向于将未满18岁者通称为儿童，这意味着很大情况下高中学生看病也最好去看儿科。

儿童户外活动的特征与其年龄有直接关系，年龄相仿的儿童喜欢聚在一起玩耍，而游戏方式和内容因年龄和性别而有差异(见表2-4)。

不同年龄组的游戏行为 表2-4

Characteristics of Playing Behavior of Children in Different Age

儿童 年龄段	游戏种类	结伙游戏	组群内的场地		攀、登、爬
			游戏范围	自立度 (有无伙伴)	
1.5岁	静态游戏	单独玩，和成年人在住地附近玩耍	必须有保护者陪伴	不能自立	不能
1.5~ 3.5岁	静态游戏或玩固定器械	单独玩，偶尔和别的孩子一起玩，和熟悉的人在住地附近玩	在住地附近，亲人能照顾到	在分散游戏场有半数可自立，集中游戏场可自立	不能

续表

儿童年龄段	游戏种类	结伙游戏	组群内的场地		攀、登、爬
			游戏范围	自立度（有无伙伴）	
3.5~6岁	经常玩秋千、压板和变化多样的器具，4岁后玩沙坑的时间较多	参加结伙游戏，同伴人数逐渐增加（往往是邻里的孩子）	游戏中心在住房周围	分散游戏场能自立，集中游戏场完全能自立	部分能
小学一、二年级儿童	开始出现性别差异，女孩利用游戏器具玩耍，男孩捉迷藏为主	同伴人多，有邻居、有同学，结伙游戏较多	可在住宅看不见的距离处玩	有一定自立能力	能
小学三、四年级儿童	女孩利用器具玩耍较多，跳橡皮筋，跳房子等，男孩喜欢运动性强的运动	同上	以同伴为中心玩，会选择游戏场地及游戏品种	自立	完全能

资料来源：《居住区规划设计》居住区规划设计课题研究组编，中国建筑工业出版社，1985

儿童处于生理、心理的不断发育成长期，对外界的感知能力有限，但通过游戏，儿童认知环境，学习生活知识和交往方式，可促使儿童各方面的成熟与发展，阿德勒（1991年）认为："游戏清楚地显示了儿童为未来做准备的过程。他们对待游戏的态度、作出的选择和对游戏的看重程度，都表示着他们对所处环境的态度和关心以及和伙伴的关系。……所有的游戏都至少包含了以下因素中的一个：为生活做准备、社会感、表现自己。"

儿童对环境的感受——邻里关系、安全感、舒适感等，并不敏感，但游戏则是他们的天性，对户外活动的热爱更是其他年龄群的人们无法比拟的。儿童户外活动总体上呈现多层次及变化多端特点，美国人穆尔经长期观察研究提出了儿童活动的时空模型，该模型较形象和准确地描述了儿童活动的行为结构。该模型以活动的流动度和活动范围作为两维坐标，流动度分为聚集、连接、流动三个等级；活动范围分为集中、围合、扩张三个等级，两个坐标的组合得到9种活动模式，见图2-1。

朱立本根据上述九种活动模式，进一步归纳出五个类型[5]：

（1）聚合型：这种活动的空间范围较小而集中，活动形式和地点相对固定，活动时间比

图2-1
儿童活动时空模型
Patterns of Acting in Time & Space

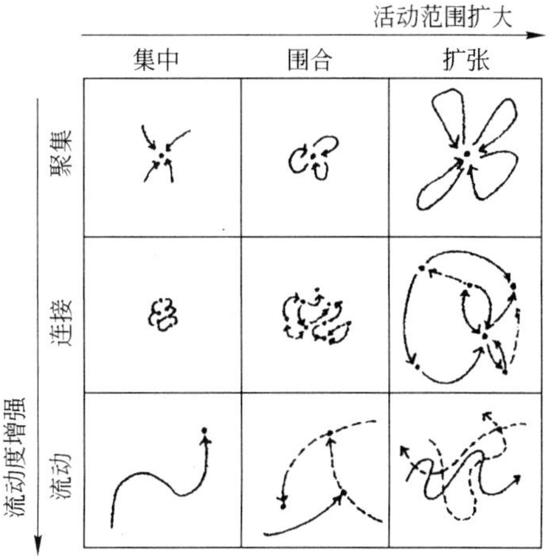

较短。这类活动如交谈、读书、唱歌和跳舞,基本不依赖于活动设施或器械。

(2) 连合型:这种活动空间范围稍大但地域相对集中,活动形式也较确定,时间稍长,如玩沙坑、戏水池、小秋千、跷跷板等。

(3) 集扩型:这种活动具有很强流动性,但又有一定范围的限定,多以集体方式进行,参与者热情高、兴趣大,活动时间较长,如球类活动、垒雪人等。

(4) 连扩型:这种活动通常出现在一些规模较大的游戏场内,其特点是多设施的连续使用,所以要求游戏设施规划的配合。

(5) 流扩型:这类活动流动性大,空间限定较为薄弱,常常是在宽阔的"可跑空间"内进行,参加儿童兴致高涨,活动时间较长,多以集体方式进行,如相互追逐、捉迷藏、打仗等。

不少国外学者的研究证实,住在平房或多层住宅底层的居民比其他人有更多的朋友、熟人,而有了小孩的家庭也更倾向于住进平房或住宅底层,如 Michelson(1970 年)、Mead(1966 年)指出人际之间的基本需要是私密性,其次才是人际关系的连续性,而儿童对私密性不敏感,关系的连续性对儿童十分重要。儿童之间最容易很快就结识、混熟,而孩子的交往促进了大人与小孩间的关系,进而又加强了大人之间的交往,因而 Bell 等人(1973 年)说,"小孩才是真正的邻居"。正因为如此,在居住区规划中,以小孩为中心的邻里思想,显得极有实际意义,比如以一个小学的规模及服务半径确定邻里单位的思想,以一个十多岁儿童的感知范围确定的理想化 12～16 户的住宅小组团的设想等。

2. 老年人户外行为特征

一般可以认为正常情况退休的居民或相当于退休年龄的人士能称之为老年人,退休后,老年人生活重心从工作转向颐养天年,活动范围开始以家庭为核心,交往对象也以住区内的人士为主。离开工作可能产生的失落感促使他们渴望交往和广泛参与各项社会生活,大量的闲暇时间也提供了这种可能性。有的社会学家(如井上胜也等,1986 年)认为,老年期是身心健康、经济上独立、与家庭和社会的联系、生存目的等的"丧失的时期",从而将人生最高点定位在中年,但也有的学者认为老年是"由观念和意义组成的永恒世界"(勃纳德,1986 年),从而将老年看作另一种积极的人生。可以说老年期既有失去也有获得。老年人可以有充足的时间来享受生活,而对生活方式也有更多的选择性。

对老年人而言,影响其休憩行为的最主要因素之一是身体状况,老年人不同程度地存在体质较弱、器官衰退，反应迟缓、行动不便等状况，还有部分人有行动障碍，这就决定了他们对休憩活动内容的选择和参与的程度有很大差别。万邦伟(1994年)把城市老年人的出行及活动圈分为基本生活活动圈(半径180~220m，符合5分钟的老人步行距离，使用频率最高，停留时间最长)、扩大邻里活动圈(以小区或居住区为范围的活动圈，半径不大于450m，适合老人10分钟的疲劳极限距离)、市域活动圈和集域活动圈。后两者是居住区以外的活动空间[6]。董福宁调查了工人、科技人员、干部和家庭妇女的交往意向，见表2-5。

因而，老人同儿童一样，居住环境是他们的首要生活空间，相对于儿童，老人对外界的新奇感和探索性较弱，而喜欢在熟悉的环境中生活和休憩，对社区环境的依赖性更强，也就更需要一个良好的住区休憩环境。

从总体上老年人更愿意与同年龄段、同阶层的人士交往，具有较明显的群体性特征，另一方面老年人的住区休憩也表现为同性聚集的特征，这基本上是由老年女性和男性有差异较大的休憩模式形成的，表现为与中青年夫妇明显不同的习惯，大量的观察可以证实不少学者的这一看法。通常老年女性更倾向于在住宅入口附近带小孩、相互聊天，同时她们也更热衷于参加较大规模的有组织性的舞剑、气功、秧歌等活动；而老年男性更倾向于在离家较远的公共场所进行中小规模的活动，如打牌、下棋、溜鸟、唱戏等。

由于拥有大量闲暇时间，老年人的住区休憩活动十分频繁，而户外活动时间也最长。在我国很多老年人有早起晨练的习惯，他们是晨练的主力军，同时，由于他们很多属于早睡早起型，在晚饭后对住区休憩的参与程度低。

江苏省老年人交往意向分析　　　　　　　表2-5

The Intention of Intercourse Among Senior Citizens in Jiangsu Province

	老年人与"志同道合"朋友交往的意向						不同阶层老年人与晚辈交往的意向					
	乐于交往		可有可无		无此愿望		非常高兴		一般对付		感到麻烦	
	N	%	N	%	N	%	N	%	N	%	N	%
工　人	80	53.33	53	35.33	17	11.33	72	48	60	40	18	12
科技人员	99	66	31	20.67	18	12	53	35.33	87	58	10	6.67
干　部	97	64.67	38	25.33	15	10	74	49.33	66	44	10	6.67
家庭妇女	27	35.06	114	53.25	9	11.62	37	48.05	29	37.66	11	14.28
平均值	53.62		34.68		11.52		53.62		34.68		11.52	

资料来源：董福宁．"老年需要研究"．《第一次江苏省老龄问题论文集》，江苏省老龄问题委员会，1985

3. 中青年户外活动特征

中青年是居民的主要群体，大多是上班一族，早出晚归是他们的生活的写照，下班后或节假日，他们又是家务劳动的主要承担者，除了敬老爱幼，还有大量的人际交往和一些业余工作，因此，他们真正在户外的休憩活动较少，并且相对而言更倾向于体育活动（如网球、健身等）或室内性康体娱乐活动。另外，结婚的中青年人士的休憩活动往往有夫妻共进共退的情况。

2.1.3 邻里交往与社区环境

2.1.3.1 邻里交往与领域性

邻里是1915年Robert E. Park首先提出的概念，后由佩里发展为邻里单位理论。尽管邻里包含一些密切住户社会交往的思想，但它更强调居住的物质方面，把安静、朝向、卫生、安全等放在重要地位，从空间和地域来描述邻里，比如土地利用、密度、自然边界等；社会学家则从象征和文化的角度出发，强调共同的活动和体验，强调人共同的社会价值和集体忠诚。不少学者主张将邻里的物质方面与社会方面结合起来，但直到二战之后，这一思想才得到进一步发展，其中有代表性的是Milton Kolter的理论，他认为邻里是与居民关系密切、非常熟悉、经常使用而认为是"自己的"区域，其边界因个人爱好、年龄、文化、职业的不同而呈现出不固定的"游移"状态。而只有人们的行为在空间中互相交叠时，才形成密切的邻里[7]。邻里交往是人际交往的一个基本层面，在这里我们是指发生在居住邻里空间的交往，这种交往完全出于自然自愿，带有很大情绪色彩和个性特点，表现为较多的非正式、自我控制性特征。国外学者多采用社会调查方法研究环境与邻里交往的互动关系。其中比较典型的有丹麦建研院的两项调查。

其一是调查了大哥本哈根区的12个居住区1800个家庭，证实院落住宅和联排住宅的住户比大片公寓和多层住宅的住户交往频繁，熟悉程度高而相互间限制较少，青少年的行为也更自然和随意；另一项是调查了一个1974年建成的高密度居住区，研究结果表明一个有活力的邻里空间的基本特征是[8]：

（1）有助于建立较密切交往关系的由10～20套住宅组成的小型住宅组团。

（2）以公共场地（小广场、道路等）为中心组织小组团，并使其成为出入必经之地。

（3）使每天频繁使用的房间（如厨房）正对着小组团中心。

(4) 每栋住宅前留有一小块空地,成为私宅与公共场地的过渡空间。

(5) 增加适当的儿童活动场地及设施。

美国人也研究了住宅布置形式、院落和街道的尺度、车行状况与邻里交往程度之间的关系[9],另有一些研究表明高层住宅的邻里关系非常薄弱,儿童和父母间的影响减少,人们对居住环境的归属感较低,不适于五人以上家庭居住,从而认为低层高密度居住区有比较理想的社会效果。而我国学者的研究也证实,我国居民之间的交往密切度,平房高于多层住宅,多层又高于高层住宅[10]。

从一系列研究可以证实,邻里交往与领域性有密切关系,领域性是指个人或人群为满足某种需要来占有与控制的一定空间范围或空间中所有物的习性,这个空间可以是实存建筑空间的一部分,也可以只是象征性的空间。有心理学家认为领域性是人类(很多动物也有类似特征)从远古而来的一种集体无意识,其产生与远古人类为防止野兽侵犯的安全需求密不可分。从各民族原始聚落的特征看,领域空间都有其向心性和较明确的边界。安全是人类基本需求,是各类行为的必要保障,至今我们还能从人们休息时倾向于找一个背后有所依靠的物体这种特征看到人类远古对安全性的需求。

私密性(Privacy)是一个复杂多义的概念,可以概括为行为倾向和心理状态的两个方面:退缩(withdrawal)和信息控制(control of information),前者指个人或若干人独处和隔绝外界的视觉和听觉干扰,后者表示对个人资料、隐私及与他人交往的有效控制。因此阿尔托曼指出私密性是对接近自己或自己所在群体的选择性控制(1974,1975年)。私密性与邻里交往是密不可分的,私密性是交往的前提,交往是私密性的必要补充和发展。因而从某种程度上可以认为,领域性是达到安全性和私密性的一种手段。领域性包含识别性和领有性两个方面,领有性指占有者将领域空间及其中之物体看作属于自己和小团体的占有意识,识别性是占有者使领域具有独特个性,从而使外人意识到自己对该领域的占有。

有学者认为领域行为有四点作用:

(1) 安全;

(2) 相互刺激(以领域为基础的刺激是动物保持正常心理、行为的重要方面);

(3) 自我认同(指人或动物在群体中维持自身角色的独特性);

(4) 管辖范围(是进行有效管理的基础)。

将空间明确地领域化是空间具有安全性的基础,从而是发生邻里交往行为的基础和必要条件。防卫和个性化是控制领域的两种基本机制。防卫行为常表现为警告和示威，少数情况下也会发展为战斗，个性化一方面是为了自我认同，另一方面是为其同类明白他占有领域的范围，如在门前空地上种花养草等。

2.1.3.2 邻里交往形成与控制

邻里交往的成因由多方面因素影响，研究人们通过何种方式认识邻居或住区其他居民有助于我们了解邻里交往产生的机制，从而通过一系列规划设计手段强化这一机制，进而有助于交往的形成。马克思认为，交往是人类历史的沉默伴侣，同时也是人们日常活动、日常接触的沉默伴侣。交往有多种层次和深度，但言语和非言语（视觉—动觉系统、时空符号系统）是两类基本形式，而根据人们交往的主观愿望可分成有意识交往和随机交往。对邻里交往的研究主要是针对那些出于无意识、偶发性的随机交往，或者说非言语的时间空间系统符号是邻里交往的主要途径，在此基础上，才能进一步发展为更为密切的邻里关系。

如果处于同一时空的人们能相互感知其他人的存在，并由此影响到自己的行为，这可以构成交往的一个最低层面，其中视觉—动觉感知所形成的交往程度较高，人的手势、面部表情、身体语言等都反映出大量的感性信息。相互获得的信息量可以标明交往的深入程度；另一方面，交往深度可以从人与人熟知程度测量。交往深度大致可按递进程度分为：（1）知道某人也住本住区，但不认识；（2）点头之交；（3）寒暄招呼之交；（4）正式认识；（5）相互熟知；（6）亲密。

陈雄（1986年）调查了广州市五个住宅区居民与邻居认识的途径（表2-6），并通过观察发现外走廊式住宅居民比梯间式住宅住户交往程度高，而室外空间的围合和良好的环境、设施有利于邻里交往，传统的公共院落空间邻里关系很密切。

广州市五个住宅区居民与邻居的认识途径(%) 　　表2-6

Access of Acquaintance in Neighbourhood of Five Housing Areas in Guangzhou

与邻居认识途径	东湖新村	淘金坑	青菜东	大塘街	德政新街
因同一工作单位而认识	2.4	61.0	73.1	3.3	2.5
常见面而认识	88.2	33.9	20.2	89.2	90.1
通过孩子认识而相识	9.4	5.1	6.7	7.5	7.4

资料来源：陈雄《论住宅外部空间环境的创造——关于居民行为与环境的探讨》华南理工大学硕士论文，1986

日本学者应用社会测量学方法对五层点式住宅、八层走廊式住宅以及行列式住宅楼梯间不同相对位置的邻里关系进行了调查，证实邻里关系的密切程度符合社会心理学的"邻近性"原则，即住得近的人容易成为朋友。

另外，邻里关系的密切与和谐程度也是研究者关心的一个重要领域，有代表性的研究有台湾学者杨裕富（1984，1985年）对台北市近数十年国宅社区居住环境的研究，为了反映邻里关系，应用访问法做了社会环境调查、社会组织力调查和社区维护力调查。社会环境调查的内容主要包括社区居民治安守望相助、社区活动及组织状况、与左邻右舍的来往等；社会组织力调查的内容主要包括邻里长（大致相当于居委会负责人，非正式职务）和管理站人员、热心人士等，对社区情况的了解及关心程度，非正式组织的成员及分布，一般性社区活动的项目及地点等；社区环境维护力调查主要包括对公私空地的占用利用及环境卫生的维护，楼梯间、电梯、停车场等的状况，对各类公共设施路灯、垃圾箱、排水沟等的维护等。这三类调查都能以一个侧面反映社区邻里关系的密切与和谐程度，也能反映归属感和凝聚力等特质。

杨的研究发现：就社区意识和社区组织力量而言，以旧结构混合国宅或社区及国宅式同质社区较理想，而租赁式社区及整建式异质社区最不理想；相对而言，居住时间久和社区同质性高，社区实质环境较好，居住密度较低，社区设施完善，独立性高，居民热衷于散步聊天等的社区意识均较高。就社区环境维护而言，较新的社区环境维护力比较旧的社区高，完善的管理（如国宅管理站、自治会等）均能大大增高社区环境维护力；居住密度较低者社区环境维护力较高；而居民收入高及公德心较高者维护力也较高。在调查中也发现楼梯间和电梯出现使用不当的情况最为普遍。车辆占用巷道、人行道，摊贩占用人行道，违章建筑占用人行道、防火巷等情况也很常见。多数社区都缺少儿童游戏场、绿地、停车场等。[11]

2.2 珠三角住区休憩活动的分类与受访家庭概况

为了研究珠三角商品住区内居民休憩行为和邻里交往的主要内容和总体特征，笔者采取了多种调研方法。

珠江三角洲居民休憩行为调查受访住区及问卷回收的情况　　　　表 2-7
Status of Residents' Recreational Behavior Survey in PRD

城市	住区名称	住区性质	受访户平均入住时间(月)	问卷回收数	受调查的人数	近似外销率	近似售价(元/m²)
深圳	海滨广场	口岸附近中高档高层	49.13	15	40		
	中海丽苑	南山区中档(中)高层	21.22	9	25	5%	4470
	碧荔花园		32.60	11	45		3800/5000
	中海华庭	中心区高档(中)高层	20.86	6	17	25%	8300
	海富花园	罗湖区早期高档高层	44.86	19	62	80%	5100
	怡翠山庄	多层为主关外大型楼盘	15.20	12	40	50%	3400
	中城康桥	关外多层、中高层	13.13	9	33	30%	3200
广州	逸翠园		30.06	20	71		
	骏景花园	中档中高层	20.12	18	54		
	翠湖山庄	高档高层	22.77	13	31		

1. 对商品住区住户做了"珠江三角洲小区居民休憩行为调查"（调查表见附表一），共调查了深圳和广州两大城市的十个住区，这些住区包含了近十年内落成年份不等、档次各异、容积率及住区特征不同的楼盘，共获得 134 份有效问卷，调查人数 418 人，所调查住区及回收问卷的情况见表 2-7。由于获得了中国海外集团公司等有关部门和单位的大力协助，调查获得了良好的效果。

2. 对所调查住区的物业管理处做了一份内容详实的调查，该调查以问卷为主，访谈为辅，重点了解住区住户基本情况，住区设施管理和维护，会所的内容和物理性能，休憩设施收费，管理处组织活动的情况，并通过管理处员工的认知，侧面了解住区居民的休憩行为特征。

3. 现场观察、记录、照相和访谈，通过对珠三角范围内大量楼盘的观察、走访，获得了直观的印象和大量感性认知。

通过各种方式的大量调查和研究，对代表珠三角的深圳和广州的商品住宅区居民的日常休憩行为及社会交往的状况有了整体的把握。

2.2.1 住区休憩活动的分类

在调查中，为了便于研究，我们把发生在住区内公共休憩空间的休憩活动分为九大类，分别研究其特点。

1. 户外活动。泛指发生在户外的游戏、闲坐、散步、打牌、聊天等活动,这是珠三角住区休憩活动的最主要形式,通常表现为自发性行为,设施使用是免费的,是适合各种性别、年龄、职业、收入等不同背景人士的形式。

2. 会所内活动。泛指发生在以会所为主的室内休憩空间的活动,如游戏、桌球、棋牌、聊天、歌舞等。室内活动由于涉及管理和维护,通常是收费的,根据对会所管理和经营情况的调查,收费对不同人士的活动有不同影响。

3. 游泳或戏水。珠三角商品住区基本都设有游泳池,游泳(或戏水)是居民喜爱的一类休憩活动。游泳介于运动、休闲和游戏之间,它具有季节性,本地区住区泳池开放时间通常是5月至10月,有半年左右的时间。

4. 体育运动。指网球、乒乓球、羽毛球、健身等侧重于体力型的活动。

5. 晨练。指早晨起床后的打拳、舞剑、散步等活动,参与者主要是中老年人士,其中尤以女士居多。

6. 带婴幼儿户外玩耍。这是一项特别的户外活动,带婴幼儿的人可能是父母、祖父母、保姆等,这种行为复合程度高,既是照顾婴幼儿,又是促使他们学习和游戏的活动,同时也是大人休憩的时光,有时还会发展成自然的人际交往活动。

7. 步行到附近就餐。珠三角地区餐饮业十分发达,居民在外就餐几率很高,日常的就餐通常演变成为一种休憩活动。强调"步行"和"附近"是为了与专门到外面的应酬就餐相区别。

8. 在附近饮早茶、吃早点。早点、早茶是住区餐饮的另一种重要形式,通常与晨练等休憩活动密切相关,在本书中也专门作为一项休憩活动。

9. 由物业管理处组织的公共活动,在本调查中没有列入问卷选项,而在问卷中设置了"其他活动"这一项,并留出空格供居民填入其他休憩活动类型,从调查结果看,所有受访户均未提出超出现有内容的新类型,少数受访者填写的内容并非住区休憩行为。

2.2.2 受访居民及其家庭的情况

通过对132户居民的问卷调查和大量现场观察发现,性别、年龄、职业、学历等个人因素对休憩活动类型的选择有着影响,这一结果已为此前的大量研究证实。处于成人监护之下的婴幼儿的活动,主要是通过感觉认识周围的环境，并通过简单的游戏学习技能，这一阶段并未表现出性别差异。大致处于小学生年龄段的儿童是住区休憩活动中最活跃的群体，也是住区活力的最主要源泉，他们的活动主要是追逐嬉戏，玩各种游戏器械等。这一阶段儿童通常处于家长半监护状态，有时可以独自找其他伙伴玩耍，而更多的则是家长陪同一起玩。在广州、深圳这样的大城市的调查发现，很多家长出于对治安状况、住区内部交通安全等的担忧，往往会限制他们的户外活动。而由大人带领的玩耍经常由于缺少小玩伴而降低了兴致和活力。大人对安全感的认知与住区自身休憩环境有密切关系，在一个较为封闭、没有机动交通，保安严密的住区内，独自活动的儿童就明显较多，如同我们在广州翠湖山庄看到的那样，相反在深圳海滨广场这样开放式有交通道路穿过的住区，儿童基本都由大人陪伴。在广州汇侨新城，就在住区内部的小学大门处也有不少等候儿童放学的家长，这不能不说与该住区周边人口成分较复杂有关。

中学段的少年儿童通常都可以完全独立地外出玩耍。根据观察，中学年龄段少儿对住区户外休憩活动的参与程度相对较低，但在住区会所里却有他们的一席之地，他们乐于参与的活动主要有游泳、打乒乓球、打羽毛球、打篮球等。根据访谈获得的情况，中学生的玩伴不一定在本住区，而以学校的同学居多，这显然与中学生拥有更高的外出自由度，同时也有更高的探索性活动的参与热情有关。但总体来说，中学生的住区休憩活动的形式比较单一，他们的兴趣往往在住区之外。

同样的情况也适用于已经工作但未婚的年轻人，他们的精力被学习、工作和与同性、异性朋友交往所占用，对住区日常休憩活动的参与较低，但偏重于网球、游泳、乒乓球、羽毛球、健身等运动，他们的休憩活动通常是交际性的活动，一个好的会所可以增强他们的参与意识，这个年龄段的年轻人通常乐于花钱参与休憩活动。

初婚的年轻人表现出夫妻共进共退是合乎情理的，当他们有了小孩，生活重心马上转移到小孩身上，带小孩户外玩耍成为他们一项主要的户外活动。随着孩子长大，夫妻由青年步入中年，两人共进共退的格局通常发生变化，一般男人更多地在住区之外活动，而女性则往往开始注重健身、保健、晨练这样的休憩活动，也更多地建立起住区邻里之间的交往，男性更多是球类运动，从调查的结果看，女性对住区休憩活动特别是户外活动的参与程度高于男性，但男性在活动多样性上占优势，这与此前国内的调查认为男性高过女性的看法不一致，而与西方发达国家的情况类似。

由中年至老年是身体机能逐渐下降的过程，也是人们更加重视健康的过程，对健身性活动特别是晨练的参与程度明显提高，而休憩活动的性别分化也更明显。退休养老的人士最主要的户外活动是闲坐、聊天、晒太阳等活动。帮助带孙辈小孩是另一项重要活动。中老年女性通常参与自发组织的集体性活动，如一起列队练气功、舞剑等，中老年男性很多是在户外、户内下棋、打扑克等。

以性别年龄特征为基础，结合家庭特征，我们把所调查的样本分为六种主要情况：

1. 核心型家庭。所调查样本最多的是夫妻带一个小孩的家庭，其中最多的是带幼儿和小学生的家庭。这类家庭休憩活动是一个整体，表现出共同进退的现象，最常见的是一家一起去游泳、购日用品、散步纳凉、一起就餐或饮早茶。孩子逐渐长大后这种格局会慢慢减弱。

2. 多子女两代家庭。一对夫妇有不止一个小孩的家庭，这类家庭一般不可能是公职人员，多从事经商活动，也有港澳人士等。不少此类家庭的女主人属住家太太，有大量时间，她们对住区休憩活动的参与程度极高，特别是户外活动，而男主人的休憩活动较少。

3. 三代居家庭。夫妻双方有小孩，并有一方的父母同住。这类家庭中的老人与夫妻之间的活动差异较大，老人常承担照顾儿童的责任。

4. 夫妻加父母型家庭。一对夫妇与一方的父母生活。

5. 单身家庭。住区休憩活动非常薄弱。

6. 养老型和团聚型家庭。有的房子是子女专为退休老人养老而买，平时老两口单住，有的中年夫妇的生活是子女平时住校或住单位，只在节假日团聚。团聚型家庭在节假日的活动通常是家庭集合活动，特别是共同就餐、散步等活动。

仅以骏景花园为例，骏景花园居住了不少白领人士，有些是单身，比如骏雅轩A5座9层某住户是不到30岁的男性，有本科学历，是企业中级员工。而骏雅轩B1栋2层某户居住了两位不到30岁的女性白领，也是本科学历。

骏逸轩A座6层某单位的受访者是一位年过六旬的老太太，他们老两口每年只是过来和女婿一起住一段时间，而骏宇轩B3座501常住人口是一对五六十岁的老夫妇和大女儿的孩子，房子是大儿子和小女儿买来供二人养老用的。

骏怡轩C座202的常住人口是三人，四十来岁的一对夫妇和一个在本市读大学的女儿，女儿只是周末才回家。

深圳因毗邻香港，吸引不少港人在深购房，这其中有两种情况，一种是长期在深工作的港人买的住房，多在市区地段较好的楼盘，像早期开发的海富花园，外销率（主要是港人）达80%，另一种是度假型住宅，多是市郊风景优美，密度较低的楼盘，如中海怡翠山庄，其外销率为50%以上。除了投资的目的外，度假型住宅的业主通常只在节假日过关到深圳度假居住，这使得这些住区节假日的休憩活动十分频繁。

2.2.3 受访居民家庭收入主要来源人的职业和学历

在问卷中我们要求受访者填写本户家庭主要收入来源人的职业，提供了"党政军"、"文教卫生"、"企业领导"、"企业中级员工"、"一般白领员工"、"一般蓝领员工"、"私营企业主"、"个体工商户"、"其他"（留出空白要求受访者填写具体职业）共九个选项，同时提供了家庭主要收入来源人的学历的五个选项，即："初中及初中以下"、"高中及中专"、"大专"、"本科"、"本科以上"（表2-8、表2-9）。

按主要收入来源人的职业特征划分被调查家庭 表2-8

Families Divided by the Most Income Earner's Occupation in Surveyed PRD Housing Estates

性别		党政军	文教卫生	企业领导	企业中级员工	一般白领	一般蓝领	私营企业主	个体工商户	其他	未填	总计
家庭数	N	8	9	13	20	22	3	20	16	14	7	132
	%	6.1	6.8	9.8	15.2	16.7	2.3	15.2	12.1	10.6	5.3	100.0
总人数	N	31	24	24	65	58	8	68	60	39	11	418
	%	7.4	5.7	5.7	15.6	13.9	1.9	16.3	14.4	9.3	2.6	100.0

按主要收入来源人的学历划分被调查家庭 表2-9

Families Divided by the Most Income Earner's Edu. Level in Surveyed PRD Housing Estates

性别		初中及初中以下	高中及中专	大专	大学本科	本科以上	未填	总计
家庭数	N	5	27	32	37	19	12	132
	%	3.8	20.5	24.2	28.0	14.4	9.1	100.0
总人数	N	13	94	108	119	51	33	418
	%	3.1	22.5	25.8	28.5	12.2	7.9	100.0

2.3 珠三角住区居民休憩行为的频度特征

为了从总体上把握珠三角商品住区居民休憩行为的特征，在问卷中我们要求受访者选择家庭成员参加各种休憩活动的频繁程度，问卷中规定：A 少于每日一次；B 约每月一次；C 约半月一次；D 约每周一次；E 每周两次；F 每周三四次；G 每周五到七次；H 每周七次以上。通过统计比较，就可知道特征分布情况。

2.3.1 性别、年龄与活动频度

通过分析可知户外休憩活动频度，总体上看男性比女性低，女性每周活动三四次以上的比例明显高于男性，见表2-10。婴幼儿通常随成人一起活动，而小学生和中学生的数据缺失较多（因受访者均是成人），因此反映不出这三类人群的男女户外活动频度的差异。但从30岁以下成人开始，男女户外活动的频度出现差异，女性频度略高，30~40岁年龄段，男女差异加大，女性在每周三四次以上的频段明显高于男性，40~50岁、50~60岁年龄段的性别差异又不甚明显，中间存在样本数较少带来的误差，而到了60岁以上年龄段，女性活动的频度又高于男性，见表2-11。

室内休憩活动，主要是会所内活动，"每周三四次"及以上高频度所占比例，女性明显高于男性，而男性每周活动两次及少于两次的比例高于女性，这表明女性参与更多的室内休憩活动。分年龄段来看，样本反映出的年龄差异不十分明显，可能与40岁以上样本较少有关，但也能看出，选择"每周少于一次"的比例，随年龄增长而递增，30岁以下成人或30~40岁成人相比选择每周五至七次或更多次数的比例明显较高，这可能反映出年轻人特别是未婚者乐于参加会所内的收费性活动，而婚后及年龄较大后兴趣下降，另外会所娱乐设施通常也更适合中青年人。30岁以下成人频度分布相对均匀，而30~40岁成人以"每周一次"、"每周二次"居多，显示后者生活习惯趋于稳定，见表2-12、表2-13。

珠江三角洲居民户外休憩活动频度的性别特征 表2-10
Frequency of Outdoor Recreational Activity of Male & Female Residents in PRD

性 别		每月少于一次	每月一次	半月一次	每周一次	每周两次	每周三四次	每周五到七次	每周七次以上	总 计
男	N	8	10	12	22	24	23	27	22	148
	%	5.4	6.8	8.1	14.9	16.2	15.5	18.2	14.9	100.0
女	N	11	10	9	21	14	25	28	30	148
	%	7.4	6.8	6.1	14.2	9.5	16.9	18.9	20.3	100.0
全体	N	19	20	21	43	38	48	55	52	296
	%	6.4	6.8	7.1	14.5	12.8	16.2	18.6	17.6	100.0

珠江三角洲居民户外休憩活动频度的年龄特征　　　　　　　　　　　　表 2-11

Frequency of Outdoor Recreational Activity of PRD Residents in Different Age-section

年　龄　段		每月少于一次	每月一次	半月一次	每周一次	每周两次	每周三四次	每周五到七次	每周七次以上	总　计
30 岁以下成人	N	2	4	3	16	6	18	12	14	75
	%	2.7	5.3	4.0	21.3	8.0	24.0	16.0	18.7	100.0
30～40 岁	N	8	8	6	15	19	10	11	10	87
	%	9.2	9.2	6.9	17.2	21.8	11.5	12.6	11.5	100.0
40～50 岁	N	5	3	1	2	3	8	2	3	27
	%	18.5	11.1	3.7	7.4	11.1	29.6	7.4	11.1	100.0
50～60 岁	N		2	3	1	3	3	9	4	25
	%		8.0	12.0	4.0	12.0	12.0	36.0	16.0	100.0
60 岁以上	N	1		6	2	3	2	11	12	37
	%	2.7		16.2	5.4	8.1	5.4	29.7	32.4	100.0

珠江三角洲居民室内休憩活动频度的性别特征　　　　　　　　　　　　表 2-12

Frequency of Indoor Recreational Activity of Male & Female Residents in PRD

性　别		每月少于一次	每月一次	半月一次	每周一次	每周两次	每周三四次	每周五到七次	每周七次以上	总　计
男	N	19	16	7	21	12	4	8	3	90
	%	21.1	17.8	7.8	23.3	13.3	4.4	8.9	3.3	100.0
女	N	12	13	9	19	8	8	8	8	85
	%	14.1	15.3	10.6	22.4	9.4	9.4	9.4	9.4	100.0
全体	N	31	29	16	40	20	12	16	11	175
	%	17.7	16.6	9.1	22.9	11.4	6.9	9.1	6.3	100.0

珠江三角洲居民室内休憩活动频度的年龄特征　　　　　　　　　　　　表 2-13

Frequency of Indoor Recreational Activity of PRD Residents in Different Age-section

年　龄　段		每月少于一次	每月一次	半月一次	每周一次	每周两次	每周三四次	每周五到七次	每周七次以上	总　计
30 岁以下成人	N	6	9	7	12	6	3	5	8	56
	%	10.7	16.1	12.5	21.4	10.7	5.4	8.9	14.3	100.0
30～40 岁	N	10	11	4	15	9	3	2	1	55
	%	18.2	20.0	7.3	27.3	16.4	5.5	3.6	1.8	100.0
40～50 岁	N	3	1	1	4	2	3	1		15
	%	20.0	6.7	6.7	26.7	13.3	20.0	6.7		100.0
50～60 岁	N	5	1		2	2	1	3		14
	%	35.7	7.1		14.3	14.3	7.1	21.4		100.0
60 岁以上	N	1	2		4			1	1	9
	%	11.1	22.2		44.4			11.1	11.1	100.0

游泳是珠三角住区休憩活动的重要一项内容，拥有较好群众基础，参与者集中在"30岁以下成人"和"30～40岁"两个年龄段，男性在这两个年龄段分别占17.4%和38.4%，女性在这两个年龄段分别占36.4%和31.2%。根据观察并结合对物业管理处有关人士的访谈，婴幼儿和小学生去游泳几乎都由父母带领，这实际上构成了游泳者的绝大多数。根据海滨广场、中海华庭、翠湖山庄、骏景花园的调查，大人带小孩的总人数占全部游泳人数的70%～80%，其中多数是由母亲带小孩来的，其次是父亲或夫妇双方带小孩的。总体而言，男性在各个年龄段参加游泳的人数均略多于女性，这同时为问卷调查和对物业管理处访谈的结论所证实。40岁以上人士参加游泳的只占所有游泳者的18%左右，男性和女性差别不大。

问卷调查的结果显示，约1/3的男性和女性游泳的频度是每周一次，每周三次以上的男性仅为9.3%，女性为16.9%，各项数据详见表2-14。

在参加体育锻炼的居民中，男性略多于女性，根据对若干住区的调查发现，参加网球运动的男性占八成，女性仅占二成左右，而乒乓球运动男性只略多于女性，健身房男女相差无几，而健身舞室则是女性的天下。参加体育锻炼的频度男女很近似，选择"每月少于一次"的占16.2%，选择每周五至七次或更多的占11.8%，最多的是"每周两次锻炼"，占22.9%（$N=179$）。

珠江三角洲居民参加游泳的频度与性别特征　　　　表2-14

Frequency of Swimming Activity of Male & Female Residents in PRD

性别		每月少于一次	每月一次	半月一次	每周一次	每周两次	每周三四次	每周五到七次	每周七次以上	总计
男	N	29	13	9	12	15	4	2	2	86
	%	33.7	15.1	10.5	14.0	17.4	4.7	2.3	2.3	100.0
女	N	27	10	7	12	8	9	1	3	77
	%	35.1	13.0	9.1	15.6	10.4	11.7	1.3	3.9	100.0
全体	N	56	23	16	24	23	13	3	5	163
	%	34.4	14.1	9.8	14.7	14.1	8.0	1.8	3.1	100.0

从年龄上看，选择"每月少于一次"者随年龄段提高，大致是递增趋势，反映随年龄增长，居民参加体育运动逐渐减少，其中由"30岁以下"到"30～40岁"，选择"每月少于一次"锻炼的人数增幅近两成，反映不少居民在跨越30岁后，体育锻炼减少了很多；同时跨越30岁，原先基本呈正态分布的锻炼频度变得较不均衡，其中男性频度"每周两次"的由23.8%降为17.1%，女性由20.0%增至28.0%，但都保持被选择较多的比例，证明一部分保持了有规律锻炼习惯，而女性更为显著。

晨练的频度男性与女性差别不大，女性略高，分布状况也很近似，总体来看呈两头大，中间小的分布，见表2-15。从年龄来看，未成年人几乎很少参加住区内晨练，从成年开始，晨练的频度逐渐增加，到60岁以上，每周5～7次的频率占70%左右，具体数据见表2-16（对"每周七次以上"的选择按七次计算）。

珠江三角洲居民晨练的频度与性别特征　　　　　　　　表 2-15

Frequency of Morning Exercises of Male & Female Residents in PRD

性别		每月少于一次	每月一次	半月一次	每周一次	每周两次	每周三四次	每周五到七次	每周七次以上	总计
男	N	28	7	5	6	8	5	18	8	85
	%	32.9	8.2	5.9	7.1	9.4	5.9	21.2	9.4	100.0
女	N	23	4	5	5	9	10	20	9	85
	%	27.1	4.7	5.9	5.9	10.6	11.8	23.5	10.6	100.0
全体	N	51	11	10	11	17	15	38	17	170
	%	30.0	6.5	5.9	6.5	10.0	8.8	22.4	10.0	100.0

珠江三角洲居民晨练的频度与年龄特征　　　　　　　　表 2-16

Frequency of Morning Exercises of PRD Residents in Different Age-section

年龄段		每月少于一次	每月一次	半月一次	每周一次	每周两次	每周三四次	每周五到七次	每周七次以上	总计
30岁以下成人	N	14	2	2	2	6	4	4	1	35
	%	40.0	5.7	5.7	5.7	17.1	11.4	11.4	2.9	100.0
30～40岁	N	19	7	3	1	8	2	11	2	53
	%	35.8	13.2	5.7	1.9	15.1	3.8	20.8	3.8	100.0
40～50岁	N	6			2	2	2	6	1	19
	%	31.6			10.5	10.5	10.5	31.6	5.3	100.0
50～60岁	N	3		2	2		3	7	3	20
	%	15.0		10.0	10.0		15.0	35.0	15.0	100.0
60岁以上	N			2	3		4	9	10	28
	%			7.1	10.6		14.3	32.1	35.7	100.0

在接受调查楼盘的所有家庭中，有婴幼儿的核心家庭占相当比例，调查结果发现有小学生的家庭通常也选择"带婴幼儿户外玩耍"这一项，所以这一项应称为"带小孩户外玩耍"较为合适。调查显示女性带小孩户外玩耍的机会多于男性，频度达到每周五至七次或更多的男性为23.5%，女性却达到47.5%，具体数字见表2-17。从年龄上看，"30岁以下成人"这一年龄段带小孩玩耍机会较多，频度达到每周五至七次或更多的男性为38.5%，女性54.2%；其次为30～40岁这一年龄段，频度达到每周五至七次或更多的男性为25.0%，女性为42.9%；40～50岁、50～60岁年龄段的男性较少带小孩，而50～60岁年龄段的女性带孩子的几率与30～40岁年龄段女性近似。而到了60岁以上年龄段，无论男性、女性带小孩玩耍的几率都较高。上述情况与成年人的婚育年龄及工作退休年龄、男女性的就业率差异是吻合的，也证明三代居家庭中老人基本都承担了照顾小孩的职责。不同年龄段带小孩户外玩耍的数据见表2-18。

珠江三角洲居民带小孩户外玩耍的频度与性别特征　　　　　　表2-17

Frequency of Playing with Child outside by Male & Female Residents in PRD

性别		每月少于一次	每月一次	半月一次	每周一次	每周两次	每周三四次	每周五到七次	每周七次以上	总计
男	N	6	3	1	8	9	12	5	7	51
	%	11.8	5.9	2.0	15.7	17.6	23.5	9.8	13.7	100.0
女	N	4	3	2	5	9	9	9	20	61
	%	6.6	4.9	3.3	8.2	14.8	14.8	14.8	32.8	100.0
全体	N	10	6	3	13	18	21	14	27	112
	%	8.9	5.4	2.7	11.6	16.1	18.8	12.5	21.4	100.0

珠江三角洲居民带小孩户外玩耍的频度与年龄特征　　　　　　表2-18

Frequency of Playing with Child outside by PRD Residents in Different Age-section

年龄段		每月少于一次	每月一次	半月一次	每周一次	每周两次	每周三四次	每周五到七次	每周七次以上	总计
30岁以下成人	N	1	1		8	6	3	4	14	37
	%	2.7	2.7		21.6	16.2	8.1	10.8	37.8	100.0
30～40岁	N	5	1	2	4	7	8	6	8	41
	%	12.2	2.4	4.9	9.8	17.1	19.5	14.6	19.5	100.0
40～50岁	N	2			1	1	1	1		6
	%	33.3			16.7	16.7	16.7	16.7		100.0
50～60岁	N		4			2	5	2	2	15
	%		26.7			13.3	33.3	13.3	13.3	100.0
60岁以上	N	2			2	4	2	3		13
	%	15.4			15.4	30.8	15.4	23.1		100.0

到附近就餐和早茶频度的性别差异不大，从年龄上看，"30 岁以下成人"与"30～40 岁"两个年龄段就餐频度的差别不大，但随年龄的增长呈明显下降趋势，早茶在各种年龄段的差异并不显著。随着进一步审阅问卷，结合统计结果可以证实在外就餐或饮早茶具有明显的举家共同进退的特征。

2.3.2　职业、学历与活动频度

从受访家庭主要收入来源人的职业看，不同职业之间的各项活动的频度没有明显的规律性。而从受访家庭主要收入来源人的学历来看，高中及以下学历的户外活动和户内活动选择每周活动三、四次或更多次数的比例分别是 62.1% 和 44.1%，明显高于大专学历组对应的 45.3% 和 18.4%、大学组的 50.6% 和 14.8%、大学以上学历组的 53.7% 和 16.1%。而选择每周活动三、四次或更多次数的比例有随学历上升而下降的趋势，依次为高中及以下组 32.4%、大专组 31.8%、本科组 20.6%、本科以上组 20.8%，而晨练则相反，随学历上升而上升，依次为高中及以下组 30.0%、大专组 34.1%、本科组 47.4%、本科以上组 50.0%。

2.3.3　不同人群参加各类休憩活动的平均频度

为了获得具备可比性的量化值，我们按每月活动的次数定义各种频度如下：A(每月少于一次)＝0，B(每月一次)＝1，C(半月一次)＝2，D(每周一次)＝4，E(每周两次)＝8，F(每周三四次)＝14，G(每周五到七次)＝24，H(每周七次以上)＝30。由此我们可以计算出与性别、年龄、职业、学历对应下的各类休憩活动每月的平均次数。

珠江三角洲不同性别居民每月参加各类休憩活动的平均次数　　　　表 2-19

The Average Monthly Frequency of Every Activity of Male & Female PRD Residents

性别		户外活动	室内活动	游泳戏水	体育运动	晨练	带婴玩耍	外出就餐	饮早茶
男	平均	13.1	6.1	4.2	7.8	10.0	12.7	6.9	8.5
	N	148	89	86	97	85	55	102	107
女	平均	14.5	8.4	4.9	7.6	11.7	17.2	6.4	8.0
	N	148	85	77	82	85	65	97	99
全体	平均	13.8	7.2	4.5	7.7	10.8	15.2	6.7	8.2
	N	296	174	163	179	170	120	199	206

珠江三角洲不同年龄段居民每月参加各类休憩活动的平均次数　　表 2-20
The Average Monthly Frequency of Every Activity of PRD Residents Divided by Age

年　龄　段		户外活动	室内活动	游泳戏水	体育运动	晨　练	带婴玩耍	外出就餐	饮早茶
小学生	平均 N	14.1 15	13.6 9	10.5 12	9.5 13			10.0 11	12.8 10
中学生	平均 N	6.1 9	5.3 9	5.3 9	7.8 8	4.1 8		4.2 5	6.9 7
30 岁以下成人	平均 N	14.4 75	9.3 56	5.1 43	8.1 51	7.0 35	17.3 37	7.6 56	8.6 55
30～40 岁	平均 N	10.8 87	4.9 55	3.6 57	6.3 60	8.2 53	14.0 41	7.0 67	7.7 62
40～50 岁	平均 N	10.6 27	6.6 14	3.9 13	8.2 18	11.9 19	4.7 6	6.3 15	4.0 18
50～60 岁	平均 N	16.6 25	7.9 14	2.4 10	7.3 16	15.6 20	13.2 15	2.2 15	12.0 17
60 岁以上	平均 N	18.8 37	8.0 9	0.3 7	11.8 8	21.0 28	16.2 13	2.3 16	6.8 21

珠江三角洲不同家庭(按主要收入来源人的学历区分)居民每月参加各类休憩活动的平均次数　　表 2-21
Ave. Monthly Freq. of Every Act. of PRD Resi. Sorted by Family income Earner's Edu. Level

年　龄　段		户外活动	室内活动	游泳戏水	体育运动	晨　练	带婴玩耍	外出就餐	饮早茶
初中及以下	平均 N	8.5 6	2.5 4	3.3 3	1.4 3	127 3	8.0 3	3.0 2	10.7 3
高中及中专	平均 N	17.7 60	12.6 31	4.3 29	8.7 34	8.9 27	13.6 27	10.6 45	6.8 50
大专	平均 N	11.0 79	7.5 48	5.2 46	9.1 44	9.9 44	16.2 25	6.8 38	9.8 41
大学本科	平均 N	14.8 89	5.3 54	4.4 49	6.6 63	12.0 57	14.0 40	5.6 62	8.3 67
本科以上	平均 N	12.4 41	5.1 31	3.6 25	7.4 24	11.6 30	18.6 20	5.1 38	8.3 38

需要特别指出的是，以上统计数据都是根据受访者有效填写值得来的，另外还存在大量未填写的缺失项，因此只能认为这些数据代表了填写了有效值家庭或个人的情况，这与受访者全体的情况有出入，但总趋势是一致的，对缺失项的理解最可能的是受访者认为自己失此活动，或认为这项活动在自家休憩活动中的地位并不重要，还有可能受访者不想或不愿填写此项。根据访问情况可以大致知道，属于头一种情况的比例最高，一般达到 60%～80%。因此从各类人群对各项活动出现缺失项的比例，可以从一定程度上反映这一人群对该活动的参与程度。

2.4 珠三角住区居民休憩行为的时间特征

2.4.1 不同人群参加各类休憩活动所用时段的分布

在调查问卷中，我们要求受访者选择其家庭成员参加某项活动平均每次所用时间，并规定：A 15 分钟以内；B 15～30 分钟；C 30～45 分钟；D 45～60 分钟；E 1～1.5 小时；F 1.5 小时以上。

从调查结果可知，每次户外活动平均时间少于 30 分钟的，男性比例较高，多于 30 分钟的，女性比例较高，但两者的差异并不十分明显。从年龄段看，小学生活动时间超过一小时的占 53.9%，中学生则有两极分化的倾向。30 岁以下成人活动时间超过 45 分钟的占 70.8%，而进入 30～40 岁年龄段，相应数字骤减至 35.8%。

同时活动时间低于 45 分钟的比例却骤增至 64.2%。而到更高的年龄段，活动时间较长的比例（特别是活动时间超过 60 分钟的比例）逐次递增。从不同性别不同年龄段来看，差别较大的是 50～60 岁年龄段，活动时间超过 45 分钟的比例，男性为 36.4%，远低于女性的 61.5%，这中间有样本误差，但与女性更早退休享有较多休憩时间是吻合的。

会所内休憩活动的平均时间，在 30 分钟以下组男性（22.7%）略多于女性（12.6%），而在 1 小时以上组女性（46.5%）高于男性（33.3%）。就年龄段而言，比较具有可比性的是 30 岁上下的两个年龄段，其余年龄组样本数很少，表明他们较少在会所内活动，也难以看出其活动时间的分布规律。在 30 岁以下年龄组，其会所活动的平均时间，高于 45 分种的比例在所有年龄段是最高的。

珠江三角洲居民户外休憩活动所用时间的分布——性别特征 表 2-22
The Time slice Distribution of Outdoor Activity of Male & Female PRD Residents

性 别		15 分钟以内	15～30 分钟	30～45 分钟	45～60 分钟	1～1.5 小时	1.5 小时以上	总　计
男	N	13	34	21	34	19	22	143
	%	9.1	23.8	14.7	23.8	13.3	15.4	100.0
女	N	5	28	24	34	17	30	138
	%	3.6	20.3	17.4	24.6	12.3	21.7	100.0
全体	N	18	62	45	68	36	52	281
	%	6.4	22.1	16.0	24.2	12.8	18.5	100.0

而进入 30～40 岁年龄组，高于 45 分钟的比例无论男性和女性都明显下降，相比较而言，30 岁上下两个年龄段活动时间高于 1 小时的比例，女性下降的比例远高于男性，具体数据见表 2-24。

珠江三角洲居民户外休憩活动所用时间的分布——年龄差异　　表 2-23
The Time slice Distribution of Outdoor Activity of PRD Residents Divided by Age

年 龄 段		15分钟以内	15～30分钟	30～45分钟	45～60分钟	1～1.5小时	1.5小时以上	总 计
小学生	N %		3 23.1	2 15.4	1 7.7	4 30.8	3 23.1	13 100.0
中学生	N %	2 28.6	1 14.3	2 28.6		2 28.6		7 100.0
30岁以下成人	N %	2 2.8	12 16.7	7 9.7	22 30.6	12 16.7	17 23.6	72 100.0
30～40岁	N %	11 13.6	25 30.9	16 20.0	18 22.2	5 6.2	6 7.4	81 100.0
40～50岁	N %	1 3.7	3 11.1	5 18.5	10 37.0	3 11.1	5 18.5	27 100.0
50～60岁	N %		10 41.7	2 8.3	4 16.7		8 33.3	24 100.0
60岁以上	N %	2 5.4	4 10.8	8 21.6	6 16.2	7 18.9	10 27.0	37 100.0

珠江三角洲居民室内休憩活动所用时间的分布——年龄和性别差异　　表 2-24
Time slice Distribution of Indoor Activity of PRD Residents Divided by Age & Gender

年 龄 段			15分钟以内	15～30分钟	30～45分钟	45～60分钟	1～1.5小时	1.5小时以上	总 计
30岁以下成人	男	N %		1 5.3	4 21.1	6 31.6	5 26.3	3 15.8	19 100.0
	女	N %		8 17.4	5 10.9	12 26.1	8 17.4	13 28.3	46 100.0
30～40岁	男	N %	7 25.0	4 14.3	5 17.9	5 17.9	4 14.3	3 10.7	28 100.0
	女	N %	3 8.6	10 28.6	7 20.0	10 28.6	1 2.9	4 11.4	35 100.0
所有年龄段	男	N %	9 12.0	8 10.7	19 25.3	14 18.7	15 20.0	10 13.3	75 100.0
	女	N %	5 7.0	4 5.6	18 25.4	11 15.5	19 26.8	14 19.7	71 100.0
	总	N %	14 9.6	12 8.2	37 25.3	25 17.1	34 23.3	24 16.4	146 100.0

居民游泳（或戏水）的平均时间存在类似于室内活动的规律，由于婴幼儿、大部分小学生都是由家长带领去游泳，因此他们的情况可以通过他们的父母，即30岁上下的成人的情况反映出来，中学生在本调查中的样本数较少，较难看出规律性，40岁以上年龄组参加游泳活动的人数逐渐减少，游泳的平均时间也呈明显的下降趋势。在表2-25中列出30岁上下年龄段及全体男女游泳时间的数据。

每次体育运动平均所用的时间。男性组和女性组的特征非常接近，比较明显的差异是30以上和30岁以下两个年龄段在运动时间超过45分钟的人数的比例，男性从30岁以下到30～40岁这个年龄段仅仅略有下降，而女性在跨越30岁时，这一比例则由76.7%明显下降为47.6%。

晨练平均用时的一个明显差异也来自30岁以上和30岁以下的两个年龄段。晨练时间超过45分种的长时段的人数的比例，男性在跨越30岁时由31.3%下降为14.3%，女性则由17.4%上升为29.4%。带小孩户外玩耍的平均时间，在不同性别和年龄组看不出较明显的差别。

珠江三角洲居民每次游泳所用时间的分布——年龄和性别差异　　表2-25
Time slice Distribution of Swimming of PRD Residents Divided by Age & Gender

年龄段			15分钟以内	15～30分钟	30～45分钟	45～60分钟	1～1.5小时	1.5小时以上	总计
30岁以下成人	男	N	1	2	2	2	4	3	14
		%	7.1	14.3	14.3	14.3	28.6	21.4	100.0
	女	N	4	2	4	12	3	5	30
		%	13.3	6.7	13.3	40.0	10.0	16.7	100.0
30～40岁	男	N	2	9	3	9	2	1	26
		%	7.7	34.6	11.5	34.6	7.7	3.8	100.0
	女	N	2	4	3	5	1	2	17
		%	11.8	23.5	17.6	29.4	5.9	11.8	100.0
所有年龄段	男	N	6	16	17	16	7	7	69
		%	8.7	23.2	24.6	23.2	10.1	10.1	100.0
	女	N	9	8	15	19	4	10	65
		%	13.8	12.3	23.1	29.2	6.2	15.4	100.0
	总	N	15	24	32	35	11	17	134
		%	11.2	17.9	23.9	26.1	8.2	12.7	100.0

2.4.2 不同人群参加各类休憩活动的平均用时

为了能进行数值运算，我们赋予每个选项对应的时间段一个数值（除 A 和 F 外均取其中值作为计算值），从而约定各选择项的值为：$A=10$ 分钟，$B=22.5$ 分钟，$C=37.5$ 分钟，$D=52.5$ 分钟，$E=75$ 分钟，$F=105$ 分钟。由此我们计算得出与性别、年龄、职业、学历相对应的各类休憩活动的平均时间。

从表 2-26 中可知，在参加各类活动的平均时间上，男性除了体育运动略高于女性外，其余活动每次平均时间均低于女性，反映男性在参加各类活动的持续时间上总体较少。从年龄来看，小学生户外活动持续时间明显高于全体受访人的平均值，户内活动则与平均值基本持平，中学生户外户内运动时间均明显小于平均值，小学生体育运动持续时间较短。30 岁以下成人的平均游泳时间和体育运动时间则是最多的，而 30～40 岁户内、户外活动时间和晨练时间在成人中处于谷底，然后随年龄增长，三者呈上升趋势，而体育运动、游泳则呈下降趋势。

珠江三角洲居民参加各类活动每次平均用时（分钟）——性别差异　　表 2-26
The Average Time of Taking Activities Each Time of PRD Male & Female Residents (Min.)

性　　别	户外活动		室内活动		游泳戏水		体育运动		晨　练		带婴玩耍	
	平均	N	平均	N	平均	N	平均	N	平均	N	平均	N
男	50.4	143	51.9	75	45.8	69	54.9	85	36.3	69	51.6	55
女	56.4	138	60.4	71	48.9	65	52.6	73	43.5	73	55.3	63
全　体	53.4	281	56.0	146	47.3	134	53.9	158	40.0	142	53.6	118

珠江三角洲居民参加各类活动每次平均用时（分钟）——年龄差异　　表 2-27
The Average Time of Taking Activities Each Time of PRD Residents Divided by Age (Min.)

年　龄　段	户外活动		室内活动		游泳戏水		体育运动		晨练		带婴玩耍	
	平均	N	平均	N	平均	N	平均	N	平均	N	平均	N
婴幼儿	52.5	20	47.9	6	41.7	12						
小学生	62.3	13	55.8	9	49.2	9	39.8	11				
中学生	46.8	7	47.9	6	49.3	7	55.6	8	26.5	5		
30 岁以下	61.0	72	67.8	51	56.0	44	63.9	52	35.6	39	56.0	39
30～40 岁	39.8	81	46.1	46	42.6	43	51.2	51	31.3	38	51.2	35
40～50 岁	57.0	27	56.8	7	52.5	8	54.1	14	31.8	10	42.5	2
50～60 岁	56.3	24	46.7	13	33.9	7	39.6	12	60.2	15	65.6	16
60 岁以上	62.2	37	65.0	8	23.8	4	25.5	5	56.0	27	38.3	9

从受访者家庭主要收入来源人的职业来看，党政军和文教卫生家庭的户外、户内活动时间明显低于平均值，而企业中级员工及一般白领员工家庭的游泳时间较低，带婴儿玩耍的时间较多，私营企业主和个体工商户家庭带婴儿玩耍的时间最短。从受访者家庭主要收入来源人的学历来看，初中及初中以下学历家庭户外活动时间最短，高中及中专家庭户外、户内活动时间最长，而大专家庭的游泳和晨练时间最长，带婴时间有随学历提高而加长的趋势，户内活动时间则有随学历提高而下降的趋势。

2.4.3 各类活动的频度和所用时间的关系

为了寻找各类活动的频率和时间之间数值的关系，我们利用电脑计算出它们两两之间的相关系数，在缺失项处理上，两个相比较的变量存在的成对的变量值（即受访者在此两个变量上均无缺失的回答选项）均予保留，而去掉单个或两个均缺失的抽样，从而得到下面的变量相关系数表（表2-28），每个空格内上面的数字是相关系数，下面的整数表示两个变量的值无缺匹配的数量。

珠江三角洲居民参加各类活动的频度和时间变量的相关性分析　　表2-28
The Correlations among Frequency & Time Variables of Activity of PRD Residents

		户内频度	室内频度	游泳频度	运动频度	晨练频度	带婴频度	户外时间	室内时间	游泳时间	运动时间	晨练时间	带婴时间
户内频度	Corr.	1.000	.428 #	.337 #	.432 #	.426 #	.382 #	.284	.201 *	.080	.105	.219 *	−.009
	N	296	161	151	162	155	111	267	137	126	142	130	106
室内频度	Corr.		1.000	.466 #	.393 #	.392 #	.151	.266 #	.472 #	.057	.031	.346 *	.253
	N		174	126	134	122	61	156	131	103	122	106	57
游泳频度	Corr.			1.000	.412 #	.223 *	.285 *	.204 *	.199 *	.296 #	.141	.285 #	.010
	N			163	133	111	64	141	107	119	113	90	58
运动频度	Corr.				1.000	.341 #	.331 #	.297 #	.251 *	.018	.272 #	.244 *	−.156
	N				179	122	63	153	114	101	136	95	55
晨练频度	Corr.					1.000	.040	.173 *	.066	.032	.019	.569 #	−.056
	N					170	66	146	100	81	108	123	59
带婴频度	Corr.						1.000	.230 *	.131	−.047	.268	.089	.206 *
	N						120	104	57	52	53	53	102
户外时间	Corr.							1.000	.450 #	.134	.088	.248 #	.473 #
	N							281	141	125	141	130	106
室内时间	Corr.								1.000	.221 *	.248 #	.409 #	.170
	N								146	106	117	101	57

续表

	户内频度	室内频度	游泳频度	运动频度	晨练频度	带婴频度	户外时间	室内时间	游泳时间	运动时间	晨练时间	带婴时间
游泳时间 Corr. N									1.000 134	**.239** * 101	**.366** # 83	−.098 53
运动时间 Corr. N										1.000 158	**.231** * 104	−.134 57
晨练时间 Corr. N											1.000 142	.134 55
带婴时间 Corr. N												1.000 118

黑体数字表示在双尾 T 检验下存在显著相关性。

带 # 号的表示置信水平为 0.01；带 * 号的表示置信水平为 0.05。

另外，"就餐频度"与"早餐频度"，"就餐频度"与"户外时间"也存在显著相关性（置信水平为 0.01）；在缺失项处理时，如果只允许采用在所有变量上都无缺失的样本，这样我们得到 35 个合格组合。这里我们发现"户外频度"与受访者所在"楼层"存在显著相关（置信水平为 0.01）的关系。

2.5 珠三角商品住区居民交往与社区组织力研究

商品住区在我国的发展，主要是近十多年的事情，珠三角地区，特别是开放程度高的广州、深圳等中心城市住区建设量很大，短时间大规模的建设，加上外来人口和本地区人口的大规模流动，社会经济关系的多元化等因素，在很大程度上消解了原来固有的社会关系纽带，使新建住宅区的社区建设问题突出地显现出来。为了提高住宅设计水平，促进社区环境的改善，有必要对商品住区居民交往与社区组织力的情况做深入地研究。在对珠三角住区的调研中，采取了访问法、问卷法、观察法等方法，对十多个楼盘进行了调查。

2.5.1 居民交往强度分析

在问卷中，我们要求受访者填写与受访者家庭有过交往的其他住户的数量和印象中知道对方也是本住区居民的人数，希望通过这种比较容易测量的问题，总体上把握住区居民交往的频繁程度和密切程度。为了便于计算，我们将交往户数转化为数字，其中"七户或更多"＝8；并规定印象认识人数"5人以下"＝3，"5～10人"＝8，"10～15人"＝13，"15～20人"＝18，"20～25人"＝23，"25～30"＝28，"30人以上"＝33。

根据对不同性别，不同住区，受访者家庭收入主要来源人的职业、学历等不同组"交往户数"和"印象人数"平均值的对比分析，可以证实男性群体对两个变量上的平均值均高于女性，见表2-29；不同的住区，两项指标不存在有规律的差异性；从受访者家庭收入主要来源人的职业看，"企业中级员工"和"一般白领员工"在两项指标上的平均值均明显低于总体平均值，分别是3.95户和4.10户、15.75人和18.9人，"其他"职业和职业不明者的平均值也较低；从受访者家庭收入主要来源人的学历看，初中及初中以下学历家庭两项指标的平均值明显低于总体平均值，而随学历的增长，两项指标的平均值略呈"U"形，即"高中及中专"、"本科以上"两端高，"大专"、"本科"中间低。

2.5.2 居民交往途径分析

在问卷中，我们还要求受访者根据自己家庭的情况，将所给出的八种认识住区其他住户的途径，按照实现的可能性排序，从而可以通过比较不同人群所排序号的平均值大小及平均值的排序，了解这些人群认识他人的途径。

调查发现，受访者的性别，受访者家庭收入主要来源人的职业和学历对排序几乎没有影响。最可能的认识方式是"经常碰面"和"休闲娱乐"，其次最可能的是"通过孩子"和"请求帮助"；最不可能的方式是"通过讨论装修"，另外不可能的方式是"一起维护权益"（这与在北京做的类似调查有一定出入）。"入住时间长短"与"通过偶然机会认识"呈显著性正相关（置信度为0.05，双尾T检验）。而"入住时间长短"与"通过讨论装修"认识则在0.01置信度下呈正相关关系。

珠江三角洲不同性别居民交往强度分析 表2-29

Strength Analysis of Neighbourhood Association of PRD Residents Divided by Gender

性　　别	曾经有过交往的本住区住户的数量		印象中知道是本住区居民的人数	
	平　　均	N	平　　均	N
男	5.06	33	21.13	32
女	3.73	26	18.60	25
未　知	4.69	68	19.34	67
全　体	4.59	127	19.65	124

珠江三角洲居民交往途径分析——以受访者性别划分　　表 2-30

Access Analysis of Association among PRD Families Divided by the Interviewee's Gender

性别		请求帮助	通过孩子	通过老人	讨论装修	经常碰面	维护权益	休闲娱乐	偶然机会
男	均值	4.61	3.90	4.77	6.26	2.32	5.65	3.48	5.00
N=31	排序	4	3	5	8	1	7	2	6
女	均值	4.19	4.14	5.29	6.33	2.43	5.14	3.48	5.00
N=21	排序	4	3	7	8	1	6	2	5
未知	均值	5.30	3.12	5.08	5.77	2.57	6.00	3.35	4.82
N=60	排序	6	3	5	7	1	8	2	4
全体	均值	4.90	3.53	5.04	6.01	2.47	5.74	3.41	4.90
N=112	排序	4	3	6	8	1	7	2	5

珠江三角洲居民交往途径分析——以受访者家庭有未成年人或 50 岁以上成人划分　　表 2-31

The Analysis of Intercourse Access of PRD Residents Divided by the Interviewee's Family Members

受访者的家庭成员		请求帮助	通过孩子	通过老人	讨论装修	经常碰面	维护权益	休闲娱乐	偶然机会
婴幼儿	均值	5.44	2.09	4.74	6.25	2.56	6.17	3.81	4.93
N=31	排序	6	1	4	8	2	7	3	5
小学生	均值	5.00	3.07	4.80	6.50	2.23	5.43	3.13	5.83
N=31	排序	5	2	4	8	1	6	3	7
中学生	均值	4.63	3.32	5.13	6.00	2.63	5.75	3.34	5.13
N=31	排序	4	2	5	8	1	7	3	6
50～60 岁	均值	5.97	2.99	3.73	6.24	1.76	6.41	3.58	5.00
N=31	排序	6	2	4	7	1	8	3	5
60 岁以上	均值	5.37	3.31	3.18	6.21	2.32	6.37	3.87	5.37
N=31	排序	6	3	2	7	1	8	4	5

　　家庭中是否有儿童和老人对分析结果有明显影响。有婴幼儿家庭通过孩子而认识的可能性最高，而到了小学生和中学生的年龄，通过孩子而认识的可能性逐渐下降，这显然与大人对孩子的监护随小孩长大而逐渐减少有关。家有 60 岁以上老人的，"通过老人"认识的机会仅次于"经常碰面"的机会而排第二。另外，50～60 岁、60 岁以上两个老年家庭组，最不可能的认识途径均是"维护权益"，"经常碰面"升为倒数第二。

　　上述调查结果证实了"儿童才是真正的邻居"这一论断，也表明儿童和老人是促进邻里关系形成的关键因素,从而启发我们认清住区休憩环境提供良好的儿童游戏和老人活动设施的重要性。另外,"经常碰面"几乎所有情况下都处于第一位途径,这表明,在规划设计中创造使住区居民能经常碰面的机会和可能性,对促进住区邻里的形成,改进交往环境有着举足轻重的作用,而决非无关紧要的因素和设计要点。"休闲娱乐"这一途径在大多数情况下都排在前列,休闲娱乐活动需要适宜的场所,包括室外场所和室内场所,这从侧面佐证了住区内设置丰富多样的休闲设施的重要性。直接的调查也证实,会所对促进住区人际交往的活动作用很大,甚至是住区归属感的一个重要组成部分。

本章小结

本章第一节从居住与行为、住区休憩行为的概念入手,将珠三角住区休憩行为的基本模式划分为休息、交往、康体、文娱、游戏、被动休闲和餐饮购物七大类。

概括介绍了影响住区休憩行为的主要因素,即年龄、性别、气候等;对儿童户外活动特征、儿童游戏行为的时空模型,老人交往意愿和户外行为特征、中青年户外活动特征等的研究成果作了简要评述。邻里交往是住区休憩行为的重要部分,本章探讨了邻里交往与领域性、领域性与私密性、领域行为的作用,对邻里交往的形成和控制、邻里关系的密切与和谐程度也做了分析。

本章的研究是基于对珠三角若干住区居民和管理处所做的问卷调查以及现场访问、记录等,运用数理统计方法对发生在住区休憩环境的九类休憩活动(户外活动、会所内活动、游泳或戏水、体育运动、晨练、带婴幼儿户外玩耍、步行到附近就餐、在附近饮早茶、物业管理处组织的公共活动)进行了分析。对不同受访居民及其家庭的休憩行为的基本特征、受访家庭主要收入来源人的职业和学历做了统计分析,在此基础上对珠三角住区不同性别、年龄、职业和学历居民各类休憩行为的频度和活动时间做了深入的分析和探讨;对珠三角居民交往的强度和途径也做了定量分析。

主要研究结论如下:

1. 性别、年龄、职业和学历等个人或家庭因素对休憩活动类型的选择、活动的频度及持续时间有显著影响;

2. 小学生年龄段的儿童是住区休憩活动最活跃的群体,中学生年龄段的户外休憩活动的参与程度相对较低;

3. 已经工作但未婚的年轻人（通常在 30 岁以下）对住区休憩活动的参与主要偏重于网球、乒乓球、游泳和健身等运动，通常是集康乐体育与交际为一体的活动。

4. 初婚的夫妇在休憩活动上表现为很明显共同进退的特点，有了小孩的夫妻，带小孩户外玩耍就成了他们主要的户外活动。

5. 步入中年的夫妇，开始注重健身、保健类活动，其中尤以中年妇女表现得明显；由中年到老年人，健身性活动特别是晨练的参与程度明显提高，其中女性参与休憩活动的程度仍然较高，而且更倾向于自发的集体性活动（如集体练气功、舞剑等）。

6. 户外休憩活动的频度、总体上男性低于女性，女性在 30~40 岁年龄段高于男性的程度最多；室内休憩活动（主要是会所内活动）女性的参与程度也较高；30 岁以下成人以及 30~40 岁成人更乐于参加会所内的收费性活动；游泳活动的参与者则主要集中在 30 岁上下的两个年龄段，女性在 30 岁以下成人段活动频度高于男性，而在 30~40 岁年龄段略低于男性。

7. 参加体育锻炼的居民男性略多于女性，而锻炼的频度男女差别不大，但跨越 30 岁进入 30~40 岁年龄段，成年人锻炼的频度明显下降。

8. 晨练频度男女差别不大，总体看呈两头高、中间低的分布，即青年、中年人参与程度最低。

9. 女性带婴幼儿户外玩耍的几率远高于男性，其中 40~50 岁、50~60 岁两个年龄段男性带小孩户外玩耍的机会最低。

10. 就餐或饮早茶呈现明显的举家共同进退的特征，其中外出就餐频度随年龄增长呈明显下降趋势，而饮早茶的频度的性别和年龄差别并不显著。

11. 家庭收入主要来源人的职业对家庭成员户外室内活动频度有影响，其中高中及以下学历频度最高，并有随学历上升而下降的趋势；晨练正好相反，随学历上升而上升。

12. 在上述研究的基础上，本章进一步得出了不同性别和年龄段或不同学历（指家庭收入主要来源人）居民或家庭成员参加各类活动的月平均次数（详见表 2-19、表 2-20、表 2-21）。

13. 从参加各类活动的平均持续时间来看，男性除了体育运动略高于女性，其余活动每次平均时间均低于女性；从年龄上看，30 岁以下成人在户外活动、户内活动的时间上与 60 岁以上老年人相近，都处于高水平，而 30 岁以下成人游泳时间和体育运动时间则最高，并随年龄增长而下降；30～40岁成人的户内、室外活动时间和晨练时间在所有成人中处于谷底。

14. 通过相关性运算可以发现，各类活动的频度之间多数都存在正相关关系，各类活动的平均时间也存在不少正相关关系；另外值得注意的是，"户外活动的频度"与受访者家庭所住的楼层数存在明显的负相关关系，证明住的太高确实会抑制休憩活动。

15. 与受访者家庭有过交往的户数及印象中知道是本住区居民的人数，是两个能反映居民交往程度的指标。总的看，男性群体的平均值都高于女性；从受访者家庭收入主要来源人的职业看，"企业中级员工"和"一般白领员工"在两项指标上都明显的低于总体平均值；从学历看，初中及初中以下组两项指标的平均值明显低于总体。

16. 性别、职业和学历对居民交往认识的途径几乎没有影响，而家庭成员的特征（比如是否有儿童和老人）对分析结果有显著影响，这也证实了"儿童（以及老人）是真正的邻居"的论断。在几乎所有情况下，最可能的认识途径都是"经常碰面"，这也证实了设计中创造更多居民碰面机会的重要性和必要性。

本章注释：

[1] 常怀生译著. 建筑环境心理学. 台湾：田园城市文化事业有限公司，1995：205

[2] 林玉莲、胡正凡编著. 环境心理学. 对以巴克为代表的生态心理学家的观点的表述，中国建筑工业出版社，2000：79

[3] 扬·盖尔著，何人可译. 交往与空间. 中国建筑工业出版社，1992：2-6

[4] 刘士兴. 居住行为与室外环境设计研究. 同济大学硕士论文，1997：22-25

[5] 朱立本. 居住区儿童户外活动空间环境的研究. 华南理工大学硕士论文，1986：34-35

[6] 万邦伟. "老年人行为活动特征之研究"，《新建筑》1994年第4期：23-26

[7] 翁颖. 邻里交往空间的研究. 华南理工大学硕士论文，1986：18-20

[8] 丹麦 Fin Vedel-Peterson 等著《新建住宅区的规划设计与社会环境》

[9] 美国 Sam Davis《The Form of Housing》P.141

[10] 范耀邦. "邻里交往，住宅设计，小区规划"，《建筑师》第17期

[11] 杨裕富. 都市住宅社区开发研究. 台北：明文书局

第三章　珠江三角洲住区休憩设施的适用性

住区休憩设施是公共休憩环境中与居民各类休憩行为相适应的物质内容和物质承担者，是休憩环境的必要组成部分。一方面，多样化的设施有助于形成丰富多彩的休憩行为，比如游泳池带来的游泳、戏水活动；另一方面，良好的设施能极大地激发和促进某些固有的自发性行为，如适宜的座椅能吸引人们停留、交流，并在一定程度上提高居民观看、眺望、乘凉等行为的舒适度和心理体验的满意度。

珠三角商品住宅区休憩设施内容和形式都极其多样，通常可概括分为户外设施和室内设施；从服务对象来看有儿童设施、老人设施等；从所对应的休憩行为来分有集会设施、运动设施、娱乐设施、文化设施等。这些设施是否满足住区居民的实际需求，或者在哪种程度上满足这些需求，这涉及设施的适用性问题。适用性是一个综合程度很高的概念，与设施本身质量有关的有设计和施工两方面因素，与环境有关的是通风、减噪、日照等物理因素，与管理有关的设施维护和环境卫生等，另外还涉及使用便利以及可达性的问题，本章主要从规划设计角度分析住区休憩设施的适用性能。

3.1　步憩与坐憩行为及其休憩空间

住区环境中居民的外显行为中，步行和就坐活动是两项最基本的活动。步行可以是有明确目的指向的行为，比如上下班、上学放学、外出购物就餐等；或者是处在去特定休憩场所的过程中；也可以是没有明确目的的散步行为。步行活动有时是饭后散步、遛狗等，也可能带有某些锻炼身体的目的，如随意在卵石步道上走走而接受足底按摩。有明确目的而必须的步行属于必要性活动，否则就属于自发性活动，我们可以把后者称之为步憩行为。

住区内部的大量日常休憩活动是居民的自发性散步、逗留、闲坐、观望、交谈等活动，多数都与室内外公共休憩空间中的可坐设施有关，住区休憩环境中可坐设施（指座椅、台阶、石磴、栏杆、花台边缘等）以及可以吸引人们驻足的小尺度空间（一棵大树下、公告栏下、趣味雕塑边、一座小凉亭等）对住区休憩生活质量起着意想不到的巨大作用。就坐可以看作步行状态中止而使休憩行为发生转化的结果，通常也是休憩行为向深度发展的结果，我们称这样的就坐为坐憩行为，这样的空间为坐憩空间。

3.1.1 步憩行为与住区步憩空间

步憩行为作为休憩行为的一种基本形式，也具备与之相同的特征。首先，步憩行为有着特定的时间特征，是主体在可自由支配的时间内发生的行为；其次步憩行为的心理基础是健康、积极、放松的心理状态；第三，尽管步憩行为通常并非必要性活动，它仍然带有某种目的性，有时是作为轻度的健身活动，有时则是为了参与到住区公共生活或者保持对住区信息的有效接触。

通过作者在珠三角若干住区的观察和对有关管理处的走访，发现步憩行为是住区内发生频率很高而形式多样的活动，居民步憩行为在时间上并没有特别明显的规律性，大致是发生在除了一日三餐外的空闲时间，早上活动频度较弱，下午四点前后明显增加，到了晚饭后达到高峰，即晚 6：30 或 7：00 以后，可以持续到 8：30，夏夜可以到 9：30。从步行行为的主体看，老人多在白天活动，活动时间通常不太固定；晚饭后中青年人明显增加，这显然与其工作时间有关，上班一族的步憩行为，可以看作是对白天办公室工作的必要的户外活动的补偿，其中比较突出的是中青年夫妇共同散步；儿童活动的比例不高，这与目前儿童功课较重、睡眠较早有关，也有安全的考虑；老年人晚上的步憩行为明显减少，这与他们身体机能较弱而夜晚对环境认知程度降低有关。

步憩行为发生的可能性与住区环境有密切关系。市区内的有些住区，开放空间狭小，住区内部缺乏活动空间，如果与交通性道路太近，就会明显抑制步憩行为；绿化效果、环境卫生、照明、治安的不良状况也会抑制步憩行为；相反在有较大休憩空间的市内住区或者近郊住区，步憩活动就明显增加。这表明，步憩行为是居民一种基本的休憩需求，居民会根据所处环境的不同作出选择，比如市内住区没有散步的住区内部空间，人们就会去外面就近的街市、广场等。本文立足于探讨的是居民在具备一定外部空间规模的住区内的步憩行为。

把步憩行为理解为单纯的步行过程是片面的，它是身体和心理放松状态的低强度活动，又是步憩者之间心理和感情交流的过程；既是保持对环境信息把握的过程，是发动视觉、听觉、嗅觉等各种感官去体验空间的过程，也是富于猎奇和寻找兴趣中心的过程。因而在外显行为来看，步憩者并非以一个固定的速率步行，而是走走听听，东张西望，碰到感兴趣的事务可能驻足观看，可以在步憩过程中顺便小坐片刻，甚至参与到某个活动中去。

观察住区居民步行与停留活动可以发现，步憩过程中的停留需要某种条件，这些条件成为一个逗留支撑点，步憩者最可能在某个支撑点停留下来，而在两个支撑点之间如果是无变化的空旷区域，则这样的停留显然会使他们感到有些不自在，因为在步行中他们难以掩饰自己的"无所事事"。这个逗留支撑点可以是一个具体的支持物，如一个座椅或扬·盖尔提到的凹处、转角、柱子、路灯等，也可以是阅报栏、鱼池中的金鱼、一簇鲜花等，还可以是正在发生的某些活动（比如一群打扑克的人，尽管不见得停留者都会对它感兴趣）。

上述情形在傍晚来临天色暗下来之后就不同了，也许是黑暗掩盖了人们的"羞涩"，人们的活动更为随意和放松，情侣和夫妇也会更亲昵，因为在相互看不清面孔的光线和一定距离下，自己的行为不会成为被关注的焦点。

图 3-1
番禺鸣翠苑环境设计总平面图
Site Plan of Environment Design, Mingcuiyuan

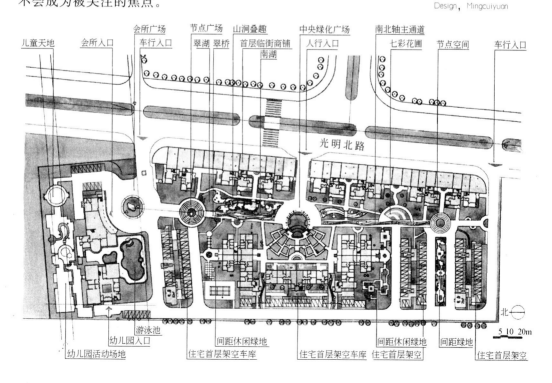

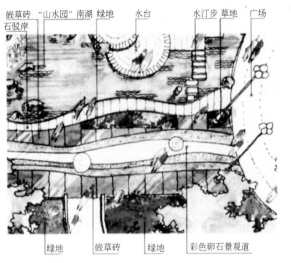
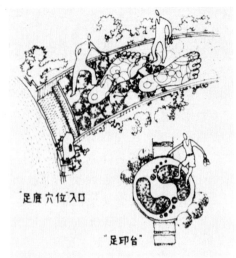

图 3-2
南北主轴上的休憩性步道的局部，番禺鸣翠苑
North-South Recreational Pavement, Mingcuiyuan

图 3-3
集知识性趣味性为一体的卵石步道节点，番禺鸣翠苑
Details of Cobblestoned-Pavement, Mingcuiyuan

通过观察可以发现，多数散步者并未选择曲曲弯弯（有时像迷宫）一样的小径，而是选择平坦而宽阔的步道，他们也很少光顾有上上下下的台阶的步道，同时更乐于靠近与自己一样的休憩者。

但是晚上灯光太暗、位置太偏的地点是少人问津的，这与对环境的认知程度有关，也和对安全的考虑有关。人们步憩活动通常发生在主要的休憩性空间，如中心绿地边的道路、步行街等，或者是以这些地点作为步憩的一个目的地。

住区环境规划的目的，不仅要为自发性步行活动创造更好的空间，还要努力为必要性步行活动创造良好的条件，使之具备休憩功能。一个急匆匆的上班者一般对空间不太留意，也可能没有休憩的心境，但下了班就不同了，其他类型的步行者也是这样。如果我们为这样的步行者和步行空间创造更好的环境，使之成为休憩性步道，居民就可以更多享受步行的乐趣。所以，住区的交通性道路具备发展成为休憩性步道的潜在可能性和必要性。国内外学者的研究表明，不超过一定强度的汽车交通并不会妨碍人们日常休憩活动，相反会使休憩空间增添活力，形成多用途场所，有的研究认为这样的汽车通行强度在 80 辆/小时以下，当然这种情况下还需配合行车路线的许多细部设计，比如限制车速的减速板等。

道路首先是组织交通的线性空间，住区内道路需要组织的交通主要包括机动车交通、非机动车交通和步行交通。珠三角住区机动车交通多以私家小汽车、摩托车为主，另外有一些出租小汽车、搬家、救护等车辆；非机动车主要是自行车和极少量人力三轮车，这两种车辆在新建商品住区保有量较低，并随着珠三角社会经济发展呈下降趋势，自行车主要是作为中学生上学的短距离交通，人力三轮是少数个体经营者或物业管理处的小型运输工具。

上述的讨论并非着眼于居住区整体动静交通的规划，而是着重于机动交通对住区休憩环境和休憩行为（特别是步憩行为）的影响或互动关系上，也就是从改善住区休憩环境的视角，讨论机动车交通与步行交通的关系。为此我们需要了解其中的心理因素，据国内有关学者研究，经常驾车者会逐渐建立对汽车的依赖，他们多数人认为停车地点距住宅的理想步行距离应在5分钟之内或更短，也就是250～400m的路程。户外停放汽车的业主希望最好能照顾车辆安全；而从居民步行心理看，由于日常活动多是通过步行完成的，一般希望步行系统不受汽车干扰，步行环境安全舒适。

从珠三角近年建成的商品楼盘看，市区很多楼盘都采取了人车分流的设计，车辆基本以地下停放为主，使住区休憩环境形成完整的步行系统，必要的应急机动交通（如搬家、救护、消防等）所需的道路系统在满足基本功能的基础上，以休憩性道路的要求来设计。这与本地区经济水平、市区地价、楼盘价位是相适应的。在近郊或更远处兴建的低密度楼盘，尤其是排屋和别墅区内居民对汽车依赖度很大，用地宽绰，楼价较低，采用人车混流方式的较多。

人车分流有不同的设计，比如万科四季花城首期，机动车辆从周边绕行到各院落，实现了平面上一定程度上的分流；而中海华庭的车辆直接入地下，实现立体分流。在较大的楼盘要实现人车完全分流是不现实的、不必要的，甚至也是不应该的，番禺星河湾、黄

图 3-4
车辆不进入组团内部，星河湾畅心园
No Car-traffic in the Housing Block, Xinghewan

图 3-5
周边布置的消防车道，黄埔雅苑
Fire Road around the site, Huangpu Garden

埔雅苑是在每个相对独立的组团使车辆直接入地下室，不进入组团内部休憩空间。

在住区主要交通道路边上形成有吸引力的步憩空间通常是有一定困难的，因为对安全的担忧，设计者常把注意力放在如何设计合适的道路线型、如何控制路宽、坡度、如何变换路面材料或路面限速带、交通标识等上面，从而限制车速或限制车辆进入；另一方面，不少设计者认为主要交通道路边上步行空间作为休憩空间缺乏开发的价值，认为这里有安全隐患、吵闹、空气不良等。上述看法即使不能说有错误，至少也可以说是不全面的。步道宽度有时是限制其步憩价值的因素，在可能条件下，将两侧人行道宽度设为不等宽，甚至集中设在一侧不失为一个思路。在不少情况下，人车共行是难以避免的，长长的道路边仅有通过为目的人行道是对步行者缺乏关怀的表现，也是对资源的某种浪费。比如星河湾组织内部步行休憩环境极佳，而作为步行者从小区入口到各自组团的人行步道上尽管在一些地方注意了景观的变化，却缺少休息设施，殊不知，一个简单的座椅对步行的老人来说也会成为一个惊喜。翠湖山庄的车行道沿周边布置，十几栋高层住宅围成的内部庭院空间完全无车辆交通，但从小区入口进去的一段窄窄的路上目前没有专门的人行道，安全尚需时时注意，就更谈不上步憩的乐趣了。在一些情况下，人们行走匆匆，另一些时候则会漫无边际地散步，如果说公共街道偏重效率的话，住区内道路则应该营造轻松自然的休憩氛围，鼓励居民轻松地散步。深圳华侨城的居住区在通往公共交通的街道上布置了防雨长廊、各式各样的座椅，方便步行居民（有时是旅游者）休息。

作为总结，我们对住区步憩空间的规划设计提出以下原则：

（1）提供良好的住区绿化和景观环境。优美的周边景色、满眼绿色、良好的空气质量、受控的噪音等是形成良好步憩空间的基础。

（2）富于趣味性和选择性的步道规划。休憩步道最好规划为环状，因为回头路通常是乏味的，步道不应是封闭的自足体系，而应该与其他活动空间或不同特征的景观发生有趣味性的接触或交叉，使步憩过程充满新鲜的体验，同时有选择余地。

（3）良好的步道。干净、防滑、无积水，具备一定宽度（如可供二人轻松并行），地面铺装富有特色和趣味性，同时又能起到使空间连续或富于变化的作用，或者具备特别功能，如足底按摩功能。

（4）无障碍设计。这一点并非仅仅着眼于残障人士，也是针对年老体迈、行动不便人士、推婴儿车的居民。对于这类人士，高台阶、陡坡、缺乏休息座椅、幽暗的灯光等都会令步憩者望而生畏，因而步憩路线的设计应令他们可以选择平坦的无障碍空间。

（5）安全感。合理的设计和有效的措施使步憩者对机动交通不产生受威胁感。

（6）遮阳。对于珠三角住区，能够为漫长夏日提供适当的遮阳，就能大大改善步行环境。

（7）适度的照明与灯光设计。这样的照明设计应该布局合理，照度有主次，在空间趣味性、安全性和私密性之间取得平衡。

3.1.2 坐憩行为与坐憩空间

坐憩行为依赖于休憩环境中的可坐设施，而衡量可坐设施使用价值可以用可坐性来表示，通常从几方面理解：(1)坐憩设施的布局和位置是否便于人们日常使用；(2)坐憩设施的布置位置、距离和方向与道路、绿地、小广场等的相互关系；(3)坐憩设施本身的组合关系；(4)坐憩设施是否符合人体工程学及舒适性。

吸引居民逗留的一个小尺度空间成功的原因是多方面的，比如有某种蔽护性、日照通风等物理性能良好、可以获取信息、视野良好可以眺望、特定的场所（比如一棵保留的古树）、富有生动性和趣味性的场景等等。从环境行为学角度来看，小尺度空间是易于为人们把握和并建立有效控制的空间，这些空间在特定的时间和场合变成了占据者的"私人空间"或"小群体空间"，因而"小尺度"是相对于住区整体休憩空间而言的，因为与居民日常活动的贴近而具有深入研究的价值。

正如扬·盖尔指出的那样，"与驻足停留对物质环境的要求相比，步行和小坐的要求更多，也更具综合性。"从某种意义上讲，停留可以看作步行状态因某种原因的中止，而且是可能发生的小坐行为的必然起点。住区内部常见的一种停留是停下来与人交谈——其中多数仅仅是礼节性寒暄致意；另一种停留是被某项事物吸引，比如被公告栏上管理处的通知或是商店橱窗上的减价告示吸引，或者是散步路过时被路边的一盘棋局吸引而停留一段时间；我们还可以经常观察到的一种停留发生在推着婴儿车或牵着儿童的成年人身上，当他们彼此碰面时，经常会由于孩子们天然的亲近和共同感兴趣的孩子的话题停下来交谈。

图3-6　休憩亭，百仕达花园

Pavilion for Rest, Baishida Garden

图3-7　坐在球上的儿童，鸿瑞花园

A Boy Sitting on a 'Ball', Hongrui Garden

图3-8　休憩亭，广州奥林匹克花园

Pavilion for Rest, GZ Olympic Garden

图3-9　一个石凳，康裕北苑

A Stone Bench, Kangyubei Garden

图3-10　雕塑"孩子与狗"，广州碧桂园

Sculpture: Children & dog, Gz Biguiyuan

图3-11　架空层内的座椅，锦城花园

Benches in the Open Floor Space, Jincheng Garden

调查中发现，居民们乐于在广场或绿地边缘停留和活动，同样的"边界效应"也发生在沿建筑边缘地带、有明显高差的地点，以及两个不同特征的空间（如室内、室外）的过渡区。出现这种情形的原因被认为是处于空间的边缘便于观察前面空间的全貌，同时往往能得到后背的保护。正如亚历山大在《建筑模式语言》中指出的，"如果边界不复存在，那么空间就绝不会富有生气。"

坐憩行为比起偶然或短暂的驻足停留需要更充分的外在条件和内在需要，对人们来讲，确定就座的位置比选择驻足停留要费神许多。前面讨论的边界效应理论同样适用于人们对座位的选择，四周空旷而无蔽护物的户外座位通常是无人问津的，而对餐厅中的座位的选择也是如此。

住区休憩环境中的就坐设施要满足就近和方便的原则，很少有人会为找一个椅子坐而离开主要活动区或步行很长一段路。主要的正式座位（盖尔称之为"基本座位"）应该布置在人流步行路线边上，其他可坐设施如台阶、矮墙、花台（盖尔称之为"辅助座位"）则可以结合环境的景观设计，为偶然的、少量使用者服务，因而它的布置可以比较自由。

座椅布置的位置应提供"后背的蔽护"，一种基本的布置模式是在道路一侧的凹入空间或较大空间周边之与连通的"龛"状小空间，这种布置有效减小公共空间可能对座位的干扰，也避免使座位区隔绝于公共空间之外。

当座位面向道路或大空间时，一个重要的问题是座位离路过行人的合适距离，近距离地观察路过者会使双方都不自在，甚至会妨碍路过者通行，保持双方距离在1.5m以上是必要的；当座位垂直于道路或大空间，就座者平视状态有时候不易观察清楚道路或大空间上发生的活动，多数情况下单个摆放是不合适的；座位以45°斜角与路面相交的状态介于上述两者之间，特别是两支长椅成90°布置（从而在路边凹进一个三角形），通常不失为一种良好的选择。

图 3-12
户外休憩的居民，海滨广场
Rest & Intercourse, Haibin Plaza

图 3-13
布置不当的座椅，骏景花园
Improperly Arranged Chair, Junjing Garden

第三章　珠江三角洲住区休憩设施的适用性

John James 于 1951 年所做一项研究，通过大量观察记录发现，结伴成群的户外活动者(步行、购物、游玩、游泳、工作等)，其中 74% 为两人结伴，21% 为三人成群，6% 为 4 人成群，仅 2% 为 5 人或 5 人以上成群的。在珠三角若干住区的观察的结果与这一规律的整体趋势是一致的，其中两人成伴或三人为组的最多，单人活动的不多，其中以休息的老年男性为主，4 人或 4 人以上的活动者基本是打扑克的中老年人，带小孩的母亲们或打球的少年，社区意识较强的住区形成较多人数活动群体的可能性明显较大。室外座椅的布置应该适应和引导这种社区交流的趋势，在主要的公共活动区边缘宜成组布置，而非海滨广场那样沿步行路平均布置，不能满足打扑克牌的人群的需求（见图 3-14）。

图 3-14　不适合围坐打牌的座凳布置，海滨广场
Improperly Arranged Bench for Group, Haibin Plaza

图 3-15　粗犷的凉亭和石座凳，广州奥园
Boorish Stone Stools, GZ olympic Garden

图 3-16　可坐的花坛边缘，中海华庭
Sitable Rindge of Parterre, Dynasty Court

图 3-17　可坐的花坛边缘，鸿瑞花园
Sitable Rindge of Parterre, Hongrui Garden

成组布置的座位相互之间的方位或朝向关系是值得思考的问题，围合向心的布置固然能满足某些情况下小群体活动的需要，但并不适合多数情况下两三人或单人就座的要求，造成座位资源的浪费。围成圈外向的布置比较实用，但又不易组织多人的交谈等活动。威廉·怀特在《小城市空间的社会生活》中对可移动座椅的城市公共空间大加赞赏，这在多数珠江三角洲住区难以做到，因为这对居民素质和管理者提出了很高的要求。不过作为某种折衷，选择少量可小范围近距离（比如三、五米）移动的、沉重的铸铁桌椅（比如白漆雕花工艺桌椅），或者在原地可以转动一定角度的座椅，使用就会灵活很多。相对而言，在非人流集中场所设置"辅助座位"的布置组合就可以自由许多。设置辅助座位的优点还在于它可以巧妙融入环境中，而在只有少量使用者时合理地发挥作用，避免出现大量正式座椅平时无人问津而造成萧条印象的情况。

上述的讨论表明了其社交方面的舒适性，而坐憩设施的物理性舒适则与人体工程学的关系密切。带靠背尤其是带扶手的座椅最受人们欢迎，适合就座的台阶、花台的高度、深度也需要仔细推敲，比如高度在 30～40cm 之间，深度在 40～55cm 之间。材料对舒适性也有直接影响，木质座椅通常是较好的选择，新型合成材料适应性比较广泛；间隙过大的条状或网状座位会影响舒适性，不宜久坐。

人们就座时对物理环境质量的要求比步行时更高，这种要求在夏季和冬季正好是相反的。就座设施布置的位置必须能避免夏季阳光的直晒，而且通风良好；由于珠三角的冬季较短，对冬季争取阳光和避免风吹的要求没有夏季对物理环境的要求强烈，但作为住区整体休憩环境中的一环，当两者无法兼顾时，也要为冬季的户外就座环境提供合适的位置，否则就会出现骏景花园人们为了能避风而在空荡的、无任何设施的架空层下自己搬座椅打牌的情况（见图 3-21）。

图 3-18
树边的座凳，星河湾
Stools beside Trees, Xinghewan

图 3-19
座凳，中信海天一色
A Stool, Zhongxin Sea-sky

图 3-20
俯瞰花园的凉亭，中海华庭
A Pavilion Overlook the Garden, Dynasty Court

图 3-21
避风的打牌者，骏景花园
Majiang Players Preventing Wind, Junjing Garden

从架空层的休憩功能来看，它是一种重要的停留交往空间，其中主要是就坐空间，架空层内布置的座椅应该沿边缘布置，并适于面向外部开放空间，这有两个原因：一是户外空间通常是住区休憩生活的集中舞台，架空层地面通常略高于外面，因而确保就坐者的视线畅通极为重要；另一原因是人的趋光性，一般架空层并不高，而光线照度越往里越低，所以一般情形下背着自然光面朝架空层里面就坐是不恰当的。不过由于座椅沿边布置，座椅背后如果有人们通行的走道（多数架空层进深不大），而且经常有人通过的话，就要考虑在座椅背后设置绿化之类的"屏障"，或者结合柱墙等把座椅方位旋转一定的角度，使就座者能同时保持对旁边走道的控制。根据大量观察，打牌下棋的人们通常更喜欢在有顶的空间活动，比如凉亭等，因而架空层内的就座设施中可以供人围坐娱乐的桌椅（凳）的比例应高于户外，而且要给围观者留出空间，在架空层某些地方布置一些茶座在不少情况下是行得通的。

3.2 小广场——集聚空间

人是社会性动物，人群集聚是其天性，由于人的聚集才使丰富多姿的住区休憩生活成为可能，户外人群停留、聚集是住区休憩行为的主要内容和表现形式之一。停留聚集空间是相对于纯交通性空间而言的，人群停留和聚集是两个不同的概念，人群停留泛指处于松散自由状态的人群活动，比如或坐或站的人们、结对散步的夫妇、打牌聊天的人们、奔跑嬉闹的儿童等，也可以说是处于多个分散兴趣中心的人群的多样化行为。聚集的前提是共同的兴趣或行为焦点；其次是一样的、相似的行为准则，比如在练太极拳的人群队列中就不能有人任意走动；另外还有适宜的物质空间形式，比如一定的尺度、有向心性的空间等。停留基本上是一种自发性的活动，而聚集可能是自发行为，也可能是有明确目的性的行为，比如参加小区业主联谊活动等。

住区休憩环境中，为适应居民交往、聚会及各种团体活动，各类向心性节点空间成为特殊的场所，这里通常也是最能表现住区活力的场所。

3.2.1 珠三角住区内小广场的概况

住宅区内的小广场，有时也叫表演场、户外剧场等，不同于一般概念上的城市广场，其差别首先直观地表现在尺度和规模上，住区内小广场通常只是一个方圆不超过二三十米的小型硬铺地节点空间。其次住区内小广场是供本住区居民使用的半公共空间，珠三角住区管理通常采用的封闭式半封闭式的模式则进一步强化了这一特征，与普通市民休憩广场有较大差别，前者同居民日常生活更加贴近。

珠三角住区内部的有硬质铺装地面的空间，通常可以形成两类不同用途的广场，可以概括称为交通性小广场和休憩性小广场。前者是指住区入口小广场、住区内部车行道交叉处形成的扩大空间或者消防车回车场等，主要作用是组织交通，但也不排除其他功能，比如骏景花园入口广场以八匹铜雕骏马形成住区标志性空间，具有景观功能，也是发展商展示住区魅力的重要手段；后者主要是供人们步行、停留、聚散和集会的休憩性空间。两种小广场虽然有使用目的的差异，但也并非截然区分的，存在着相互融合的可能性，有时还有必要性。

珠三角住区户外空间经常因为用地规模和建筑密度的限制，使得户外开放空间比较紧张，因此空间的多义使用显得更具有现实意义。另一方面结合休憩活动，也可以消除交通空间平时冷清而缺乏吸引力的局面。珠三角高层住宅区通常要形成环形的消防车道，但在不少

图 3-22
南国奥园的入口广场
Entrance Square, Nanguo Olympic Garden

图 3-23
创世纪滨海花园小广场
A Small Plaza at the Creation Vista

情况下难以做到这一点，按规范规定，应该在总长度小于120m的道路尽端，设不少于12m×12m的回车场地，这是适用于全国的最低标准，实际执行中珠三角地区往往采用更高标准，比如深圳，因为使用大型消防车，规定回车场不小于15m×15m，尽端道路长度也相应减短。由于回车场不允许有任何妨碍行车的设计，如果不结合休憩活动设计，是对本来就宝贵的住区空地的浪费。

珠三角住区内小广场，是随着近几年住宅区建设日益重视环境质量，倡导住区休憩生活多元化理念而出现和发展起来的，有时最直接的动因，则是发展商为了营造住区文化氛围，增强业主的凝聚力和归属感，同时有利于建立服务品牌优势，适应由物业管理处经常性组织的各类联谊活动的需要，而设计营造的场所。比如中海集团几乎所有开发的楼盘都设有小广场。

3.2.2 小广场的空间限定和围合

有广场就要有空间限定和围合的手段及要素。珠三角住区内小广场，最常见的空间限定手段或要素有地面铺装、高差变化、水面或绿化、柱廊等。由这些限定手段或要素形成的通常是内聚性向心空间，其最常见的平面形状是圆形，其次还有椭圆形、扇形，少数情况下有多边形、不规则形。

1. 地面铺装

硬铺地是住区内小广场的基本特征之一，由于铺地的材质变化而限定广场空间是一种自然但比较薄弱的限定手法。为适应多种使用目的，特别是举行小型业主露天舞会的需要，本地区不少小广场的铺地采用抛光花岗岩，抛光石材美观大方，容易形成良好的效果；为了防滑，抛光度通常并不十分高，细心周到的设计还有两个步跨范围内（即间隔1.2~1.5m）用"蚀刻法"做出防滑带，以避免发生意外，同时下雨时，管理处还会在小广场入口处竖警示牌提示住户注意防滑。这样的处理在深圳中海华庭、中海苑等楼盘的小广场都可看到。

星河湾的一处小广场，位于小区角上，靠道路交叉口，属于与城市空间交接的开放性空间，它的地面暗藏有旱喷泉的喷口和装饰灯带，强调它景观上的价值。

也有的小广场用广场砖、彩色水刷石等。比如东莞御景花园用广场砖拼贴出放射状花瓣图案，翠湖山庄则应用了彩色水刷石铺地。还有的采用道板砖、植草砖等，如采用两三种不同的材质铺地的组合拼贴，形成质感的对比，往往能起到良好的效果。

2. 高差变化

高差变化是限定广场的一项主要手法，对形成领域性和场所感有着极其微妙的作用。由于小广场有表演等功能，通常在广场周围设有可以供观众就坐的台阶，百仕达C区(中海苑)小广场边缘在平地上升起几个台阶，中海华庭的小广场建在小坡上，一边利用地势就坡做出台阶，另一侧以矮墙与游泳池隔开(见图 3-26)。海滨广场中心绿地上有两个圆形小空间，一个是利用环形台阶逐级下沉的下沉式广场(见图 3-27)，另一个是上升几个台阶的圆台(见图 3-28)。高差的变化一方面限定了广场的范围，另一方面满足小广场户外观看活动的要求，又丰富了空间的内容和形式。

3. 水和绿化

水是限定广场范围的有效元素，与水为邻的小广场常有别具一格的空间特色和场所特征，如同我们在翠湖山庄看到的那样，小广场(图 3-29)边缘以低矮的柱墩结合缆索创造出类似码头的意象。绿

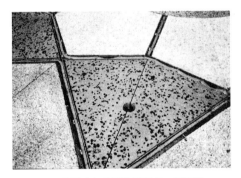

图 3-24　小型喷泉广场地面细部，星河湾

Detail of Small Fountain Square, Xinghewan

图 3-25　东莞御景花园小广场

Detail of A Small Square, Yujing Garden, Dongguan

图 3-26　中海华庭的小广场

A Small Amphitheatre, the Dynasty Court

图 3-27　海滨广场的下沉式小广场

A Small Sinking Amphitheatre, Haibin Plaza

化是经常采用的广场边界元素,但采用何种绿化对空间限定效果有较大影响。比如乔木不影响视线通透,并有遮荫功能;中等灌木可能阻断视线,形成较强烈的围合;矮灌木通常起到阻止行人穿过的功能;而草坪如果没有其他限定,通常会鼓励人们进入其中活动,这对于需要保护草坪的场合是不妥的,但在希望休憩活动自然延伸到小广场周边的草坪时却是很好的选择。比如开嘉年华会、业主自助酒会等作为活动中心的小广场,和轻松自然的草坪就可完美地结合起来。

4. 列柱或柱廊

列柱或柱廊是珠三角小广场空间形态的重要元素,对造就小广场场所感有很大作用。最常见的是单排柱呈扇面状布置,柱端有梁联系以进一步限定空间,比较典型的有星河湾的小广场(图3-30)。两排柱形成柱廊的例子有翠湖山庄(图3-29),这种类型适用于广场尺度稍大,靠单纯增加单柱廊的高度和柱距会显得单薄的情况。多数情况下柱廊都会同升起的台阶相配合,使就坐的人们背后"有所依靠"。设置柱廊还能便于安装灯光、音响设备,也便于悬挂横幅,这些也是人们乐于采用柱廊的原因。在有的楼盘,如广州奥林匹克花园,其中的小广场采用了类似列柱的形式布置了极具现代感的钢结构"柱廊",所起的作用类似于一般柱廊(图3-31)。

3.2.3 珠三角住区内小广场存在的主要问题与思考

1. 小广场尺度分析

小广场的尺度显然要与住区用地条

图3-28 海滨广场的小广场
A Small Rinsing Arena, Haibin Plaza

图3-29 翠湖山庄的小广场
The Small Amphitheatre, Cuihu Village

图3-30 星河湾的小广场
Colonnade of Small Fountain Square, Xinghewan

件、住区规模（服务人数）等相适应，但也并非简单的比例关系，而是有一个适宜的范围。根据小广场建设的实际，可以用广场的总面积、表演活动区面积、小广场长轴方向最远两点间的距离、表演活动区短轴方向两点间的距离等来控制小广场的尺度，有时柱廊的高度、柱间距也要考虑在内。

研究人员证实，个人空间大致以0～0.45m为密切距离，约0.45～1.20m为个人距离，人际距离大致以1.20～3.60m为社会距离，3.6～7.6m为公共距离。社会距离常属于非个人的事物性接触，如同事交谈，较远时则起着互不干扰的作用；社会距离是演员、老师、主持人等与观众正式接触所用的距离，这时所用的语言也较正式，为增强效果常需要提高嗓音并辅以夸大的动作等。在考虑广场的尺度时，必须考虑上述距离关系。比如有表演者或主持人时，保持首排观众离主持人3.6m左右的距离是合适的，但多于7.6m时，可能要借助扩音器，两者之间信息交流的程度也大大降低。人们之间相距约24m以内可以辨认对方，到14m以内才能分辨一个人的面部表情；距离3m左右时，人们之间才会发生实质的交往关系，户外环境设计中经常以20m～25m为空间尺度的标准，以使环境中的人们能够感知彼此足够多的信息，这种情况下的人与人的关系开始带有一定的交往特征和社会意义。

住区小广场的形成，一是有赖于它与住区道路宽度相比而言明显扩大了的尺度，另一方面则是它空间形成的向心或内聚特征。从表中可以看出，多数小广场是一个20m见方的小尺度空间，它与住区的规模

图 3-31　广州奥林匹克花园小广场的"柱廊"
Colonnade of Small Amphitheatre, Cuihu Village

图 3-32　华南新城集会广场的观众席
Auditoral of Amphitheatre, Huanan New City

图 3-33　华南新城集会广场的舞台
Stage of Amphitheatre, Huanan New City

没有必然的联系，更多服从于人们户外活动的行为规律；另一方面，一些尺度太大的广场并不适合居民的日常使用，比如华南新城的中心广场面积超过一万 m²，不但拥有宽阔的观众席，而且有一个由张膜结构覆盖的大舞台，基本上是为大型集会和演出而设计的，不像一个居住区的小广场。

珠江三角洲若干住区内小广场的尺度比较　　　表 3-1

Scale Comparison of Several Little Square in PRD Housing Estates

楼盘名称	规划户数	小广场总面积(m²)	表演活动区面积(m²)	广　场　特　征
海滨广场	—	314	85	约直径20m广场(下沉1.2m)
中海华庭	649	216	133	依坡滨水
金海湾	876	90 194	— 70	太阳广场 表演区带张膜顶棚
万科金色家园	1042	95	60	直径11m架空层内表演剧场
珠江帝景首期	7000	1100	—	直径约38m圆形艺术广场
南国奥林匹克	—	385	—	24m见方的梯形台阶广场
星河湾首期	1900	416	—	约5.5高柱廊，20m见方的旱喷泉广场

注：小广场的面积是指人们可以行走活动的面积，不包含绿化、水面等，表演区是指处于视觉中心的平坦地面。

2. 平地、下沉还是升起

小广场的表演活动区与周边地坪的（通常以主要道路标高为准）标高关系有等标高、下沉和升起三种情形，表现出有所差异的功能特征。等标高关系适应性强、使用方便、被广泛采用。下沉式或升起式广场如非地形条件原因，一般不鼓励采用，因为产生的高差往往会阻止居民到其中活动，不但老人和行动不便者，一般人也往往会在小小几个台阶前止步，所以尽管这两种类型的小广场有助于空间丰富和变化，也只适合特殊条件下的特定功能需要。深圳海滨广场是由几十栋高层住宅形成的小区，绿化带建在一条贯穿小区的暗埋市政排洪管渠之上，在这个绿化带上建成了一个下沉式小广场和一处升起式小广场，管理处常利用周末晚上在下沉式小广场举办舞会，而升起小广场经常在下午四点半钟以后和下午下班时间，有时至晚饭时间有各种产品展示和促销活动，有时一些不出名的歌唱小组会免费在此演出。观察发现，在下午居民户外活动高峰期间，在升起式小广场及周边停留的人明显多于下沉式小广场，无论哪个小广场，人们大都在广场边缘——在下沉式小广场梯级台阶上就座的人们也基本在较高而接近边缘的位置，很少有人在小广场中心活动，下沉式广场尤其如此，除了偶尔嬉闹的儿童和极少数穿过的行人。

这可能是因为中心是"舞台"、"表演区",一般情况下人们并不想暴露在众目睽睽之下。这种情形与心理学家德克·德·琼治提出的边界效应理论是吻合的。由于布置的限制,海滨广场下沉式小广场邻近的住区主要道路交通很频繁,路边还经常停放车辆,不少是大型货柜车(此处靠近皇岗口岸,不少香港货柜车司机在此购买住房),同时为了保护草坪,管理处在路与广场间设置了铁丝护栏,结果使居民进出下沉式小广场不太方便,也在一定程度上影响了其功能的发挥。相对而言,与周边没有明显高差的小广场非常方便人们走进去活动,并且通常适合多方面的功能需要。

3. 小广场与住区道路的关系

多数住区小广场尺度小,容纳活动人数有限,因而只需通过可供两人并行的步行小径联系就可以了,实际上不少住区小广场也是这样布置的,小广场的位置就比较自由,比如中海华庭的小广场建在小坡上,南国奥园在"南奥撒野公园"(建在山坡上的儿童野趣小游园)建有一个"儿童家长故事休息台"——设想的功能是唱歌、跳舞、讲故事等。一般而言,小广场要成为一个生动而有吸引力的"场所",通常要做到多功能使用,其前提是可达性和便利性,如果远离日常步行路线,其吸引力就会大打折扣,如果要满足展示、集会等社区功能,就更需要就近便利地到达。通过平时对中海华庭小广场使用情况的观察发现,通常情况下这里较少人停留活动,因为它相对独立、不受干扰,但同时也就有点隔离,与主要活动区缺少信息交流,这里偶尔有几个儿童活动,有人利用它的"僻静"在此打羽毛球。如果能结合主要人行道布置小广场,两者就能相互促进、相得益彰,做到两者空间的既相对独立,又能融为一体,比如南园奥园穿过入口广场进入小区内的一处小广场,紧挨着小区道路,而位于一条明显轴线的尽端,从位置和空间形式看,就比较适合住区集体性活动。

图 3-34
冷冷清清的下沉式广场,海滨广场
Desolate Amphitheatre, Haibin Plaza

图 3-35
创世纪滨海花园的小广场
A Small Plaza, the Creaion Vista

图 3-36
露天剧场的位置，中海华庭
Position of the Amphitheatre, the Dynasty Court

图 3-37
从台阶上看小广场，南国奥园
Looking down at steps, Nanguo Olympic Garden

4. 居民行为与小广场细部设计

前面已经指出，人们倾向于在小广场空间边缘附近活动，多数情况下不愿处于"点"（或"团"）状空间的焦点，因而从一定意义上讲，单纯扩大广场空间的尺度的做法并不能吸引更多的人们，反而可能使小广场显得寂寥冷落；另一方面，广场面积的增加并不一定带来自然状态下适宜人们活动空间的增加，所以如果不把小广场的功能局限于少数时间使用、一般时间无人问津的空间，就要充分关注和适应居民日常休憩活动。从居民行为特点出发，在一定程度上提高单位面积小广场活动人数和活力的方法之一是"划分"完整的广场空间，柱廊、台阶等元素并不仅仅起到限定空间范围的作用，它们同时也使广场空间出现"势差"，因而广场就有了变化，有了方向性，而其提供的就坐功能和"倚靠"功能（依靠柱、墙是获得安全感的本能）就有了充分的理由吸引休憩者。另外小广场上必须留有足够的可供人们就座的设施，不然会减少人们停留的时间，或者难以形成人们之间实质的交往关系。

在小广场，几个柱墩、一道矮墙、一个雕塑都会成为人们休憩活动的中心，因为你不能要求人们在空旷而平坦无物的空地上展开活动，人们需要某种"理由"。在一些休憩小广场，孩子们显然被从地面不知什么时候喷出的喷泉所吸引，不时小心翼翼地凑过去试试自己的运气，不巧被水淋到了就发出一片嬉笑声。东莞御景园的一处小广场除了圆形铺地把它从周围的草坪区分开来，并没有提供可以吸引休憩活动的细部设计，铺地的放射状图案所起到的作用就非常有限。

灯光可以大大加强小广场的场所感和吸引力，在中海华庭的小广场，阶梯边上设计了地脚灯，中海苑利用柱廊横梁底投下的射灯灯光强化空间效果，星河湾的旱喷泉广场在地面埋设了与喷泉效果配合的彩色光带。

5. 注重小型硬地节点空间

大致上，珠三角住区内的小广场空间主要是适应具备一定规模的正式活动，像管理处组织的业主联谊活动。在住区内部还存在经

图 3-38　露天剧场的看台，中海华庭
Auditoral of the Amphitheatre, the Dynasty Court

图 3-39　小广场中的表演台，曦龙山庄
Stage of the Amphitheatre, Xilong Garden

图 3-40　广场和柱廊，东莞御景花园
Square & Colonnade, Yujing Garden, Dongguan

图 3-41　小广场边的石柱，中信海天一色
Stelae beside the Small Plaza, Zhongxin Sea-sky

常性的小型群体（一般不超过十人）活动，这类活动通常是自发性活动，人数多为三五成群，比如儿童玩耍、打牌下棋等，还有一种比较典型的活动是中老年妇女一起练剑、跳扇子舞等。这样的活动需要小型的硬铺地节点空间来支持。同小广场一样，这类空间也具有明确的围合和空间限定手段，但尺度却很小，通常只有五六米见方，经常是步憩线性空间上某点"胀大"而形成，从步憩角度看，这是丰富空间或景观形式的必要手法，给步憩者提供趣味点；而从小型群体活动参与者而言，这类空间却具备多样化的使用价值。这种小节点空间通常比小广场对私密性、防晒、防噪等有更高的要求，因为通常它的使用时间并不固定，而且延续时间更长。

以较为广泛的概念看，小型节点空间也可看作住区内小广场的一种特别形式。从住区休憩空间体系来看，这类空间可以看作组团、宅前或架空层等处更接近居民的空间，因而数量可以有多处，空间形式和特色可以丰富多彩，布局手法可以更为灵活。

综合以上分析，可以得出小广场规划设计的一些基本原则：

(1) 靠近主要的人行路线，方便人们有选择地进出。
(2) 合理的尺度。
(3) 如非地形特点或特别需要，一般不要做下沉或高台式小广场。
(4) 适当的空间限定手法及营造一定的趣味中心。
(5) 能支持多种使用方式和不同人群规模的适应性。

3.3 开发珠三角住区公共空间的休憩价值

住区公共空间中，有些能较好地发挥其休憩功能，有些则未引起人们充分的重视，有的缺乏足够的吸引力，这就要求规划设计从休憩体系的全局观念予以完善。下面结合珠三角住区的案例探讨开发住区公共空间休憩价值的途径。

3.3.1 住区内的商业服务与休憩空间

住区内商业边缘空间，主要是连续的店面外形成的公共空间，这些空间以可供人们通行的硬铺地面为主。住区内的商业边缘空间通常有几种形态：一是沿住区主要交通道路一侧或两侧的小商铺外

图 3-42
位于小区中心的400m长的商业步行街和购物广场，广州雅居乐

400m Mall & Shopping Plaza in the Center of Agile Guangzhou

的空间，属于车、人、商业合一的形式；二是休憩绿地或广场周边布置的商业空间；三是步行商业街。另外由于商业在住区中的位置不同（如在住区入口外，住区内部或组团内部），边缘空间也呈现明显的差异和特点。

人流集中是商业成功的前提之一，机动交通往往会强化商业气氛，这在城市商业街道上经常可以观察到，对于住区来说出入车流也能起到类似的作用。不过住区内的商业设施与城市商业街有一定的差别，住区的商业以提供日常购物和服务为主，居民对这些店铺熟悉程度很高，日常消费活动通常带有休憩的特征，我们可称之为商业性休憩行为（休闲餐饮、休闲购物等）。沿住区主要道路的商业空间通常是"效率型"空间，不易形成有吸引力的，与商业性休憩行为相适应的住区商业边缘休憩空间，因为不论驾车者还是步行出入者大多目的性强而急匆匆地通过。这样的地方适合布置菜市场、银行、邮局、家具店等，服务对象可以内外兼顾，就像海滨广场入口附近那样。当然在车流量不大的情况下，沿道路商业户外环境也可以增加其休憩气氛。

休憩绿地或休憩广场周边布置的商业，由于休憩人流和商业活动自然地融为一体，因而可以相互影响，激发出更多的生活气氛和活力。根据在海滨广场等地的观察，面向或靠近中心绿带的店铺多数要比沿交通道路边上的店铺有更多居民光顾。

住区内的步行商业街（或称"街市"、"集市"，多数商业街不排除紧急情况下车辆通行），是近年来珠三角商品住区经常出现的商业与休憩融为一体的空间。从深圳四季花城的步行入口进去，是一条中间设有绿化休憩带、两侧住宅首层为骑楼式商铺的街道（当然也可称为绿化带），居民的步行出入活动与购物和休憩活动在这里交汇，使这个空间充满了活力，这种商业街属于交通性商业街。也有在住区一隅独立于主要步行路的商业街，像星河湾在小区边缘设置的一

图 3-43
住区主路边上的商业空间，海滨广场
Commercial Space beside Road, Haibin Plaza

图 3-44
台阶令顾客不便，海滨广场
Steps Make Custom inconvenient, Haibin Plaza

处小小的步行街市,这条小街仅四五米宽,中间自由栽种了几颗棕榈树,尽端有起标志作用的塔楼,有的饮食店将桌椅放在街上,使之充满休闲生活气息,又有浓厚的异国情调,发展商称之为"夏威夷风情商业街"。在一些居住区(比如华侨城),在两排住宅之间的空地上也逐渐发展出一些"食街",很多人喜欢坐在户外吃饭聊天,这里有时还会吸引不少慕名而来的外来食客。

住区商业边缘空间要形成和发挥其休憩功能,必然依赖于环境要素的整合,室内商业空间开敞式布局(就像路边的鲜花店、杂货店外水果摊等)对休憩环境的作用是通过渲染环境气氛而吸引行人驻足,同时作为环境中的视觉要素和"趣味点"来丰富休憩活动。餐饮类店面延伸到户外则可能强烈吸引居民就坐,其前提是这样的就坐区必须舒适,也就是没有吵闹的声音、没有贴近穿行的路人、避免日晒、通风良好等等。而道路边要做到这些并不容易,因为这需要较宽阔的人行道,才能减少路面上车辆对就坐休憩消费的人们的干扰。对于休憩绿地和广场边上的就座休憩活动,人们受到不良干扰的机会相对减少,但有时也要区分不同的情况来组织不同的休憩活动。一般来说,绿地或广场边上的就座者的主要乐趣之一是观察和欣赏外部环境的景致,呼吸新鲜空气,感受温暖阳光和微风的抚摸,而另一项乐趣则是观察在绿地或广场上活动的人,因为人们通过"人看人"这种方式取得某种联系和信息交流,认识并熟悉自己所在的社区,进而获得认同感和归属感。但是就座吃饭、饮茶的观察者并不希望自己的消费过程受到其他形式休憩活动的干扰,他们希望获得对就座场所的"控制",在很多情况下,这样的户外就座区与儿童游戏场之类较喧闹的场所为邻并不适合。同时设计中经常通过高差变化(即提高几步台阶)来划分外部空间的领域,也有的局部使用矮栏杆等限定领域。

从另一方面来看,商业活动以及由此而来的人流聚集和各种行为是人们欣赏的内容,不单前面所说的鲜花店、书报水果摊,还有其他各种不同的视觉内容反馈给

图 3-45
以步行街为主要休憩带,四季花城
Commercial Walk Street as Rec. belt, Sijihuacheng

图 3-46
步行街,海滨广场
Commercial Walk Street, Xinghewan

路过者或旁边的观察者。在某小区内兰州面馆外，人们透过落地玻璃可以看到师傅熟练的拉出细细的面条。人们还可以看到美发厅内时髦的青年男女，甚至一个路过者还可以听到顾客向店员抱怨洗衣店洗坏了他的西装……，总之，住区内与商业活动相联系的人们创造出多彩多姿的生活场景，就像一幕幕现实生活的真实戏剧。有些设有室外座椅的商业空间通过视线建立起内外的联系。星河湾某组团内部住宅首层的小咖啡馆就属这种类型，咖啡馆窗外即是清澈的溪流，金色的游鱼往来歙乎，一道木制小桥跨溪而过联系着中心绿地，这道溪水看似分隔了中心绿地和室内(半室内)休憩活动，实则是在两者之间建立起相互欣赏的绝佳纽带，人们隔溪相望增添了好奇感，又具备了充分的理由，因为不至于让人觉得不礼貌。与此相反的情况正如扬·盖尔所说"没有活动发生是因为没有活动发生"，这是户外活动自我强化的过程。

图 3-47
隔溪相望，星河湾组团内的咖啡厅
Looking the Cafe over Broom, Xinghewan

在珠三角住区建设中，发展商往往能逐渐认识到住区外部景观和建筑设计本身的重要性，但并非所有的发展商都能认识到住区休憩生活本身的营造，所谓"给您一种理想生活的模式"之类的宣传语实际无法做到。出于对整齐、洁净、安静、安全、便于管理等的考虑，不少发展商对在住区内部、特别是组团内部设置商业设施(特别是容易产生污染的餐饮店等)持消极态度，这本身无可厚非，不过却在某种程度上失去了城市住区生活的多姿多彩，也无助于建立起有凝聚力的社区，因为人们对居住地的记忆经常被具体到某个"买杂货的大嫂"，或是"某家小店的灌汤包子"等等。

3.3.2 住宅架空层作为休憩交往空间

住宅架空层一般是指住宅底层或住宅楼在其裙房屋面上一层取消内外围护体，仅保留结构部件(如柱、剪力墙)及一些必要的室内空间(如电梯间、楼梯间等)而形成的半开敞公共空间。这里通常是人流最多、聚集程度较高的地方，作为室内空间与外部露天空间的过渡，这里兼具两类空间的某些特征，提供了广泛而随意的居民交往环境，极大丰富了居住休憩环境，对促进大众日常活动和社区繁荣有着潜在的作用。在珠江三角洲地区，由于这种设计对本地气候的良好适应性以及有助于在高密度住区增加休憩活动空间，因而得到了广泛的采用，也取得了不少宝贵的经验。

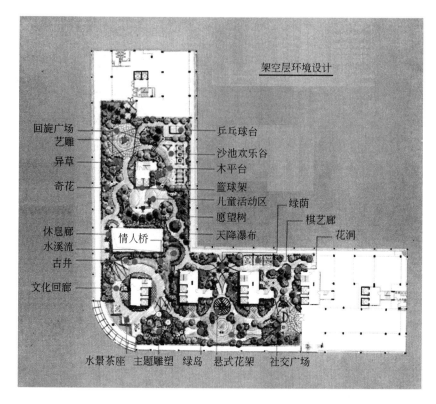

图 3-48
架空层内环境设计，
广州东圃汇友苑
Facilities in Open G-Floor Space, Huiyou Garden, GZ

　　珠三角地处低纬度，夏日漫长，太阳辐射强烈，空气平均湿度较高，雨量充沛。本地区架空层对气候的适应表现在遮阳、通风和蔽雨等方面。在长夏的多数时间，架空层下的阴凉对户外活动是十分必要的；架空层可以有效组织地面气流场，这对于建筑较密集，围合程度较高的住宅区显得尤为重要；在不少楼盘，架空层由于住宅的拼接而连为一体，成为雨天的步行通道。

　　架空层内的空间，去掉了必要的电梯间、楼梯间、住宅入口大堂等，再受到柱、剪力墙的限制，通常空间已比较局促，难以布置较大的活动设施，不过有的楼盘却能因地制宜，做出富有特色的架空层休憩空间。万科金色家园将五栋联体高层住宅的底层大部分架空，除了少数交通核面积和少量的室内休憩空间（如乒乓球、桌球、棋牌、影视室、儿童娱乐室、健身房）之外全部架空。架空层内花草茂盛、竹影婆娑、怪石嶙峋，结合儿童游戏设施，形成每一部分各具特色而富有野趣的架空层休憩空间，架空层局部去掉楼板，布置了两层高的半个篮球场（图 3-51）。

图 3-49　架空层内的竹林，金色家园
Bamboo in Open G-Floor Space, Jinse Garden

图 3-50　架空层内一景，金色家园
Sence in Open G-Floor Space, Jinse Garden

图 3-51　架空层内篮球场，金色家园
Basketball Ground in Open G-Floor, Jinse Garden

图 3-52　高敞的架空层，中海名都
Sence in High Open G-Floor, Zhonghai Mingdu

　　广州中海名都的架空层高敞通透，装饰典雅，富有感染力（图 3-52）；广州锦城花园架空层的一大特色是形态各异的植物从外面自然延伸到架空层，弱化了架空层与开放空间之间过渡的生硬感，而这种建筑边缘绿化占了楼盘整个绿化面积的相当一部分比重，成为改

图 3-53
架空层内运动器械场，金色家园
PE Ground in Open G-Floor Space, Jinse Garden

图 3-54
高敞的架空层，锦城花园
Greenery Sence in Open G-Floor, Jincheng Garden

善绿地生态效果的重要手段（图 3-54）。广州怡安花园朗晴居利用架空层一角做出了一方枯山水小景。

一般而言，架空层的层高在 3.0～4.5m 左右可以满足普通的休憩活动。架空层过低会产生压抑感，而内部的光线阴暗，则其休憩价值就几乎不复存在了，这时架空层只适合放置自行车、摩托车或布置短距离穿过的步行路，放置任何休憩设施可能都是浪费。过高的架空层主要是影响楼盘的经济性，因此尽管规划管理部门鼓励建较高的架空层（如深圳规定架空层梁底净高大于、等于 3.6m，架空部分面积完全不计地价），但实际这么做的发展商很少。这种楼盘往往有良好的周边景观，高旷的架空层有助于欣赏美景，比如华侨城世纪村架空层高达 7.5m，完全用作绿化。

以上分析表明，珠三角住区特别是城内住区的架空层休憩空间具有极高的开发价值。开发架空层的阻力之一来自经济方面，毕竟这里的空间通常更具商业价值，在楼宇有净高限制时尤其如此；另一个困难来自技术方面，因为它不但有顶部楼板、柱和剪力墙的限制，地面通常也是地下室顶板，无形中增加了设计的难度，营造富于变化的架空层空间尤其如此。但这些都不足以抵消架空层内休憩设施具有的优势和价值。

3.3.3 室内停留交往空间

室内停留交往空间，是特指住宅入口大堂、会所大堂等室内空间，有时也可以包括楼梯间或电梯厅等，一般来说属于交通枢纽。不设电梯的多层住宅一般不设大堂或仅设一个小过厅，这里也没有保安管理，也不设休息座椅；有电梯的小高层住宅一般有大堂，但通常不设保安，而住户较多的高层住宅相应设置有保安管理的较大门厅，因而业主在门厅碰面的机会就大大增加。对于城市中心户外休憩空间狭小的楼盘，在会所设置休息区有利于促进交往活动，这样的休息区可以布置成组的座椅或沙发，有杂志，还可以放一架电视，最好在管理员视线所及范围内。将两栋甚至更多的住宅楼的大堂合一，或者由一个入口（有管理员）进入再分流到各栋住宅的交通核，这样布置的好处是，一方面管理人员可以减少，另一方面，有可能集中设置有吸引力的休息交往空间，增强室内空间的活力。住宅入口大堂设计，在珠三角不少楼盘中得到了重视，深圳创世纪海滨花园的入口大堂层高较高，装饰典雅，安装了枝形吊灯，设置了金鱼缸、书法壁挂装饰品；翠湖山庄的高敞住宅大堂带有中式风格；万科俊园则是极尽奢华之能事。

住宅内部楼梯间、电梯厅通常是狭小的交通空间，一般属于不易形成交往的消极空间，电梯轿厢中的人因为不得不与他人挤在一个狭小空间，出于对自己领域性的保护大多选择沉默，而没有什么偶然因素可以打破这种沉默；楼梯间内的居民要么前后行走，要么擦肩而过，也不易形成交往。但是带小孩的家长更容易从尴尬的沉默中解放，因为儿童没有多少交际障碍，他们也不会太在意别人对自己言行的看法，他们更容易认识别人，而他们自身也容易成为大人认识的途径。这样的事实启发我们可以在楼梯间、轿厢之类空间设置一些小玩意，比如一幅滑稽的漫画、一个脑筋急转弯的问题，这些小玩意经常更换，不断给人以新奇感，而且增加成为陌生人之间共同话题的机会，这应该成为一个有水准的物业管理处塑造社区文化的一个小环节。

珠三角不少楼盘都有一个完整的会所，不少会所都有一个富丽堂皇的大堂，这些大堂面积不小、方整对称，却往往不鼓励人们停留和就坐，或者就要你到收费的咖啡厅去坐，总之是希望把你尽快分流到一个个独立的休憩空间（如游泳、打桌球）。假如我们以另一种思路出发，更多强调使用者的需要，并以上述的思考充实这一空间，会所大堂作为停留交往空间的作用将大大加强。

珠三角目前的住宅平面设计，总体来看形式比较雷同，形成了一些"经典平面"。这些平面一个共同特征是很高的实用率，这本无可厚非，但有时这样的"效率"造成电梯候梯厅和走廊狭小阴暗，搬动较大的家具尚且成问题，更谈不上营造良好的室内休憩空间了。在另一些设计里，电梯厅和走廊适当扩大，并获得良好的采光和通风，种植一些植物，立刻使空间质量得以改观，这样的实例有香港荃湾祈德新村等。

在前面的章节，曾经提到广州丽水庭园在住宅顶部设置了一个可以眺望珠江的公共观景廊，这是开发室内休憩交往空间的一个有益尝试。这样的场所应该有专人管理，有茶点供应并最好能结合某些娱乐活动，以设法吸引人们坐下来，否则单纯的观景功能是难以维持的。

由以上的分析可以得出这样的结论：一个富有吸引力的室内休憩交往空间的要素应包括：（1）保持信息输入的流畅，如视线；（2）共同感兴趣的关注点；（3）停留交往行为与娱乐活动的自然融合；（4）停留交往小环境的布置；（5）尽量做到良好的采光通风；（6）有效的管理和服务。

3.4 特定的户外休憩场地

3.4.1 户外儿童游戏场地

居住休憩环境中的儿童游戏空间通常占据了不可缺少的独特地位，尽管有些住区也设计了老人活动场、青年之家之类的场所，但没人会相信这些场所仅仅为某类人服务——只有儿童游戏场是完全属于孩子们的，尽管边上有时会有成人陪伴照料。

在珠三角早期建设的一些商品住宅区，儿童的游戏场和游戏设施常被认为是可有可无的，像海滨广场是由几十栋高层住宅形成的较大住区，却几乎没有配备什么适合儿童的游戏设施，曾经仅有的、简陋的游戏器械属于一家私立幼儿园，被圈在铁栅栏之内。这种情况的出现与众多发展商各自经营，谁也不愿为他人做嫁衣的心理有关，也与政府部门的管理协调有关，由市政统一建造的中心绿地也未考虑儿童游戏场。即使有一些游戏设施，这些由成人想当然设计的设施通常也显得单调乏味，对儿童游戏心理的考虑和认识不足。

珠三角不少近期建设的楼盘中，受关注较多的是视觉效果的美感，对居民的行为模式及其对环境的需求重视较少，儿童游戏场有时被认为影响视觉效果而受到有

图 3-55
儿童游戏设施，广州碧桂园
Children's Play Facility, GZ Biguiyuan

图 3-56
架空层内游戏设施，金色家园
Play Facility in Open G-Floor, Jincheng Garden

意无意地排斥，即使一些楼盘的儿童游戏场及其设施受到了关注，但这种关注更多的是面向孩子的家长——因为看上去体面的儿童设施对促使人们购楼有所帮助，因此尽管不少住区购买了成套的色彩鲜艳的、安全的游戏设施，但这些设施在住区中布局和组合关系上却缺乏深入的推敲。

影响居民区儿童游戏场所吸引力的主要因素：一是规模，二是距离。游戏场所的规模指活动空间和范围的大小以及游戏设施、器械的丰富程度。儿童游戏行为的特点是喜欢多样化、变化多端的活动，可谓"心无常性，见异思迁"；另外儿童在人多的地方情绪高潮，有所谓"人来疯"的特点。较大的游戏场所儿童更容易找到玩伴，在有家长陪伴时，也促进了家长之间的交往。研究结果表明，儿童游戏场的规模与其吸引力或辐射范围成正相关关系。珠三角地区城市商品住宅区不少规模有限、住户较少，难以设置足够的休憩设施，特别是儿童设施。亚历山大认为，为了达到一个合理的接触量并成立游戏小组，每一儿童必须至少和五个年龄相仿的儿童保持接触，而做到这一点，按概率分析得出的住户数量为不少于64户（按每户3.4人计算）。需要指出的是，这个判断依据的是西方国家低层住宅区的儿童活动，而珠三角高层住宅区的儿童户外活动由于居住高度和密集度，对独生子女安全的担心等原因可能大大减少，那么满足上述游戏小组的居民户数下限可能要提高数倍（有专家认为应在150～200户左右）。而要进一步地形成一个较大规模而确有活力的游戏场，200户居民是远远不够的，把这个数字增加到5～10倍，按户均面积 $100m^2$ 计，达到10万 m^2～20万 m^2 的中型楼盘，也就有可能建设包括儿童游戏场在内的一定规模的休憩设施。

政府加强协调和管理职能也是非常必要的，比如几个小楼盘在合适地方和距离内建设较为集中的儿童游戏场等设施；另一方面协调好住区内幼儿园所属游戏设施与住区游戏设施的关系。珠江三角洲住区内规划的幼儿园产权属于国家，但大多是商业营利性实体，通过租用幼儿园用房经营，在不少住区内，幼儿园小院内游戏设施很多，园外却很少，尽管这反映了市场规律，但如果在建设之初理顺产权、使用权等关系，就有助于形成更有吸引力的儿童游戏场所。

距离是与规模相互制约的一个因素，规模大的休憩场所，尽管其服务辐射半径增大，但与居民家庭的平均距离也增加。这个距离通常以步行时间长短来衡量。大量研究证实，将这个步行时间控制在五分钟（最好三分钟）以内是必要的，否则较远住户的孩子去游戏

图 3-57　儿童自有他们的乐趣，广州奥园
Children Have Their Intrests, GZ Olympic

图 3-58　围绕儿童游戏场的座椅，鸿瑞花园
Chairs Around Children' Play-ground, Hongrui

图 3-59　孤零零的游戏设施，创世纪滨海
Lonely Playing Facility, the Creation Vista

场的几率就大为降低。如果能从住户房内直接看到游戏场则能诱发不少游戏行为。日本的一项调查发现，当住户到游戏场的距离在50～100m之间时，游戏场使用率达70%；距离为300m左右时，使用率降至30%～40%；距离增至550m时，使用率仅为4%左右。可见距离是影响游戏场利用频度的重要因素。

没有经验的设计师通常以一种概念化的思想来设计儿童游戏场所，儿童游戏场往往被他们布置成"儿童专有"的、独立的，并且相对隔离的场所，除非这样的场所富有某些新奇的特质，孩子们通常并不领情，他们宁愿选择热闹的路边、住宅入口附近这样的地点，因为这样的布置阻止儿童有效地参与到大众生活中去。

另一方面，在城市家庭基本都是独生子女情况下，出于对儿童独自活动的担心，很多儿童都是在家长监护下玩耍，不少儿童游戏场地缺乏对这些监护者的关怀，比如没有供他们休息的座椅。在深圳鸿瑞花园，围绕儿童游戏场布置了廊道和座椅，更好发挥了休憩空间的功能(图3-58)。

将各种游戏设施分散在各栋住宅的房前屋后，这种就近的使用模式通常只适合极为简单的游戏器械，如跷跷板等。但把各种器械或设施简单地集中在一起，彼此之间形成一小块一小块互不关联的器械区，每个区又按事先确定的游戏模式去活动，这种传统的布置方式无疑会限制儿童游戏的热情和创造力的发挥。弗理德伯格在儿童游戏场设计中创立的"连接法"，将各种游戏设施或器械连接成一个个游戏圈，使儿童游戏活动形成能不断提供富于变化的刺激而彼此关联、相互激发的整体[1]。连接法的设计建立在细致观察的基础上，证实是一种更成功的设计，它同时也表明，传统的认为儿童玩耍是为了消耗其过剩精力的理论是片面的。

艾利斯认为一个好的游戏场应该使儿童对参与的活动不断作出反应，这种反应随游戏的进行和深入而变得越来越复杂。这也说明许多传统的游戏设施对孩子们缺乏较长时间吸引力的原因，即这些设施过于简单，缺乏足以引起儿童好奇心和探索愿望的足够的复杂性。一些简单的游戏设施与滑梯、跷跷板难以支持富有激情而持久的儿童游戏活动。

总的来看，珠三角不少住区楼盘已经开始注意了儿童游戏设施的新奇性和多样性，深圳金色家园、广州奥林匹克花园的儿童游戏设施设计得较有特色。南国奥林匹克花园的发展商则领先一步，做了许多有益的尝试。他们在住宅区相对隔离的马路对面规划了一处"撒野公园"，为2~15岁儿童规划了一处富于刺激性、冒险性的撒野场所，儿童在这里可以玩沙、捉泥鳅、摸鱼，也可以爬树、走吊桥，可以玩守碉堡、打野战，也可以戏水踢球，还可以自己动手做风筝、陶艺、木雕等。这些活动对于在城市居住的儿童来说显得尤为可贵（图3-60 发展商宣传资料）。

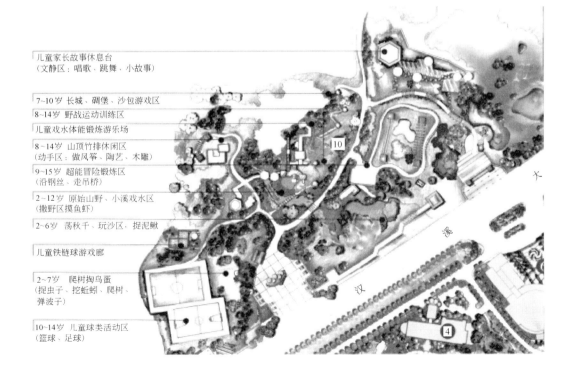

图3-60
南国奥林匹克花园中"撒野公园"的总平面
Site Plan of Adventure Play-ground in Nanguo Olympic Garden

图 3-61
可随意摆弄的儿童游戏设施能带来最大快乐

Facilities Children Can Bandy about Make Happiness

图 3-62
儿童游戏设施,广州奥园

Children's Playing Fac., GZ Olympic

冒险游戏场最早出现在欧洲,后来在美国等其他地方扎下根来,它充分鼓励儿童发挥其自由的天性和最大创造潜能,又要求他们通力合作、相互学习,是普通儿童游戏场的必要补充,当然其作用的发挥有赖于大人们的正确引导和细致入微的管理。

一个好的具有"游戏价值"的游戏场所的设计,正如艾利斯建议的那样,应具备以下品质:(1)能使儿童以尽可能多的方式玩耍;(2)能够促使儿童一起玩耍,儿童有了玩伴并结伙成群就玩得更开心;(3)减少对儿童玩耍行为的人为或非人为的抑制。从这个意义上讲,一些看似貌不惊人,可以随意摆弄甚至移动的器械,却往往比那些光鲜漂亮的固定器械更具有游戏价值。[2]

3.4.2 游泳池和戏水池

1. 游泳池、戏水池与居民休憩

游泳池和戏水池都属于参与性人工水体环境,一般认为游泳池是供成年人或青少年使用的,而戏水池是供婴幼儿(以及他们的照看者)使用的。近年来随着珠三角地区商品住宅楼盘竞争的需要,休憩环境受到日益重视,这类参与性水体几乎成了新建楼盘必备的内容。这种情况与本地区气候适宜,居民普遍比较喜爱游泳活动有关。根据调查,多数住区内游泳池的开放时间从 5 月初就开始,一直到 10 月底甚至 11 月,持续时间超过半年,这在我国北方地区几乎是不可能的;而根据在不同住区的大量走访和观察,发现多数游泳池的使用率很高，有时甚至人满为患而引起业主的报怨（比如在广州骏景花园居住的白领人士较多，不算小的游泳池常被业主反映不够使用），这与其他休憩设施相比是少见的。

前面章节的研究已经指出，珠三角地区居民游泳的月平均次数和每次游泳的平均时间，都呈现女性略高于男性的特点。从年龄上看，小学生的月平均次数最高约 10.5 次，中学生就急剧下降到一半水平，其后随年龄增长逐渐下降，老年人的平均次数已接近于零；而从每次游泳的平均时间看，以 30 岁以下成年人最高（56.0 分钟），再随年龄减少或增长呈下降趋势，呈现倒"V"型图线。应注意的是，上述数字是那些参加了游泳活动的人的情况，如果以所有人口平均，相应数字会有所减少。

根据对管理处员工的访问和笔者的观察，在游泳者中，多数是带小孩的家长，有夫妻两人带小孩的，但更多是夫妻一方（尤其是母亲）带小孩的，比如在海滨广场，母亲带小孩的比率约占总数的 40%，夫妻两人带小孩的占 30%。从活动性质来看，真正游泳的不多，学习游泳的和戏水的居多，比如在海滨广场三者的比例大约是 30%、30% 和 40%，在其他一些楼盘真正的游泳者更少，戏水者更多。这种情况与活动者的性别、年龄、职业构成等有关。男性活动者大多会游泳，他们在游泳池里的基本活动模式是沿某一固定方向来回游动；单身或结伴的女性会游泳的比率比带小孩的女性要高，学习游泳的热情也较高；带小孩的成人注意力基本在小孩身上，他们要么是陪小孩玩，要么是教小孩游泳；有些母亲（年纪在 30 岁上下），纯粹是带小孩来玩，她们基本不游泳（或不会游泳），也不学习游泳，不少母亲甚至不换泳装站在或坐在岸上照看小孩；游泳者多数时间都呆在池边，或在岸上休息。

珠三角住区内的游泳池多数设有儿童戏水池，以适应不同的需要，戏水池与游泳池相邻且彼此分离，水深仅 30~50cm 深，面积较小。

2. 珠三角住区游泳池的规模与服务人口

根据在珠三角几个住区所做问卷调查反映的情况，游泳（含戏水）人口占住区总人口的比例大约在 25%~45%，游泳池的大小与其服务的住区人口应有一定的比例关系，但这种关系很不确定，根据楼盘和业主的特点有很大差别，如表 3-2 数据。

珠江三角洲几个住区游泳池(含戏水池)的面积及其服务人口　　　　表 3-2
Area of Swimming Pools & Population Be served in Several PRD Housing Estates

楼盘名称	住区总户数	游泳池面积(m²)	百人拥有游泳池面积(m²/百人)	游泳池特征
荔港南湾	10000	1000	2.5	天域动感泳池
天骏花园	1072	2000	46.6	不规则的阳光泳池
中海华庭	649	约510，其中：矩形池270 曲线池240	22.5	约25m长的矩形池和不规则的仿沙滩泳池，通过桥洞联通，另设一处微型戏水池
金海湾	876	约990，其中：矩形池660 沙滩池330	32.3	逾40m长的矩形池和不规则的沙滩泳池，通过桥洞联通，另设一处微型戏水池
世纪村	2000	约770，其中：扇形池650 儿童池120	11.0	
鸿瑞花园	1128	约600	15.2	

应当指出的是，较小的楼盘设置游泳池是很不经济的，比如一个楼盘小于5万m²，按平均每户100 m²计约500户，按每户3.5人计就有1750人，这样的人口规模勉强支持一个小型游泳池，但如果游泳池太小，比如小于100 m²，其功能就很难发挥，而与游泳池配套的设备房，更衣淋浴间不能减少很多，管理员通常也难以减少，反而得不偿失。

住区游泳池设施、设备质量和服务水准通常高于一般的社会游泳池，而规模又与之有较大差距，因而多数情况下不靠门票收入是无法营利的，否则就要降低服务水准，它往往是作为住区内的一项服务提供的。珠三角住区游泳池的收费以10元~15元居多，通常不超过20元，以中海怡翠山庄为例，该小区的游泳池在开放的月份，平时开放时间是17:00~19:00，门票10元、儿童5元；假日开放时间是17:00~20:00，门票20元、儿童10元。平时的平均人数约为80人，假日可达150人左右，收入与日常维持费用大致持平。

关于休憩用地从冷清、有活力、热闹再到产生拥挤感的描述，同样也适用于游泳池中的人们，在游泳池(尤其是住宅区的游泳池)人们比普通的外部休憩空间似乎更能接受较高的密集度和较小的间隔距离，这可能与儿童往往占游泳者的较高比例有关，他们和家长一般不会太介意拥挤的环境。真正的游泳者就不一样，因为左逃右避让他们不胜烦扰。在一个闹哄哄的、以戏水人群为主的游泳池中间，不同活动者之间最小的距离可以参照社会距离的上限和公共距离的下限，即 2.0～4.0m 左右；但在池边，人们可以接受甚至小于 1.0m 的间距。可见游泳者表现出对环境的很高适应性，这种情况类似于在走道、楼梯间或电梯中的情形。

3. 游泳池的位置

游泳池在住区内的位置通常并没有特别的约束条件，因为游泳活动属于那种需要一定程度的准备和计划的行为，与一般的自发性休憩行为有较大区别。在这种情形下人们可以接受比一般的休憩性设施更远的或更不显眼的位置。把游泳池放在高层住宅的裙房屋面上通常是不得已而为之，比如广州华标广场，其他楼上的住户要经门卫进入这栋住宅才能到达游泳池，这就使其被认知度和意象性在大为减弱。

由于游泳池经常是住区内的主要造景地点，而它客观上又需要较大的空间，因而楼盘在设计中都乐于将它们布置在中心绿地核心的位置，成为周围住宅观景的焦点，也成为这些住宅的一个卖点。游泳池与会所也没有必然的功能上的联系，两者的联系往往是通过设在会所内的更衣淋浴间建立起来的。会所内的咖啡厅、健身房等空间能看到外面游泳池的景观，是会所设计的一个常用布局手法，它有助于建立起不同休憩者之间的联系。但是游泳池并不适合穿过会所的大堂才能进入，它应该有相对独立的入口，尤其是在会所内有餐饮设施或阅览、休息这类区域的时候。

游泳池尽管可以成为一个不错的景点，但同时它也有其私密性要求，游泳者并不希望暴露在近距离的关注之下，我们可以把能相互看到对方表情的 14m 的距离作为"门槛"，避免住户的窗户与游泳池边主要休息区的距离小于 14m；同时尽量把可以

图 3-63
从会所俯瞰游泳池，锦城花园
Overlook Swimming Pool from Clubhouse, Jincheng Gar

图 3-64
室内游泳池，东海花园
Indoor Swimming Pool, Donghai Garden

图 3-65
假山隐藏游泳池更衣室，百仕达花园
Stone - covered Change - room of Swimming Pool, Baishida Garden

图 3-66
假山隐藏游泳池更衣室，翠湖山庄
Stone - covered Change - room of Swimming Pool, Cuihu Garden

辨认游泳者的位置控制在 20~25m 之外，从而避免游泳者产生被路人围观的心理感觉，另一方面也避免像海滨广场游泳池那样对周围住户产生不良干扰。

4. 游泳池与更衣室

更衣室是游泳池必须配备的设施，主要包括更衣区（衣柜室）、淋浴区和卫生间。其面积要与游泳池接待能力相适应，特别是女淋浴室。男人淋浴基本可在三五分钟内解决，女性可能需要两倍的时间，带小孩的多为女性，如果她们需要照料小孩的话，耽误的时间更久，因此将女更衣区、淋浴区和卫生间的面积按男性的两倍考虑是正常的，这恰恰是不少设计师忽视的地方。

更衣室内部一般没有管理人员，但管理人员应能照顾到出入的客人。居民先进入更衣室，经更衣、淋浴后再按流线进入游泳区，游泳完毕后又须经过更衣、淋浴出来，这种布置在较大型的游泳池或者市民游泳池是比较合适的，其优点是流线清晰而不干扰，便于管理。不过住区游泳池规模小，从节省人力角度看，最好把管理人员控制在一两个人。这样一来，管理上就要求这一两个人要承担入池检票、安全监护、卫生、泵房及供电、照明、设备管理、广播等职能，从而要求他（们）所在的位置能尽量照顾到尽可能多的地方。在另一种模式中，居民先经检票进入池岸区，进入男女更衣室更衣、淋浴后再出来回到池岸边，这样的流线，存在一些"干"、"湿"流线的交叉，不过更具有现实意义。

在一些设计中，暴露在大家目光下的更衣室是比较尴尬的场所，设法把它"隐藏"起来不失为一个好主意，在深圳百仕达花园、广州翠湖山庄等住区的游泳池，山石、瀑布巧妙地将更衣室出入口遮挡起来，并与池岸景致融为一体。

5. 池岸设计

住区游泳池的池岸变化多端、各具特色。从岸线线型看，自由的曲线被最广泛地采用，不过处于对不同使用者的关注，应该以不同的设计来满足游泳者、学习者、游憩者和戏水者，适合游泳者的长方形池在近来的游泳池设计中重新获得了重视,比较典型的是中海华庭,它的游泳池由通过一条"小桥长堤"分隔而彼此连通的一个长方形游泳池和一个自由曲线游泳池(外带一个儿童戏水池)组成(图3-67);华南碧桂园是几个彼此独立的长方池和曲线池;曦龙山庄是一个似曲似直的狭长游泳(图3-68);星湖湾以水为主题,小区到处可见人工水环境,其正式的直线型游泳池贴近会所设置,在各组团内部布置景致丰富而自由的戏水池。

为烘托气氛,各种动态水景被结合在泳池设计中,在星河湾可以看到如拱门式的水柱(图3-69);在中海苑是从儿童戏水池中的"蘑菇"上涌流下的水幕;在翠湖山庄是从山石上飞泻的瀑布;在广州怡安花园朗晴居,一条与假山结合在一起的滑梯弯曲而下,给人们带来刺激和乐趣(图3-70);还有的泳池更有造波功能。

图3-67 游泳池池岸设计,中海华庭
Bank of Swimming Pool, Dynasty Court

图3-68 游泳池池岸设计,曦龙山庄
Bank of Swimming Pool, Xilong Village

图3-69 游泳池中的喷泉,星河湾
Spring in Swimming Pool, Xinghewan

图3-70 游泳池池岸设计,怡安花园
Sliding Board of Swimming Pool, Yi'an Garden

图 3-71　游泳池，东海花园
Swimming Pool, Donghai Garden

图 3-72　游泳池和会所，雅湖半岛
Swimming Pool & Clubhouse, Yahu Peninsula

图 3-73　游泳池边的座椅，东海花园
Chairs beside Swimming Pool, Donghai Garden

图 3-74　室内游泳池边的座椅，东海花园
Chairs beside Indoor Swimming Pool, Donghai Gar.

图 3-75　游泳池边的座椅，骏景花园
Chairs beside Swimming Pool, Junjing Garden

图 3-76　室内游泳池边的座椅，曦龙山庄
Chairs beside Swimming Pool, Xilong Village

图 3-77　游泳池空间限定，金色家园
Space beside Swimming Pool，Jinse Garden

图 3-78　游泳池空间限定，雅湖半岛
Space beside Swimming Pool，Yahu Peninsula

图 3-79　游泳池空间限定，怡安花园
Space beside Swimming Pool，Yi'an Garden

图 3-80　游泳池空间限定，中海华庭
Space beside Swimming Pool，Dynasty Court

图 3-81　游泳池空间限定，雅湖半岛
Space beside Swimming Pool，Yahu Peninsula

图 3-82　游泳池空间限定，南国奥园
Space beside Swimming Pool，Nanguo Olympic

池岸边栽种树形优美的乔木（以棕榈科居多）是常见的造景手法，点缀出浓浓的亚热带风光；在流溪河山庄游泳池，一个圆形小岛由拱桥连向岸边，形成一处可由岸边提供服务的"水上吧"，泳者在水中即可喝杯啤酒聊聊天。

池岸要留出足够的就座区，这个区最好离开游泳池入口及更衣室出入口，能提供简单的茶点服务，与外界保持一定距离，形成不受干扰的休息区。

6. 游泳池区的空间限定

对游泳池空间加以限定和围合是必要的，这不仅仅是管理出入的要求，也是出于安全的考虑（比如防止儿童进入），还是保护私密性的要求。设立漏空的栏杆大致可以满足前两者的需要，但有可能将游泳者近距离暴露在路人视线之下，结合高差的变化和阻挡视线的灌木、假山叠石等，就可以同时满足上述三个要求。由于游泳池常常分为不同的使用区，因而也就存在不同使用区的分隔和过渡的需要。儿童池一般是一个独立的水池，游泳池和戏水池在一些住区内采取某种分隔，使人们有更多选择自由。

3.4.3 户外运动场地

1. 网球场

网球场是珠江三角洲商品住区比较常见的运动场地，网球运动在本地区也拥有较深厚的群众基础。按照英国人的经验，一个网球场大致可以服务 1500 个社区居民，在珠江三角洲普通的住宅区，一个网球场应可以满足 2000～3000 个居民的需要，这意味小型楼盘实际上没必要设网球场，因为它占地面积（一个标准场地的净尺寸在 18m×36m 以上）较大而利用率相对较低；一般的楼盘设一个球场就足够了，只有在大型楼盘才考虑设置多于一个的场地，星河湾总占地面积 1200 亩，首期建筑面积达 30 万 m^2，它结合会所设置了包含四个场地的网球中心。

网球场有高高的钢丝围栏（可达 3～4m 高），它方方整整的轮廓和金属的感觉与住区的景致通常是有冲突的，星河湾以立柱横梁的框架消除了网球场金属网的不良视觉，是一种有益的尝试。把网球场放在中央绿地上是不合适的，遗憾的是新建楼盘仍有一些这样的设计。广州金碧华府在中央绿地上布置网球场，明显对绿地景观造成损害。从另一个角度讲，网球场与会所或其他空间并没有必然的联系，打网球属于目的性很强的活动，网球爱好者并不在乎多走几步路；换句话说，把网球场布置在边边角角对它的使用不会有大的影响，相反还能减小打球的噪音及晚上打球的灯光对较多居民的干扰。从管理上看，网球场大多是预约订场，管理员要做的只是按时开关门、开关灯具，并不需要特别的照料；而且由于同时打球者并不多（不少是外来者——如果球场对外开放的话），赛后的更衣淋浴通常不成问题。

由于网球场占地大，为提高土地利用效率，利用裙房屋顶开辟球场有时会成为一种选择，前提是这样的屋顶要足够大，以避免干扰距离太近的住户，而且可以防止飞出的球打破住户窗户的玻璃；更多的时候，网球场采取架空或半架空布置，首层或者半地下室布置成汽车库、自行车库、设备房、贮藏室等空间，就像深圳万景花园网球场那样。

2. 篮球场

对于设不设立篮球场一直存在很多争议，支持者认为这是居民喜爱又容易参与的运动，重要的是还无需花钱；反对者认为它可能破坏住区景观环境，打球的声音会破坏住区的宁静，而且难以阻止外来的打球者。

总体来说，打篮球是中学生（他们通常缺少其他的住区休憩活动）参与最多的运动，但又适合多个年龄段和不同的性别，它还适合从单个到群组的不同人数的活动。正是由于它的自由灵活性，又方便人们参与，它是最容易结交朋友的运动项目之一。海滨广场一处简陋的篮球场，在每天下午五点左右就热闹非凡，是它受欢迎程度的写照（图 3-84）。

篮球场不适合布置在住宅组团内部，但布置在组团外的住区公共绿地上是没有问题的，这实际上是意味着小的楼盘也不适合布置篮球场。篮球场与网球场不同，它的位置不宜太偏僻，因为这种运动基本上属于一种能随时参与进来并随时退出的运动（这又与它不收费有关），同时为了鼓励人们参与进来，并活跃气氛，篮球场布置在靠近主要道路的位置是合适的，这不仅能带来参与者，还可引来人们驻足观看，或者引来令打球者引以为荣的喝彩声。需要注意的是，

图 3-83
网球场围栏的美化，星河湾
Prettifying the Tennis Court, Xinghewan

图 3-84
热闹的篮球场，海滨广场
Lively Basketball Court, Haibin Plaza

球场(半个场地一般就可以了)应该有适当的空间限定,有时为防止球滚落到路面,而使拣球者发生交通意外,可以使用围栏或围网。万科金色家园利用局部升高成两层的架空层空间设置了半个篮球场,不失为一种良好的设计。对于打篮球的噪声干扰问题,需要在场地铺装和隔音(比如用密植高灌木)方面予以重视。

3. 羽毛球场

羽毛球场与篮球场有相类似的特征,而它对场地本身的要求更低,只需在地面画出边线即可,球网立柱可以结合环境设施中的石磴等做出来,避免两个金属柱的突兀感,方便羽毛球爱好者自己拉网打球。珠三角地区常年有风,并不太适合户外羽毛球运动,不过在室外打球的人们不会是球迷级人物,更多时候他们只是在消遣时光,锻炼常常是附带功能,至于技术水平就更不重要了。人们带球拍来有时仅仅是使休憩活动多一种选择,所以即使球被风吹得四处飞,他们也不气馁。从这个意义上讲,设置室外羽毛球场是有其价值的,当然在布置时应该尽量选择避风的地方。

3.5 珠三角住区会所及其设施

3.5.1 珠三角住户会所的功能

会所从字面上看,是俱乐部的"用房"、"处所",这里所说的俱乐部主要是指为了社交、娱乐,为促进某种共同目标,或具有共同的兴趣和爱好而聚合在一起的人群形成的社会组织或团体,通常我们所说的俱乐部是休闲娱乐性俱乐部,尽管会所表面上看也可以是其他类型俱乐部的处所,但从目前使用情况看,会所就是休闲娱乐场所。

珠三角出现会所概念主要是受香港影响,随着近年来珠三角地区商品住宅市场的繁荣,住宅区内的会所作为休憩环境的重要部分受到日益的重视,有些还成为住宅楼盘的突出卖点。商品住区内的会所通常被称为住户会所。在珠三角商品住宅发展的初期,休憩环境被认知的程度很低,更谈不上什么会所;随后是一些发展商逐渐借鉴国外和香港的模式,在住宅项目中引入会所,开始会所面积很小,功能简单,发展商投入少,比如中海苑利用半地下室布置了一处小型会所;近几年,珠三角住宅建设水平明显提高,地产商实力逐渐增强,楼盘规模也呈扩大趋势,会所则趋向更大、功能齐全、种类繁多。

珠三角住户会所的基本功能大致可以归纳为四项：

1. 娱乐功能：指桌球、保龄、歌舞、棋牌、阅览、影视音乐欣赏等活动，也包括儿童游戏，室内高尔夫等。

2. 锻炼功能：指健身、网球、壁球等体力付出较多的活动，通常以锻炼身体为目的。

3. 餐饮功能：中西餐、咖啡酒廊、茶室等。

4. 被动休闲功能：指健身浴、氧吧、美容美发等以身体接受型的休闲方式。

前三项功能项目最常见，住户会所或多或少都会设置，而娱乐和锻炼本身也没有必然的界限，比如游泳、乒乓球就介于二者之间，被动休闲项目一般在大型会所设置，比如桑那，一般住户会所顶多是附设在更衣室的干蒸和湿蒸小间。

在上述四项功能基础上，珠三角住户会所又发展出交往、教育、商务等功能。在会所内的多数活动都会引发不同程度的交往活动，从一定程度上看，会所也是业主联系的一个重要场所，比如在会所内饮早茶就是餐饮和交往相统一的活动。教育功能是不少珠三角住区会所发展起来的一项功能，比如骏景花园会所聘请专职老师并设固定用房教住区内的孩子弹电子琴或画画；汇侨新城管理处教业主学跳舞、健美操，还有学画画、练书法，以及泥塑、制陶等动手性活动。教育功能与社区文化建设有密切的联系。商务功能既包括业主租用会所商务用房（会议室等）举行私人活动，也包括外来人员在此举办的商务推广活动（如推介保健仪、保险等）。

住户会所通常是不设住宿用房的，但在一些较大型楼盘由于不同的经营模式和理念也设置了不少住宿空间，比如深圳南山某楼盘，发展商同时兴建了高层住宅和一座星级酒店，酒店附设一个大型会所，住宅的业主有权优先和优惠使用会所设施；广州华南新城是一个占地数千亩的大型楼盘，在沿珠江边规划了一座带有大量住宿房间的大型酒店式会所。南国奥林匹

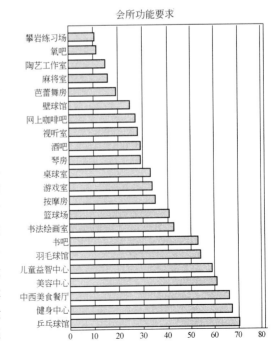

图 3-85
住户对会所功能的要求

Demand of Function of Clubhouse

克花园是在城市干道边设置了高尔夫酒店会所。

与会所的功能相适应的是会所项目的设置情况,华侨城地产和世联地产于 2000 年 3 月对锦绣花园一期的业主和部分客户做了问卷调查(有效问卷 232 份),结果显示,住户对会所的需求主要体现在四个方面:(1)健康需要,体现在对乒乓球、健身、羽毛球和篮球场地的需求;(2)生活便利和体现对家人关怀,如美食餐厅、美容中心、儿童益智中心等;(3)文化需求,如书吧、书法绘画室等;(4)娱乐和休闲需求,如游戏室、桌球室、酒吧、视听室,还有部分业主要求设中式茶坊、老人活动中心、室内泳池、卡拉OK 等[3]。在本书的研究中,对广州和深圳七个楼盘的住户进行了休憩设施需求状况的调查,其中包含若干基本会所功能和设施,研究结果见第七章。

3.5.2 住户会所与住区的总体关系

住户会所的服务对象主要是本住宅区的住户,但有时又不限于此,住户会所在经营上一般允许业主带外面的亲友入会所娱乐或消费,并对外区客人开放,但对本住区住户采用某些优惠,有的则是对办了会所会员证的那部分业主(也包括外来者)提供优惠,会所的经营模式反映其服务对象的特点,对会所在住区中的布局有直接影响。

基本以本区居民为服务对象的住户会所倾向于布置在住区几何中心,从而使其与全体住户的平均距离趋于最近,这体现了休憩设施的就近原则,也表明所有业主在休憩设施使用的便利性和权力应趋于一致。在这种布置原则之下,住户会所通常是与中心绿地结合在一起布置,使会所与中心绿地上其他户外休憩设施或会所内外空间形成一个整体,或建立起某种联系。珠三角商品住区的住户会所很多都采用这种布局模式,这种模式比较适合于中型楼盘,比如深圳四季花城、广州东逸花园、白云高尔夫等。

布置在住区入口处是珠三角住户会所的一种常见布局方式,发展商采用这种方式的出发点往往是营造良好的景观环境质量,并有助于楼盘的推介和销售。这种情形的会所多数是独立的两三层建筑,造型优美,装饰典雅。比如中城康桥两期楼盘各自的会所都是既位于绿地边缘,又处于住区入口的视觉轴线上(见图 3-86)。发展商通常会不惜工本将周边的环境先于住宅主体建造完成,比如游泳池、小品、喷泉、花坛、各种移植的大型树木等。这时的会所多被用作销售部,这种低层低密度的景观成为发展商的一个颇具说服力的广

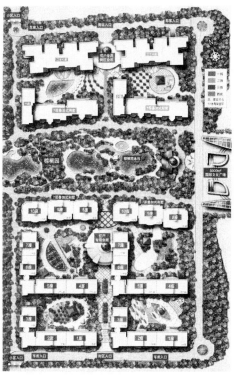

告，又可以节省另建售楼部的费用。这种布局在经营上便于对住区外客人服务。在住区需要一个会所，但本楼盘的居民人数又不足以支撑会所运营时，有必要以这种布局方便外来的消费者。采用入口式布置的会所很多，汇景新城在住区入口处建设了一处规模很大的高标准会所，它与外面的大面积人工湖、舒缓的山坡和道路停车空间一起形成了一个视野十分开阔的入口空间，对从专用高架支路进来的乘车者是一个很大的视觉冲击。对于分期开发和销售的大型楼盘这样的布置尤其显得具有意义。祈福新村的大型会所（新会所）布置在住区入口的外侧靠近公路，它是完全作为一个外向型要求设计的大型娱乐设施，这种布局方式与其业主多是港人和珠三角收入较高人士有关，这些人士的私家车拥有率较高，对距离相对不敏感。

　　大型楼盘多是分期开发而成，总开发时间可能超过五年以上，有时难以兼顾各期在不同时期的要求，比如会所照顾了首期位置就难以照顾二期、三期的关系，这也是形成会所偏心的原因之一。而由于发展用地常常是分期征用的，发展商在开发前一期住宅时，并不知道是否一定能征到下一期用地，因此也就不敢贸然一次性建成

图 3-86
首期总平面，中城康桥
First Part of Zhongcheng Kangqiao

图 3-87
带型住区中的一段，汇景新城
Part of the Housing Belt, Huijing New City

一个大会所，而经常是先建一个小会所，然后根据以后各期情况再建设第二个、第三个会所，从而形成一个大型楼盘多组团、多个小会所的格局；或者在有把握的情况下再另建一个大型会所（如祈福新村）。汇景新城作为一个大型高档楼盘，除了首先建成的大会所外，在小区每个组团内部都有一个小型会所，满足业主就近使用（图3-87）。

也有的会所位于住区偏离中心的一侧，这样的布置多有其特定的原因，比如华南新城的大型会所在住区沿珠江边，主要是出于对眺望珠江水景的考虑。

会所设施的集中和分散需要根据每个楼盘不同的用地条件和开发特点而定。把多种功能和设施集中在一起建一个大会所好处是会所功能强大，有条件配置保龄球等需要规模消费者支持的康体娱乐项目，也有助于提高档次和服务水准；但是过于集中带来了一次性投资巨大、服务距离加长的问题，从而影响其日常使用的便利性并带来经营问题。住户调查的情况显示，多数到会所的居民希望就近参与一般性的棋牌、乒乓、桌球、健身等活动，如果会所太远，他们可能就不去了。会所设施过于分散则不利于布置够档次上规模的项目，比如分设各个小游泳池不但游泳池本身的吸引力不够，而且需要多套设备，多套管理班子，从成本上讲是不划算的。因此大型楼盘的住户会所必须贯彻"统分结合"的布局原则。

3.5.3 珠三角住户会所设计中的几个问题

1. 追求"大型"、"豪华"的倾向

前面已经提到住户会所在项目开发中的广告示范效应和实际使用功能（用作售楼处、现场办公室等），为了达到这样的宣传效果，发展商通常不惜大价钱地投入建设大型、豪华的会所建筑，由于主要偏重了售楼期间的需要，会所本身休憩设施及各项功能的布置就不尽合理，多数情况下在售楼期间大而高敞的中庭在会所投入使用后就缺乏实际使用价值，或者显得过于浪费。对于普通购房者来说，在买楼时并非能在每个环节上都保持理性。对于住区休憩设施，买楼时都希望越齐全越好，入住后才发现和自己没有多大关系。调查发现，珠三角不少居民对本住区会所内的设施很多都不了解，甚至不知道是否存在；有些人从未进过会所，更别说要花不少钱消费了。对于楼盘住户并非高收入阶层的情况，这样的会所难以维持正常的经营。

所以适当规模、实用的原则应予以关注；会所设计中的适应性原则应该受到重视，即当会所要适用多种用途时，必须在设计上充分协调和考虑。

2."开放"和"内敛"的问题

住户会所的"开放"有两层意思，首先是会所室内空间的开敞和通透，其二是会所空间在使用者心理感受上的方便进入和方便使用的特性，表现为其心理被接受的程度或亲人性，这两个方面是相互联系的。"内敛"与"开放"相反，对私密性要求高，空间划分的领域性增强。"开放"和"收敛"是一个问题的两个方面，对住户会所提出这一问题，主要是针对某些珠三角住户会所过于强调尊贵和私人会所性质，而将会所设计得过于脱离一般住区居民的实际需要，并设置有形无形的障碍使他们不便于使用。珠三角多数会所都是在住区内独立而建，为了强调其景观作用常常处于景观轴线或焦点之上，其基本模式是一个大门厅（中庭）作为集散空间，将客人分流到不同设施活动，这种适合公共商业性会所的空间组织形式并不一定适合于每个住区中普通的居民。

对于一般住区居民，进入一个内敛或者感觉上缺少公共活动场所气息的会所会使他们费一些思考，因为这意味着他将要进去从事一项"较为正式"的休憩活动，其实他可能只不过是想去打打乒乓球，或者读读书报什么的，他意识到自己将穿过一个堂皇的大门或者咖啡厅，再顺着宽大的螺旋楼梯上到三楼才能到达一个收费不菲的地方，自己的衣着举止是否得当？……，总之，这样的场所可能产生一种阻力，阻止普通居民随时可能出现的自发性活动的意愿。

万科在金色家园会所贯彻的"泛会所"理念，强调了会所休憩设施与居民的贴近性。这些乒乓球、棋牌、健身器设施都分散布置在高层住宅首层的架空层内，与架空层内其他的开敞设施，如儿童游戏器械、散步道和景观小品等自然地融为一体。"泛"可以意味着空间分布上不集中，也意味着休憩场所处处存在，可以最方便地使用（图 3-88，泛会所平面）。

图 3-88
首期架空层平面，金色家园
Plan of Open Ground-floor Space of the First Part of Jinse Garden

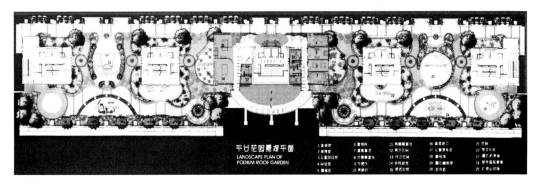

尽管这种"泛会所"的布置方式并非什么新的内容，在香港、珠三角等地也有这样的布置。比如香港御峰豪园，是一个不大的楼盘，几栋住宅围成一个小院子，住宅首层布置了阅览室、游戏室等，通过外廊与小院联系在一起，显得亲切自然。但有意在环境中营造自由活泼的休憩空间气氛并提出一个新的营销理念，是它成功之处。可以把"泛会所"看作是"开放式会所"，它不强调规模、气派，而关注了居民日常的使用，反映了珠江三角洲有实力的发展商不断进步的趋势。

一般的住户会所应该从实际需要出发组织功能，避免单纯为了造型等的需要而把一些没有必然联系的功能放在一起，或安排成一个统一的入口和大堂。如供应早晚茶的中餐，可能更适于安排一个单独的入口。

3. 会所的面积指标

会所的面积与其内部休憩项目的设置是密切相关的两个问题，面积首先是指会所的总建筑面积，其次是指会所各部分休憩功能的面积，休憩项目的内容不但反映业主的休憩活动需要，也反映不同住户会所各自的特色，因而既有共性也有个性。这两个方面都有使用需求与经济合理性的矛盾；在表 3-3 中，列出了珠江三角洲若干住户会所的面积配备的情况，从中可以看出，住户会所的总面积与住区规模(或住区规划人口)之间并不存在确定的关系，这是由于影响住宅会所规模的因素很多，最主要的有：(1)住区人口规模；(2)住区用地规模；(3)居住档次；(4)住户特征；(5)用地特征；(6)项目赢利最小规模和经营资本；(7)建设周期与资金运作；(8)会所的"分"与"合"等。[4]

珠江三角洲若干住区及其会所规模的比较　　　　表 3-3

Comparison of Scale of Several Residential Quarters' with its Clubhouses in PRD

楼盘名	楼盘特征	建筑面积(万 m²)	规划人口(户)	会所总面积(m²)
中海华庭	中心区高档公寓	11.0	649	约 3000
金海湾	滨海高层	12.09	876	2976
世纪村	深圳华侨城	30.5	2000	5000
珠江帝景首期	滨江大型高层中高档	87.0	7000	含酒店约 20,000
中海丽苑	南山区中档	3.03	304	500
创世纪滨海	南山中心区	13.0	—	3224
锦绣花园	深圳华侨城	32.0	—	6000 多

资料来源：各发展商宣传资料及报建文件

4. 会所休憩项目的优化

在对珠三角有关住区居民和管理处的调查中，发现对会所的看法有不少共同之处，概括起来有以下几方面：

从休憩项目上看，以健身、健美操、乒乓球等为核心的体育类项目具有最深厚的群众基础，也可以说是住区会所功能的基础。乒乓球是老少皆宜的项目，它收费不高，各年龄段人士参与程度都比较高，受访会所的乒乓球室使用率很高；羽毛球也是居民喜爱的项目，但由于室内羽毛球需要较多面积和较高的室内净空，因而设这一项目的不多，尤其是市内住区。

目前很多会所只有三、五张乒乓球台，数量常不够使用，形成这种情况的原因是多数会所总面积大致只有两三千平方，与住区规模之间没有确定的比例关系，但在安排多种功能后，分配给乒乓球室的也就这么大面积了。建议打破现有"惯例"，按照服务人数及住户特征确定乒乓球台数量，至于两者之间的适当数量关系，尚需进一步研究。

目前很多会所都设有壁球室，这与会所受国外和港澳影响有关，但在国内住户为主的住区里使用率很低，壁球与羽毛球所需净空相近，如果拿出建壁球的空间建造室内羽毛球馆，就会大大提高使用率，如果馆内至少有两个球场，就能更好满足使用需求。翠湖山庄的地下篮球馆可以兼作羽毛球场，满足多样的需求。

阅览室(有称书吧等)成为儿童空间的倾向非常明显，和书法绘画室、琴房及所谓"益智中心"等共同形成一个儿童天地，这是会所教育功能的体现，如果这部分功能设计合理，经营灵活，就可以通过儿童吸引成年人来会所。

棋牌室的主要活动者是中老年人，调查发现多数会所棋牌室的使用率不高，原因可能老年人更乐于在免费而开阔通风的室外活动，而中年人更多参与的麻将牌活动多是在外应酬时进行。类似的情况也出现在会所内的咖啡厅、茶座等，尤其是与大堂联通的开敞式空间，这类空间本来能丰富空间气氛，提供服务并期望有所盈利，但实际多数很少有人光顾，也就谈不上盈利了，可见以一种酒店式思维套用会所是不恰当的。

5. 会所物理功能的优化

会所物理功能是居民反映较多的方面。本地区夏日漫长，会所内空调是影响休憩功能的重要因素，居民反映主要是一些用房如乒乓球室没有空调，或者空调制冷不足。其中一个原因是空调系统的设计对多种休憩内容和不同使用方式的适应性不足。建议会所避免全部采用中央空调，而采用有变频功能、局部开放的系统，如 VRV 系统，并注意根据实际情况增加某些用房的空调负荷。

居民对不少会所的一些房间，主要是健身房和健美操房的通风不尽满意，反映空气流通不够而造成气闷。对很多房间的自然采光的需求也很高，自然采光不足可能是居民感到压抑和憋闷的原因之一。

会所内照明设计反映问题较多的是乒乓球室、阅览室等，这类房间对球台和桌面的照度要求较高，往往为设计人员所忽视。

居民反映的空调、通风、采光等问题，多少也和会所经营成本有关，据不少会所的管理人士反映，电费占他们会所成本最大份额，所以管理处限制用电也是造成上述状况的原因。这一情况启发我们在建筑设计上要充分利用自然光和组织自然通风，反观目前珠三角住户会所设计时立面上大面积玻璃窗没有开启扇，造成室内新风不足；另一方面，根据不同情形区分档次，也是满足多样化需求的有效手段，比如乒乓球台，不一定都放在空调房内，可以放在通风良好的非空调房，甚至架空层的半室外空间，在收费上加以区分，像儿童这样的使用者一般不会太在意降低了的标准。

综上所述，由于珠江三角洲地区住户会所的历史不长，加上各种复杂的因素，会所设计必须因地制宜，注意灵活变通，增加设计的适应性。

本章小结

步憩行为和坐憩行为是两种基本的休憩行为。住区环境规划的目的，不仅要为自发性步行活动创造更好的空间，还要努力为必要性步行活动创造良好的条件，使之具备休憩功能。住区的道路具备发展成为休憩性步道的潜在可能性和必要性，而景观、趣味性、步道质量、无障碍设计、安全感、遮阳、适度的照明等是达到目标的几个要素。"可坐性"是反映坐憩空间质量的特性，结合对居民行为的观察和研究对就座设施的布局和位置，就座设施与道路、绿地、小广场等的关系，就座设施组合关系以及就座设施本身的舒适性和适用性等方面做了深入探讨。

住区内小广场也称为表演场、户外剧场等，是一种小尺度节点空间，本文着重探讨了珠三角住区小广场的尺度、空间限定手法、空间形式及其与住区道路的关系、居民行为与小广场细部设计等内容，分析了存在的问题，并总结出一些设计原则。

本文讨论了三类珠三角住区商业休憩空间，即沿住区主要交通道路的商业空间、休憩绿地或广场周边的商业空间、步行商业街；对作为休憩交往空间的架空层内的休憩设施布局和室内停留交往空间进行了分析。分别结合实例探讨了其设计上的优缺点和设计手法，从改善住区休憩环境的视角讨论了开发这几类空间的休憩功能和价值的可能途径。

论文对户外儿童游戏空间及其设施的位置、规模、功能等要素作了探讨，对珠三角住区游泳池的基本情况和突出特点、居民使用的特征、游泳池的规模、空间布局、游泳池与更衣室的关系、池岸设计、游泳池区的空间限定等结合大量实例作了较全面的剖析，着重分析了存在的问题和优化的途径；对网球场、篮球场、羽毛球场的布置作了简要的分析。

珠三角住区会所有着特定概念，娱乐、锻炼、餐饮、被动休闲是其四项基本功能，在此基础上发展出了交往、教育、商务等功能。本文对会所功能与居民需求、会所与住区的总体关系和常见的布局手法进行了探讨，对存在的追求"大型"、"豪华"的倾向、"开放"与"收敛"的问题、面积指标问题、休憩项目和物理环境的优化等问题结合实例进行了剖析。

从居民休憩行为的基本模式和特点出发是本章所做研究的立足点，通过探讨与之相适应的住区休憩空间的具体方法和途径而形成了一系列设计原则。

本章注释：

[1] （美）拉特里奇著．王求是，高峰译．大众行为与公园设计．中国建筑工业出版社，1990：32

[2] （美）拉特里奇著．王求是，高峰译．大众行为与公园设计．中国建筑工业出版社，1990：35

[3] 深圳华侨城地产和世联地产《锦绣花园会所功能需求调查报告》2000年3月

[4] 范学功．住户会所建筑设计研究．华南理工大学建筑学硕士论文，1998：P. 36-29

第四章 探索珠江三角洲住区休憩环境整体优化的思路

整体优化是相对局部优化而言的，住区休憩环境整体优化是要以综合的思路和全局的眼光对住区休憩环境进行整合和优化，以使其环境质量和实际使用效果达到最优的过程，以这样的思维才能使我们摆脱孤立、局部、单一的思维模式的束缚，从而集中解决面临的核心问题。在本章中，首先探讨整体优化的基本思路，然后结合珠三角情况探讨总体环境指标、住宅群体布置及其物理环境的优化。

4.1 珠三角住区休憩环境质量的决定因素

影响住区休憩环境质量的因素很多，大致可分为与实质环境有关的客观因素和社会人文及居民主观因素。表述和研究实体环境质量的重要立足点是居民环境——行为特征，对于住区社会环境因素则需要研究居民社会行为特征。

4.1.1 反映珠三角住区休憩环境物质基础的因素

1. 住区景观环境

住区景观环境可看作是以视觉为主要感知途径的，以休憩环境的美学功能为价值取向的方面。景观这一概念在不同领域有很大差别，即使在建筑规划学科之内也难以将景观或景观建筑之类概念严格定义，不过从比埃尔的论述中可以了解其基本含义："在英语中对景观规划有两种主要的定义，分别源于景观一字的两种不同用法。解释1：景观表示风景时（我们所见之物），景观规划意味着创造一个美好的环境。解释2：景观表示自然加上人类之和的时候（我们所居之处），景观规划则意味着在一系列经设定的物理和环境参数之内规划出适合人类的栖居之地……，第二种定义使我们将景观规划同环境保护联系起来。"[1]，同样地，我们可以从以上两个方面理解住区的景观环境。当然，景观并非单纯的自然或生态现象，它也是文化的一部分，甚至于可以作为与环境审美相对应的概念，人对景观的感受性背后，有着各自不同但却完整的系统和思想观念，因而感受景观的方式也充满变化。比如居住环境理论的目的在于研究人类对居住环境的选择行为，在这一过程中人们通过一系列衡量环境质量的重要概念，在经年累月的过程中逐渐建立起公认可取的环境模式，而对这种环境模式的审美反应则慢慢被固定，成为影响和决定人们择居观念的因素。

美好的住区景观环境不仅在售楼时期通过环境审美意识吸引购房者，而且也在居民入住后给他们以愉悦感和美感。人们对于住区素质的总体感受，初期主要来自于住区景观环境，开发商深知这一道理，因而目前珠三角多数楼盘在住区景观环境塑造上都是不遗余力，而且往往先于主体建成，达到一定的广告效应。从景观或空间特征分析，可以把住区景观环境分为三类：(1)住区庭园景观，指以园林绿地等为主要内容的外部景观；(2)建筑外部造型；(3)室内景观环境。当然，住区景观环境广义上也包括住区周边与之直接发生联系的景观环境，比如江景、山景等。对于良好的周边景观要巧于因借，不良景观则应尽量避开主要视线。

图 4-1　俯瞰内庭院，中海华庭

Overlook the Garden, Zhonghai Dynasty Court

图 4-2　建筑细部，金地翠园

Detail, Jindi Greenery Garden

图 4-3　"沙滩"和会所，金海湾

Sand Beach & Clubhouse, Golden Gulf

图 4-4　建筑外观，中海棕榈园

Building Appearance, Zhonghai Palm Garden

由于景观质量本身难以做定量分析，因而也就难以用准确的定量研究证实住区景观质量与住区休憩行为强度与频度之间的显著正相关关系，但是以往大量的研究表明，以景观为核心的因子群组通常是居民评价住区环境综合质量的最主要因子，因而从理论上我们可以定性地推知，好的住区景观质量可以促进住区休憩和交往行为。

2. 适宜的物理环境

住区休憩空间的物理环境通常是指与住区休憩密切相关的热环境、光环境和声环境等。热环境一般包含温度、湿度、空气流通等内容，光环境包含日照、自然采光、人工采光等内容，声环境主要领域是防治噪声和隔音等。就室外休憩空间而言，热环境和光环境受气候条件影响极大，刮风下雨等不良气候条件会强烈抑制人们户外活动、特别是户外休憩活动，这几乎是不证自明的现象，而大量的研究成果也从各个层面表明物理环境与住区休憩环境质量之间密切的联系。比如英国人汉弗莱瓦斯经过长期研究，总结了各种小气候条件下儿童的行为特点。

各种小气候环境下儿童的行为特征 表 4-1
Behavior Characteristics of Children in Different Micro-climate

	闷 热	潮 湿	凉 爽	刮 风
行为特征	被动 冷淡 迷糊 迟钝 沉默	抑郁 反叛	主动 热情 清醒 敏捷 安定 和善 认真	清醒 好动 粗心 好争 胡闹

资料来源：Relating Wind Rain & Temperature to Teacher's Report of Young Children's Behaviour

转引自：朱立本《居住区儿童户外活动空间环境的研究》，华南理工大学硕士论文，1986：32

太阳辐射对气候的形成起着决定性作用，在不同地区、不同季节日照对户外小气候也起着不同的作用，在我国北方寒冷地区，一年中多数时间强调争取日照，而南方炎热地区却非常重视遮阳隔热，建筑规划设计的一大目标就是充分改善居住环境的微气候。日本有研究者比较了地处温带的规模相近而活动率相差甚远的两个儿童游戏场，发现阳光照射水平是主要影响因素，活动率低的游戏场四周的高楼使游戏场获得日照的时间很短，时常显得阴沉冷落。通过一些研究者和笔者的观察，发现珠三角地区居民户外活动与气候也有密切关系，在夏天阳光直射条件下，人们乐于在建筑物阴影或树荫下活动,并选择气流畅通的地方,其活动区域随阴影区移动而变化,而日落后气温转凉后,纳凉人群明显增加;冬季风和日丽的日子,居民们乐于在阳光下(尤其是气流较弱的地方)活动,推婴儿车的妇女和老人明显较多,而太阳下山后,户外就很少有人活动了。城市居住区环境噪声的主要来源是交通噪声、建筑噪声和社区人群噪声,噪声干扰睡眠、休息,使人因睡眠质量不佳而影响健康,对老人、儿童和病人尤为不利;噪声使人分散注意力而影响工作和学习;长时间处在噪声下可能使听力受到损害。居住区对控制噪声的要求相对较高,尽管户外环境可较户内略为放松,但较明显的噪声仍然会降低居民的满意度进而影响到户外休憩的意愿。

住区休憩环境也包含室内公共环境,在会所等室内公共环境设计中,建筑物理环境也很大程度地影响环境质量,尽管表现的层面和程度与户外有所不同。比如在湿热的珠三角地区,长时间维持会所的空调代价较高,也不一定有益,另一方面,会所内不同的活动之间也存在噪声干扰,这样建筑设计上注意日照采光、遮阳、隔热、通风、隔声、减噪等就非常重要。

3. 绿色生态环境

一般而言,"绿色"、"生态"、"环保"等是一些涵盖面极广而与一系列的物质系统相联系的概念。在住区实质环境层面上谈绿色生态环境,主要包含五个方面[2]:

(1)住区环境规划设计。探讨在住区选址中合理有效地利用土地和保护自然及人文环境或减灾防灾、防治三废污染、合理组织交通、便于施工、完善的绿化、良好的空气质量、良好的声光热环境及改善住区微气候等;

(2)能源与环境。主要内容是建筑主体节能、常规能源系统的优化利用、可再生能源及能源对环境的影响等;

(3)室内环境质量。主要指室内空气质量、室内声光热环境等;

(4)住区水环境。指住区用水规划、给排水系统、污水处理与回收利用、雨水及其处理和利用、绿化景观用水、节水器具与设施;

(5)材料与资源。指对绿色建材的使用、就地取材、资源再利用、住宅室内合理适当装修、垃圾处理等。

我们可以看出,上述生态住宅体系包含了物理环境因素。而我们所讲的绿色生态因素对住区休憩环境质量的影响和作用则主要着眼于以下几个方面:休憩环境的空气质量、完善的绿化系统、防治三废污染、减灾防灾,住区自然水体及绿化景观用水的保护和管理、

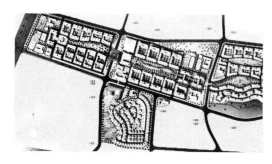

图 4-5
汇景新城总平面图
Site Plan of Huijing New-city

图 4-6
山水庭苑鸟瞰图
A Bird's-eye view of the Landscape Garden

绿色建材的使用、垃圾处理等方面。空气质量对休憩行为有直接影响,在一些空气污染严重的住区环境中居民往往倾向于关门闭户,户外活动则受明显抑制。完善的绿化,特别是较高的绿色量值和茂盛的观感效果通常是人们评价住区环境质量的最主要方面之一,绿化系统在保水、调节气候、降低污染、隔绝噪声等方面发挥重要作用;另一方面,绿化系统又与住区居民亲近自然的心理需求、休憩活动、景观、文化等功能密不可分。绿色建材的利用是近些年人们日益关注和重视的因素,这一因素的实质影响是潜在的,但对居民心理的影响却是直接的,因而与住区休憩环境质量的关系也十分密切。总的来看,绿色生态住宅建设的目标是创造包含住区休憩环境在内的健康舒适的居住环境,近年来珠三角地区形成了对建设绿色生态住区的共识,尽管很多标榜自我的楼盘离真正的绿色生态住区相去甚远,但也取得了不少进步和成就,比如侨鑫集团在广州汇景新城的开发中就制定了运用国际标准建造生态社区的建设目标和具体实施方案。

从更广泛的概念理解绿色生态环境,即把人文社会因素纳入生态系统,从而将其看作人文生态和社会生态。草拟中的《广东省绿色住区考评标准及评分细则》即采用这种观点,而将"住区管理"、"住区文化"和与实质环境有关的"规划设计"、"建筑设计与'四新'材料使用"、"环境质量"、"能源"四项并列考评。

4.1.2 休憩环境的可达性与便利性

城市并非一个均质的实体,因而单纯地以某种用地指标或人均指标来衡量环境质量就存在片面性,城市各类环境和设施(如广场、博物馆、游憩地等),受城市边界的主观性和可变性以及城市发展中各种力量的作用呈现出空间分布上的非均质状态,甚至是巨大的差异,因而从城市居民是否能方便地(特别是步行就近到达)及平等地享用城市环境——特别是休憩环境出发,有必要引入可达性(accessibility)这一指标,以保证资源享用的公平性和社会平等性

(如：Peter Jacobs，Julia Gardner & David A. Munno，1987）。Tony Dominsk(1992)，Roseland(1997)认为保证这种公平性是建设可持续性生态城市的必由之路和重要原则。俞孔坚等提出以景观可达性作为评价城市绿地系统对市民的服务功能的一个指标，并指出了建构可达性评价模型应考虑的因素。[3]

城市住区的休憩环境质量中，可达性在较小空间层次反映出来，相对空间的物质功能障碍而言，心理性障碍（barrier）的程度更多，因为住区休憩行为表现出更多的随意性和偶发性，可达性在很大程度上表现为便利性（convenience），尽管这两者含义上并非完全一致。

就住区休憩环境而言，可达性与实际距离（楼层高度、水平距离）和意象距离等因素有关，呈现出显著的"就近原则"，国内外学者的一系列研究都支持这一结论。北京市建筑设计院于1983、1986年对70年代中到80年代初兴建的几个北京近郊居住区做了调查，1983年的调查表明多层住宅区67.1%的住户，儿童户外活动在住宅单元入口附近和宅间庭院绿地最频繁；1986年的调查表明，宅间绿地同居民的关系最为密切，当提出三种绿地供选择时，53.2%的居民选择宅间绿地，31.5%选择小游园，只有13.6%选择大公园。[4]

另外，住区休憩环境设施的布局要兼顾必要性、自发性和社会性几类行为的需要。自发性行为对宅前绿地最敏感，必要性行为则对休憩的顺便性敏感。目前珠三角的一些楼盘将较集中的景观休憩地布置于入口处，比如深圳万科四季花城在步行入口处设计了一个纵深方向的绿化与商业结合的休憩带，（也可称休憩性街市），所有

图 4-7
四季花城总平面局部
Part of Site Plan of Siji Garden, Shenzhen

图 4-8
祈福新村总平面
Site Plan of Qifu New Village, Panyu

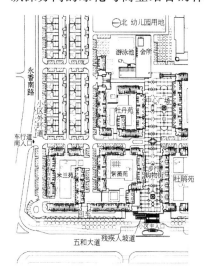

出入居民可以经常方便地享用这一公共休憩环境，同时还成为一个住区社会生活的一个展示地。而在另一些实例中，可达性与便利性原则却没有被考虑。番禺祈福新村是一个占地数千亩的居住区，大量低层联排式住宅平行排列，户外空间异常单调，其大型会所和超市等集中设在总入口附近，从入口进去是长而乏味，不适合步行的道路，而几乎所有的绿地都集中在与入口相反一侧，形成一处规模较大的公园，这个公园离多数住宅距离较远，光顾的住户很少。祈福新村原来的目标客户是香港经济收入中下的人士，也作为外资企业的员工宿舍或度假别墅，后来也面对珠三角地区的高收入阶层，其销售业绩较为理想，但其总体格局妨碍它发展成为一个有活力和人情味的成熟社区。

4.1.3 休憩环境的适用性

在不少楼盘我们都可以看到这样的现象：精心设计建造的儿童游戏场或设施几乎没有儿童光顾，而附近的道路边、台阶上等处却有不少孩子在嬉闹；另外，住区内住户会所不少休闲娱乐设施长时间闲置而无什么人问津，与此同时居民们又反映可能就近方便而且免费的设施不足（比如不少居民希望设一个篮球架）。凡此种种，都反映出设计者对环境及其设施满足使用者需要的能力缺乏预见性。拉特利齐说"设计者是预见者"——要充分预见到规划场地如何迎合使用者行为，也就是要预见到环境的适用性。

本书中所说的住区休憩环境的适用性可以从以下几个方面理解：

1. 住区休憩环境各要素空间排布与组合带来的整体适用性

一方面，大量研究成果表明，融合了多种行为模式，具有多种使用可能的"多义空间"或"多义场所"是活力的源泉，表现出其广泛的适用性，这种场所中各类设施和行为并非简单地叠加，而是相互促进，相互补充。Paul Friedberg 在描述自己设计纽约城市公园时承认，他煞费苦心地为老年人提供一个"他们自己的场所，这个场所特意避开那些曾与他们共同混杂在一个大广场的闹闹嚷嚷的人群"，但不久他便发现老年人却有意躲开那个为他们准备的地方[5]。在这种多义场所中，除了较明显的行为交流，使视线保持流畅以确保这种"人看人"（或如拉特利齐所言"眼球的健美体操"）的需要显得格外具有意义。另一方面，环境各要素或设施的排列关系也与适用性密切相关。弗理德伯格在观察儿童游戏时发现，儿童倾向于把各类"玩具"依次连成一个个游戏圈,从而创造了游戏场地设计中的连接法(linkage)概念[5]。从而证实这种有意组织过的游戏场比传统的将设施分开布置成一小块一小块互不关联的器械区的设计更具有吸引力和优势。

2. 休憩设施经营和管理模式影响下的设施的适用性

珠江三角洲的商品住宅住区普遍采用了现代物业管理方式,管理的细致和完善程度无疑会影响环境设施的吸引力,比如环境卫生、设施的维护和保养等。随着休憩需求的多样化,室内外各类休憩设施也呈多样化和多层次,其中不少项目都要收费,因而存在一个经营问题。设施收费是对休憩环境适用性相当敏感的因素。目前新建住区基本都设有会所,而会所的经营管理是住区休憩环境质量的重要一环。

图 4-9 海滨广场的复合性休憩生活

Colorful Rec. Activities at Haibin Garden

图 4-10 老少皆宜—广州碧桂园

Elders & Youngs, Guangzhou Biguiyuan

图 4-11 休息的妇女儿童,海滨广场

Women & Babies, Haibin Garden

图 4-12 儿童游戏设施,广州碧桂园

Facility for Children, Guangzhou Biguiyuan

3. 休憩设施本身的设计建造质量和适用性

设施本身设计与建造的质量是从较小的层次上看适用性问题。休憩设施的设计占有较突出的地位，最明显的是儿童游戏器械的设计，如确保安全，有利于培养身心和激发创造力、鼓励无危险的"冒险性"以发挥潜能等。在一个设计巧妙的游戏设施中，错落有致的转接，凸凹变化的墙壁、高低不平的台阶，各种类似袋状的空间创造性地组合在一起，大大增加对孩子们的吸引力。又如住区内小广场、会所内更衣室的设计，其合理性与适用性密不可分。住区休憩设施的建造质量是另一个重要方面，在设计过程中有时无法面面俱到的细微之处也要在建造中予以完善，比如有时一个不良的连接、一个突出的钉子可能会带来安全的隐患，而一个需要经常维修的设施则是令人沮丧的。住区休憩环境适用性研究的总目标是其环境与设施要满足本住区住户中各种人群，特别是儿童、老人以及其他长时间在住区活动的人们最广泛和最基本的休憩生活需要。强调儿童、老人等人群的需要，是因为住区休憩环境在这些人群生活中占据更重要的地位，因而有必要将他们的需要放在优先的地位。最广泛和最基本需求指的是住区休憩环境要达到的最低社会目标。当前珠三角的新建商品住宅区内，多数设置了游泳池、网球场等设施，但缺少开放的免费活动设施。例如不少调查都指出一个简单的篮球架对居民有很大吸引力，但几乎没有发展商这么做，其原因很耐人寻味，但至少表明未能做到"以人为本"。休憩环境的适用性当然与居民不同收入、职业、身份等情况有联系，不同目标的客户显然有不同的需要，这种判断可以从广州汇侨新城的例子得到例证。汇侨新城是借助"购房入广州户口"的优惠政策开发的大型近郊住宅区，住户基本上是外地人，相当一部分是个体工商户或小生意经营者，这些人文化程度相对较低，收入相对较高，子女较多（很多是超生户）。发展商根据一般定额建设的配套设施如小学等严重不足，引发业主诸多不满。发展商以物业管理处为依托聘请专人教本住区小孩和家庭妇女唱歌、跳舞，成为社区文化的一个部分。中山三乡的雅居乐90%～95%的业主为香港和澳门人，该居住区带有明显的周末度假的意味，区内很多商店平时不怎么开，而周末的休憩娱乐活动却很丰富，因而也就有了与普通住区截然不同的特征。

4.1.4 趣味中心的营造

在不同的住区里，我们可以感受到截然不同的环境气氛，也能体会到环境对人不同的吸引力，有的住区环境单调乏味，有的则引人入胜；有的死气沉沉，有的则生气勃勃，这就表明住区休憩环境质量必然受某个因素的影响，我们且称之为生动性（vitality）。住区休憩环境的生动性大致可以从四个主要方面描述：

1. 活动力（vigour）

指休憩环境表现的生命力、活力、动感等特征，是其生动性的最根本源泉。茂盛的植物，流动的水体，有机的结合地形的弯曲的步行道，甚至富有动感的建筑造型，鲜明的色彩对比等等都是生动性的具体表现，但并不仅仅限于视觉带来的感受——尽管这是主要方面。鸟鸣雀叫、风声水声等听觉感知，空气中气味传播带来的各种嗅觉感受乃至人体的触觉、动觉感受与视觉一起构成了不可分割的整体。

图4-13 山石瀑布，曦龙山庄
Piled Stones & Waterfall, Xilong Garden

图4-14 儿童游戏设施，广州碧桂园
Corsair with Sliding Board, Guangzhou Biguiyuan

图4-15 "马车夫和孩子们"，广州碧桂园
Driving a Carriage, Guangzhou Biguiyuan

图4-16 歌唱小组，蛇口花园城
Street Singer, Shekou Garden-city

第四章 探索珠江三角洲住区休憩环境整体优化的思路

2. 趣味性(interest)

是指人作为主体被休憩环境的某些物质所激发出来的兴趣、喜爱。实体环境本身的趣味性是人的主要感受，趣味感是人对休憩环境在接受、认同的基础上表现出的一种正面的、积极的心理感受，它激发人们自发的参与热情和各种行为，是活动力向更高层次合理的发展。不同人群对休憩环境趣味感受可能有很大的差异。

3. 幽默感(sense of humour)

林语堂说，"幽默是人类心灵舒展的花朵，它是心灵的放纵或者是放纵的心灵。惟有放纵的心灵，才能客观地静观万事万物而不为环境所囿"。"这可以算得是文明的一项特殊赐予，每当文明发展到了相当的程度，人便可以看到他自己的错误和他的同人的错误，于是便出现了幽默。……故幽默也是人类领悟力的一项特殊赐予。"幽默感尽管主要是人们的主观感受，但却也有激发它产生的外在力量，其中实质环境便是一类源泉。住区休憩环境中蕴含的幽默感可以指它能激发人们非常积极，高度放松而快乐的特质，是建立在活动力和趣味性基础上并进一步发展和升华的特质，在住区休憩环境营造中往往表现为贴近生活的现实性和文化艺术性的高度结合。

4. 人(human)

作为生动性要素，人是世间一切事物中最活跃和最有创造力的因素。把人作为住区休憩环境中的一部分，大大拓展了休憩环境的意义和作用，并引导我们有意识地把最具生动性的人作为完善休憩环境的最重要因素。

住区休憩环境设计成功与否，空间是否充满活力，很重要一点是能否形成某种趣味中心(或如吴承照所说的"兴趣中心"，朱立本

图4-17 促销活动聚集的人群，骏景花园

Assembling in Sales Promotion, Junjing Garden

图4-18 "孩子和狗"，广州碧桂园

Children & the Dog, Guangzhou Biguiyuan

所说的"趣味的空间环境"或是刘士兴提到的"富有意义")。比如儿童心理具有对环境的易感性,活动场所一切新奇有趣的事物总能引起他们的注意和兴趣,在好奇心驱使下去探索和了解。在儿童游戏场所的设计中运用铺装、小品等设计出具有一定主题的场景,经常可以达到戏剧性效果。

而吴承照把人及其活动看作是空间中最重要的兴趣中心,"在适宜的空间,一只狗、一个小孩、一项游戏活动、打牌或社会政治话题都吸引越来越多的人前来倾听或观看,实质上狗、小孩、游戏、牌、话题等都构成了兴趣中心,由此逐渐形成更大、更有意义和更富于激情的一系列活动,……"[6]

有些兴趣中心是潜在的,比如不少住区的物业管理处每逢节假日会在固定地点组织舞会、嘉年华会等,这种活动长期坚持就会给人留下深刻的印象,进而对爱好者形成趣味的焦点。

所以,建构一定的趣味中心(不论是物质实体、人、还是潜在的中心),是使住区休憩环境具备生动性的重要一环。在这方面珠三角

图 4-19 富于动感的景廊,蔚蓝海岸
Inervative Colonnade, Weilan Seashore Garden

图 4-20 大鸟笼,中海华庭
A Big Birdcage, Zhonghai Dynasty Court

图 4-21
鸽群和孔雀,海滨广场
A Flock of Pigeons & A Peacock, Seashore Square

图 4-22
"水车",丽江花园
A Waterwheel, Lijiang Garden

地区的商品住区积累了不少成功的经验。深圳蔚蓝海岸的住区外环境设计了色彩鲜艳而极富动感的景廊，成为售楼期间和住区交付使用后的视觉焦点之一；深圳海滨广场是完全由高层住宅构成的居住区，在其中一块绿地中，物业管理处养了大群鸽子，并为之修筑了小竹屋，还饲养了孔雀。在深圳中海华庭的内庭园中，有两个大"鸟笼"，饲养有多种鸟类，还建造了一处摹拟自然山石砌筑的金鱼池。这些构思使住区充满生活气息和生命活力。在深圳百仕达花园、广州碧桂园等楼盘的环境雕塑中，我们能体味到有趣味和有幽默感的设计给人带来的乐趣。

4.1.5 住区文化

与居民休憩行为相适应的住区休憩环境，通常仅仅是指其实质环境的方面，我们的研究大多也围绕如何营造优美、适用的环境设施和实体空间方面，这当然是环境塑造的基础，然而要塑造一个高质量的住区休憩环境，还需要良好的社会环境，进而形成环境意象，达到三者和谐统一。

从整体上看，我国人类住区建设成绩斐然，珠三角地区更是走在前列，取得了丰硕的成果，然而城市住区的社会联系和社区文化面临不断疏远甚至解体的趋势。这是社会经济关系变迁带来的负面效应。对于珠三角城市住区而言，社会环境面临的主要课题是社区建设，很迫切的是社区重构。

社区建设作为一个很大的范畴，牵涉内容广泛，地域和社会空间层次多样，更多是一种政府行为。从珠三角商品住区的开发模式来看，改善住区社会环境也可以有所作为，作为一个小范畴，我们可以称之为住区文化建设。

随着住宅房地产市场日益成熟，物业管理部门在促进住区文化建设上发挥着越来越重要的作用，这与珠三角房地产市场竞争激烈有直接关系，消费者的价值观有从追求"居住面积"、"住区环境"到"文化氛围"的趋向，发展商也已逐渐认识到住区文化环境对楼盘销售所起的越来越大的作用。目前珠三角多数楼盘都是发展商自己下属的物业管理公司管理，良好的物业管理实际成为优质的售后服务。这些都从侧面表明住区文化在住区休憩环境建设中所起的重要作用。

住区文化建立在居民交往基础上，目标是促进住区人群的自我组织能力，形成和谐、有序、富于归属感的社区空间。住区文化的形成，居民的参与程度是关键。在当前城市商品住区异质化趋势愈加明显的今天，居民对住区事务的参与程度普遍较低，研究表明，随着年龄增长，人们的住区参与程度愈高；女性参与程度略高于男性；学历和收入愈高，居民参与程度愈低；居民交往程度和对社区的依赖程度则与参与程度成正相关关系。总的来看，居民参与意愿受到其个人背景和所处社区环境的影响，而后者的影响要大于前者，这一结论表明推动居民参与住区事务，首先要创造一个良好的社区环境。作为住区的主人和住区文化的主体，居民只有意识到住区事务与自己利益息息相关，才会积极投入。

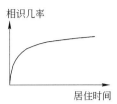

图 4-23
居住时间与相识几率的关系
Relationship between residing time and probability of acquaintance to neighbourhood

在对珠三角若干住区的调查中，笔者发现"居住时间长短"与"居民相识的几率"之间并非简单的线性关系，而是如图4-23那样呈抛物线状。这表明居民入住初期的一段时间（通常是几个月），他在本住区内的人际关系网已经大致形成，这说明居民入住的初期就应该帮助他们建立自己的社会交往圈子。作为服务和管理者，物业管理处可以起到非常有效的作用，珠三角不少楼盘通过开展这种有声有色的活动，取得了很好的社会效果。比较有代表性的有位于广州番禺的一些大型楼盘，如丽江花园、广州碧桂园、广州奥林匹克花园等。

不过由于目前珠三角商品住区大多采用封闭式、半封闭式管理，这种方式的主要优点之一是安全；同时大大小小的住区楼盘由不同的公司管理，由于这些公司在服务和营销理念上有较大差别，利益指向各不相同，这就使得不同楼盘之间缺乏应有的联系。这种自然空间和社会空间上的阻碍影响了单一的住区文化向更丰富多彩的社区文化的进一步发展。有鉴于此，基层政府部门应充分发挥组织协调职能，而规划设计上则应该充分考虑，将一个个规模小的住区整合为具有更完善服务功能的社区的需要。

4.2 追求珠三角住区休憩环境总体效益的最大化

4.2.1 对总体效益的理解

效益，可以简单地理解为"效果"、"收益"或"利益"，通常与经济活动联系在一起，经济效益是一个相对容易比较和度量的效益，而一项事务对社会产生的效果和收益（或称社会效益），通常是难以度量的。环境质量所产生的效益是多方面的，既有经济效益，但更多地表现为社会效益。一个高质量的生态环境或者生活环境给人类带来的各种利益的表现形式通常是潜在的，然而却是极其重要的；

环境效益的形式和内容也是多样的，其各自的重要性和表现的程度也有差异，因而也就存在综合效益的大小差异，探索使总体效益最大化具有重要的现实意义。

对于珠江三角洲住区来说，休憩环境及其各类设施所产生的效益也是千差万别的，存在许多复杂性与矛盾性，这就尤其需要趋利避害，从总体上改善和提高。作为其基本立足点，休憩环境规划设计过程中也必须立足于总体效益的观点，使住区休憩环境质量达到最佳状态，并能在此基础上充分发挥其环境效益。

住区休憩环境的总体效益可以认为是休憩环境发挥其各项休憩功能的总和，而休憩功能的发挥必须有赖于休憩行为主体——住区居民的参与。人在休憩环境的大系统中，是最活跃和最富于变化的因素，各种休憩设施最终都落实到人的参与和使用，因而从某种意义上讲，休憩环境设施本身的质量相对还是次要的。试想一个建造得很好的住区没有什么人住，或者住区休憩环境难以吸引居民（这中间设施质量是一个因素，但更多的是总体规划和设计问题），或者是不符合使用要求、或者是不够使用等等。

对于住区休憩环境的效益，不同的利益方代表了不同的利益倾向，商品住宅的开发商是以营利为目的，直接的经济效益（即售楼利润）是他们追求的首要目标，这个目标要求他们尽量降低建设成本，但同时获得尽可能多的利润。住区公共环境是不能出售的，大量的休憩环境上的投资会提高开发成本，增加投资风险，但良好的休憩环境又能促进直接经济利益的实现。在竞争激烈的珠三角房地产市场，环境的经济效益表现得极为突出。现在的发展商不像以前那样舍不得在住区环境上的投入，相反他们往往会不惜工本，并非他们不理性，实在是环境质量与销售业绩的关系太密切了。但这又出现一个问题，即发展商关注的是广告效应，如果休憩环境有助于销售就万事大吉，只要业主买了楼，今后他们如何使用那是另外一回事，因而发展商偏重于住区环境中景观效果方面的因素。

政府管理部门承担的是社会职责，应该代表全体公民的利益，他们对住区休憩环境的要求更多地体现在宏观方面，如注重生态环保效益，注重规划指标（如人均绿地等）的落实，发展商能否赚钱通常不是他们关心的事，居民如何使用休憩环境等问题也难以照顾到。

居民对住区环境的需求则是全面和深入的，可以说没有哪方面不与他们的日常生活息息相关，在对珠三角十几个楼盘所做的调查证实，以景观质量为核心的几项因素是居民在环境质量认知中最重要的因子，其次是安全、交通等，居民对休憩环境的诉求并非是通过一个单一的因素表现出来的，而是综合了景观、设施、绿化、物理环境、交通、安全等因素。因而其表现形式是潜在的，即业主们尽管没有提出很多具体要求，或者没有意识到这些要求，但这些要求一直存在，一个好的休憩环境应该去主动满足和迎合这些潜在需要。

值得欣喜的是，一些较优秀的发展商已经认识到营造良好休憩环境的重要性，开始积极营造休憩文明，倡导社区文化和社区服务，以期保持自身品牌的持久号召力，有的甚至直截了当地宣称，要给业主"一种全新的生活理念"。

4.2.2 休憩环境整体优化应该遵循的原则

休憩环境整体优化与追求总体效益最大化是一致的，后者是前者的立足点和最终目标，前者是后者在物质实体环境规划方面的具体行动措施和过程；前者是较具体的环境设计研究，后者则偏向理论探讨。

"以人为本"是近来发展商们乐于宣传的一个口号，"以人为本"的哲学渊源是近代西方人文主义，它在对抗神权的斗争中高扬人的独立和尊严，强调人的价值和权力，追求人的自由和解放。"以人为本"是要求一切事务要以人的根本利益为出发点，尊重人的权利，发挥人的价值并满足人的需求[7]。"以人为本"中的人通常不是作为个体的人，而是作为整体或集体的人。在住区休憩环境中强调"以人为本"的意义在于把居民的需求放在突出地位，是开发商、政府部门、住区居民在根本利益上的一致性的表现。只有真实做到以人为本，才能实现休憩环境总体效益的最大化。

在"以人为本"的总体要求下，实现休憩环境的整体优化必须遵循以下原则：

1. 功能整体性原则。整体满足是相对于局部满足而言的，整体满足要求环境及其设施对需求的各个方面加以满足，而不是局部的、不完整的满足。比如住区中的休憩座椅对居民的满足不但取决于数量、布局、具体位置，还取决于座椅本身的质量和舒适性；儿童游戏器械能最大限度符合儿童天性，激发他们的热情和创造力，并满足安全等需要。这一原则的确立有助于我们认识和关注休憩功能的复杂性和关联性，而避免孤立和片面地看问题。

2. 最大满足原则。最大满足是相对于有限满足而言的，它要求把住区居民作为一个整体看待，使住区休憩环境满足其中各类人群的需要，而不是关注于某一个群体的居民。这一原则的实现有赖于对潜在业主情况的认识，还需要针对这些需求不断做出调整。比如白领聚居的楼盘与私营业主居住的楼盘就存在需求的差异性。

3. 最小限制律。这一规律由李北锡提出，是指在居民对环境质量的总体印象中，环境质量主要受与最优状态差距最大的因素控制。比如，在一个普通住区，居民通常认为景观对环境质量影响最大，而在一个受交通噪声困扰的住区，噪声因素就被认为对环境影响最大。这一规律启发我们要重点关注并解决居民休憩行为中最突出的需求和休憩环境中最突出的问题。

4. 完备性原则。完备性是指休憩环境及其设施的丰富多彩，能支持多样化休憩和交往活动。这一原则在较大型和较偏远的住区更具意义。

5. 渐进原则。对休憩功能的满足并非在设计或者楼盘建成以后就完成的工作，而需要在业主入住后逐渐调整和完善，与之相关的服务也是一个方面。因为不可能事前准确把握各种需求，而且需求本身也在变化，因此一个良好的休憩环境的形成必然是一个渐进的过程。现在一些有实力重品牌的发展商下属的物业管理公司往往能通过小规模的调整（如增加一个小护栏使之更安全）来完善环境。

6. 公众参与。传统的环境设计和营造过程，一般是以设计者的思路为主导，有时投资者的决策也会成为主导，然而作为住区休憩环境的主要使用者，居民应该对自己的公共休憩环境有更多的发言权。公众参与到环境规划、设计甚至营造的过程，是实质趋于完善所必要的，也是"以人为本"观念的具体体现。

4.2.3 整体优化的依据和理论模型

要实现住区休憩环境整体优化，需要首先建立起休憩环境质量的评价标准和评价机制。评价标准是要确立什么为优，什么为劣，什么是可以接受，什么不能接受。它必须建立在一个共同的语境上，即明确大家所说的是同一件事和同一个对象，大家有类似的出发点。评价机制是评价过程的操作过程及行为准则。

不同的评价主体有不同的评价标准，对住区休憩环境质量的评价主要有两类评价主体：一是使用者，即住区居民，他们通常以直接的、感性的认识做出评价，相对更注意结果，不重原因和过程；二是规划设计专家，他们立足于自己的知识对环境质量做出理性的评价。两者侧重点有所差异而相辅相成，专家要充分考虑使用者的感受，因为休憩行为是复杂多变的，专家必须因地制宜，不存在放之四海而皆准的标准；使用者也需要从专家那里获得更多的帮助，使自身对休憩环境的诉求趋于全面和理性，比如对景观环境、物理环境的塑造。

在住区休憩环境整体优化中，首先要立足于使用者的感受和要求，建立起评价的人本尺度，在此基础上加上专家的理性意见。由于不具备专业知识，普通使用者难以根据图纸和模型评价环境质量的优劣，更不必说许多在施工过程中才会体现出来的差异。使用者的观点更多来源于对建成环境的评价，也就是使用后评估（POE）[8]过程中对居民满意度的研究（这部分内容在后面的章节再深入讨论），设计者吸收使用者的意见并把它们贯彻到今后的设计中去。住区休憩环境的整体优化主要是在规划设计和建造过程中完成的，它与基本未知的潜在使用者的需求必然存在某些差异，所以这种优化是一种理论上的优化，需要不断在实践中调整。

真正事前由居民参加的规划设计是很少的，这不太符合房地产开发的规律，不过住宅房地产的开发也并非存在一个千篇一律的模式，也不是没有公众参与的任何空间，比如在某些合作建设中，居民本身的同质性较高，这就使共同参与具备了良好的条件；再者，居民入住后，公共休憩环境也存在进行小规模改造的可能性和必要性，住户参与到改造过程中，就可以使休憩环境更适应特定住户群体的要求。事实上，入住后的居民也有参与的意愿，关键是如何组织和引导。

整体是相对于局部而言的，在对住区休憩环境质量起作用的各个部分或各个方面（以变量 X_i 表示）所起作用的大小或重要性是不同的，因而其优化设计的过程就不是等量齐观的，其各自相对重要程度（以变量 K_i 表示）的判定依赖于一定的评价标准和评价机制。整体优化的最主要目标和效果是达到业主的满意，具体应用中易于比较和测量的则是达到休憩环境中尽可能多的活动者、可能多的参与和使用，从而可以简单地写成以下两个表达式：

$$\sum_{i=1}^{n} K_i \cdot X_i \xrightarrow{（趋于）} S_{\max} \quad (S_{\max}表示最大满意值)$$

$$\sum_{i=1}^{n} K_i \cdot X_i \xrightarrow{（趋于）} f(P \cdot F \cdot T) \xrightarrow{（趋于）} S_{\max}$$

（P 表示使用者人数，F 表示休憩活动频度，T 表示休憩活动的时间）

在下面的章节我们将应用这一模型讨论珠三角住区休憩环境质

量综合评价问题。

4.3 珠三角住区总体休憩环境指标的探讨

4.3.1 住区总体休憩环境指标的实质和基本特征

4.3.1.1 住区休憩空间面积问题的含义

城市是人类文明的结晶,人类使生产资料、科学文化和自身的创造力相结合,使城市成为政治、经济、科学、文化、艺术等的主要创造地和载体,城市化和人类进步密不可分。人是群居动物,人类社会是高度组织的复杂系统,人类组织形式在城乡存在很大差别,但大致都表现出占据一定空间的定居性和领域性。城市中人群的聚集一方面是生产力的需要,一方面也是人类社会自身的需要,但这种聚集也带来一系列困扰,其中人们物质生存空间大小是一个重要问题。工业社会的生产方式使不少城市的规模大大扩展了,近现代以来为数不少的城市(特别是大城市)人口密集程度大大提高,人均占有城市土地资源呈下降趋势。人均城市用地这一指标可以从总体上描述城市人口的密集程度,人均居住区用地控制指标则可以进一步反映不同规模城市在不同住宅层数下的人均用地指标[9],我国规定参与居住区用地平衡的是住宅用地、公建用地、道路用地和公共绿地四项用地指标[10],因而在居住区一这层次上,人均用地指标或更进一步的公共绿地指标(含公共绿地比例和人均公共绿地面积两项内容)可以作为描述住区外部环境质量的定量指标,而建筑密度和绿地率则是从相对角度控制住区外部环境质量的主要定量指标。

周俭(1999)对现行国标《城市居住区规划设计规范》中有关指标进行了分析,发现在户内环境指标(人均住宅建筑面积)相同的情况下,多层住宅区人均户外敞地面积(户外敞地面积指包括绿地、道路、停车场地等除建筑占地外的其他所有用地,总敞地面积=总用地面积-总建筑基底面积,人均敞地面积=总敞地面积/总人口)比高层住宅区超出近一倍。

周俭在此分析的基础上提出,为反映户外环境的真实使用状况和居民真实的生活质量,需要从户外环境的使用强度的概念出发引入"人均户外敞地面积"这一指标作为环境质量控制的基本指标[11]。

不同类型住区户外环境指标比较　　　　表 4-2

Comparison of outdoor Environment Quotas in Different Types of Housing Estates

层　数	建筑密度（%）	容　积　率	人均建筑面积（m^2/人）	人均户外敞地面积（m^2/人）
低　层	35	1.1	25	14.77
多　层	28	1.7	25	10.59
中高层	25	2.0	25	9.375
高　层	20	3.5	25	5.71

资料来源：周俭. 住宅区户外环境指标的研究. 城市规划汇刊. 1999(2)：55

任炳勋(1999)认为当前城市住区的新的进步着重体现在室外环境的优化上，提出城市住区内部开放空间的概念，认为它是住区环境的缔造者和住区质量的主要决定因素。住区(内部)开放空间的概念在这里是指"城市住区开敞的、住区内建筑体型空间之外的、居民可自由进入的公共空间"，"……是强调它为建筑外部空间，区别于自然无限伸展空间和住宅建筑的室内空间，它在很大程度上讲是没有顶的'建筑'"。

在描述住区室内空间(或环境)时，存在一些似是而非的概念，需加以比较分析。比如住区外部空间、住区外部环境有可能被误解为住区外的周边环境，但它们通常指住区范围内的室外空间(环境)；邻里交往空间(环境)则兼具实质空间环境与社会人文空间(环境)的双重属性，与住区环境质量指标的联系较少；住区内部空间(环境)的概念一般也可以认为是住区范围内，特别是室外环境，但存在被解读为室内环境的可能；户外(空间)环境严格来说是住区内住宅入户门以外所有公共、半公共环境(空间)，但一般含义上是室外开敞空间(环境)，尤其是与住宅入口相关联的住区庭园空间(环境)；室外空间是相对于室内而言的，开敞的首层架空层与屋顶花园也属于室外空间。在刘士兴的定义中居住室外环境是，"围绕在居住区内住宅等建筑物的周围，与使用者相互影响的自然景观、活动设施、人口构成和社会文化构成。"[12]

本文所指的住区休憩环境包含了室外部分和室内部分，在做数量和指标分析时也分为室内室外两个部分，其中室外部分与"居住室外环境"的概念近似。住区休憩环境的面积问题包含两方面内容，一是住区休憩环境的总面积，一是人均休憩环境面积，这两个方面相辅相成,共同影响着住区休憩环境的整体质量。

前者(住区休憩环境的总面积)决定了住区室内外各类休憩空间和设施的内容;从一系列居民意愿调查和住区休憩空间及设施的配置情况来看,在珠江三角洲新建商品住区中,休憩小广场、儿童游戏场、网球场、游泳池、乒乓球室、健身房等几乎成了标准的基本配置,这些设施大致都有一个基本的空间尺度和面积的要求,最典型的是各类运动场,如网球场大致需要 36m×18m 的开敞空间;另一些休憩设施虽然没有严格的尺度要求,但要充分发挥其基本功能,也必须达到一定面积,比如设置一个感觉像洗澡堂的"迷你型"游泳池不但不能发挥游泳池的功能,难以吸引人们使用,还会造成占用空地及与之配套的更衣淋浴设施的浪费。这表明满足典型的住区休憩活动,必须达到一定的住区休憩环境的面积。

人均休憩环境面积是综合反映住区居民占有各类设施的一个方面。如果居民太少,休憩场所的使用率会不足,居民太多时这些场所又不够使用。

上述两个方面,前者是基础,后者是必要补充,是面积问题的两个方面。充分理解和把握这两个方面是创造良好住区休憩环境的基础。

4.3.1.2 住区休憩空间面积问题的实质

一般而言,城市住区过大的人口密度和较小的人均户外敞地面积会降低生活的质量,也是最容易为人们所诟病之处。然而从另一方面看,"要保持城市和居住生活环境的活力,一定规模的人口和人口密度是必需的,否则城市生活的特征和魅力将会丧失"(周俭,1999)。[11]

密度与拥挤感(Density & Crowding)是环境——行为研究的一个重要课题。密度反映个体所占的空间数量,属于物理概念;拥挤感则是一个心理学概念,由经验而来,它反映了人对所占空间的消极心理状态。高密度并不等同于拥挤,前者是后者的必要条件,但并非充分条件。拥挤感与社会文化背景、个人特点、空间形态、休憩活动特征、交往模式等有关。

大量的研究表明,密度与人们行为之间有较为密切的关系,这种关系尤其明显地表现在较小和较封闭的空间。比如麦克格雷和普赖斯的实验证实,空间量减小时,儿童跑动也会减少且活动受到限制。路(Loo)发现儿童活动场所中,密度降低到一定程度($25ft^2$/人),儿童侵略性行为和压力行为明显增多,出现好斗、偏激或被动、退缩的两极倾向。

以往有的研究结果表明高密度与犯罪、疾病等有关，比如日本的研究表明，高层住宅儿童的户外活动，特别是群体性活动明显低于低层住宅的儿童，而家长也倾向于把儿童留在家里，相应的反映儿童身心健康的指标也明显差于低层住宅。而有的研究又表明高密度与犯罪、疾病之间并不存在因果关系，以色列学者及国内徐磊清的研究都表明高层住宅与低满意度之间并没有明显关联。正如美国学者简·雅各布斯在《美国大城市的死与生》中指出的，"把高密度与过分拥挤混为一谈是糊涂观点"，"城市里只有人多才能有多样化"、"如果居民有足够的住宅，居住区高密度只会增加城市的活力和密切邻里关系"。

以上明显存在差异的研究结果似乎表明，基于不同的条件和研究方法会出现结果的偏差，同时也表明了城市居住现象的复杂性和矛盾性，从而告诫我们必须因地制宜、具体情况具体分析。

以上的分析表明，尽管表面上看，住区休憩环境面积问题研究的是指标，反映了住区环境"硬件"方面的水平，但实质上与居住满意度密不可分，拥挤感的研究实际上就是面积标准在居住满意度层面上的反映。另外，面积问题与规划布局手法也有直接关系，住区环境实质面积与居住感受的面积并非完全一致，同样的用地面积，同样的容积率和建筑覆盖率，空间大小的感受可能有较大差别，有的处理可能使空间"显得"更大一些，也就会有不一样的居住满意程度。所以研究住区休憩环境的面积问题一方面是满足日照、通风、卫生、安全、防火等基本要求，另一方面就是综合反映为居民满意度的综合诉求，这样才能理解其实质。

4.3.1.3 珠三角住区休憩环境面积问题的基本特点

1. 用地指标和用地平衡

在珠三角发展商品住宅的早期，除了少数政府背景的大发展商，大量的是小型房地产企业，这些企业实力有限，难于进行成片开发，很多是采取与土地出让单位合作的方式来开发中小型项目，这些项目的用地一般较为狭少，很多是位于旧城区的改造项目，难以形成较理想的室外休憩环境，绿化用地的比例相对较低。另外由于受经济条件制约早期开发的住宅很多是不带电梯的多层住宅（一般估计高层住宅的单方造价比多层高50％左右，高层住宅的管理维持费用也较高），除少数大型项目（如深圳莲花北村），多数多层住宅区建筑密度较高，户外休憩环境狭小。90年代中期以来建设的住宅住区逐渐强调了住区环境质量的重要性，绿化用地（R04）在住区用地中的比例显著提高，而且越是最近几年建成的住区，绿化用地比例较高的趋势越明显。这种情况的出现有几方面原因。首先，近年开发的项目以大中型企业成片开发成为趋势，成片开发有助于降低成本，同时也是竞争的需要，因为它有助于创造良好的住区环境；其次开发项目向城市边缘或近郊延伸，有条件凭较低的容积率和较低的建筑密度来获得宽敞的室外公共空间。同时，这些楼盘也较少有城市道路分割，规划用地的实际可利用率较高，而相对的道路用地面积较少，从而使绿化用地比例得以提高。

部分住区用地平衡控制指标　　　　　　表 4-3

Guideline of Land Use in Several PRD Housing Estates

住 区 名 称	用地规模（万 m²）	住宅用地 R01(%)	公建用地 R02(%)	道路用地 R03(%)	绿化用地 R04(%)
名雅苑	6.88	51.02	13.66	3.37	16.42
愉景雅苑	4.46	42.70	23.50	4.08	29.20
云景花园	25.74	42.92	11.00	14.42	31.19
金碧花园 A 区	12.0	28.00	20.00	22.00	30.00
黄石花园	14.6	47.70	17.90	19.70	10.40
荔港南湾	21.0	30	30		40
天骏花园	4.32	50	4	20	26
汇景新城	76.0	40	18	13	29
淘金花园	8.9	60	13	7	20

资料来源：发展商报建及宣传资料。

珠江三角洲若干住区的技术经济指标　　　　　　表 4-4

Technic Economics Guideline of Several
PRD Housing Estates

住 区 名 称	规划用地面积(万 m²)	规划建筑面积(万 m²)	规划总户数(户)	容积率	建筑密度	绿化率
深圳百仕达花园	35.89	84.51	7000	2.35	27.5%	39%
广州珠江帝景(首期)	37.3	87.0	7000	2.24	15.8%	—
深圳中海华庭	3.26	11.0	649	2.80		60%
深圳金海湾	4.82	12.09	876	2.84	15.14%	—
鸿瑞花园	4.22	16.32	1128	3.1	30%	42%
深圳庐峰翠苑	1.6	7.4	415	3.04	22%	42%
广州芳草园	5.3	20	—	3.08	21%	38.5%
深圳锦绣花园	9.5	32.0	—	3.4	18.87%	50%

2. 中心庭园

在当前珠三角住区项目发展中，集中设置大面积的中心绿地是又一明显的趋势。一方面在规划设计时，高层、小高层为主的住区，客观上容易形成较大面积的中心绿地，另一方面集中的大面积中心绿地有助于设计出丰富多变的休憩空间，布置各类设施，从而增强住区的整体吸引力，因而发展商也往往乐于这样去做。珠三角商品住区中较典型的一种布置方式是高层或小高层沿用地周边布置，在中间围合出一个中心庭院，有时甚至可以牺牲一些房间的日照朝向，而我国北方地区的住宅则对日照朝向有较为严格的要求，完全周边布置的成功实例有广州翠湖山庄和深圳中海华庭；深圳金海湾10栋高层沿海岸一字排开，在面海一侧群房屋面上做了近4万平方米的带形平台花园；广州汇景新城则是利用狭长地形做出了绵延达两公里的中央景观带。

3. 会所

珠三角早期的住区除了少数大型项目按定额设置了文化活动站等室内休憩设施，多数住区缺乏日常休憩设施。近年来，在港澳地区的影响下，同时也随着经济水平提高，居民休憩生活的客观需要，住户会所，在短短几年里走过了从无到有、从可有可无到成为住区标准的配套设施这样的过程，而且会所的面积和档次有不断提高的总体趋势。当前珠三角住户会所已承担了越来越多的室内公共休憩的职能。

在早期，开发商宁愿多建住宅，舍不得投资建会所，即使建了会所，也是面积狭小内容单一，或者是利用地下室、半地下室的空间，避免占用住区的计入容积率的建筑面积，现在不但利用住宅底部作会所而且经常建造独立的大规模会所，甚至是双会所、多会所。

4.3.2 从面积和尺度入手探索改善珠三角住区休憩环境质量的途径

4.3.2.1 休憩空间的"绝对面积"、"基准面积"和"标准面积"

通常我们谈到住区外部休憩空间，我们是指以住区庭园绿地为主的室外空间，另外还有首层架空层、开放屋顶休憩空间等。通常我们在评价住区外部休憩空间的面积大小时，仅仅考虑建筑周边的室外空间——也就是"户外敞地面积"，而架空层内的部分和开辟为屋顶花园的休憩空间则未计算进去。同样地，室内休憩空间除了位于住宅底部或单建的会所外，还可能在住宅顶部设有公共室内休憩空间（如楼顶观光厅等）。很明显，要完整地反映住区休憩空间的量值及其所起作用，必须把各部分休憩空间都考虑进去。然而不同位置和不同情况下的休憩空间的重要程度、实际利用率和价值大小是不同的，有的还悬殊很大，如此我们就必须赋予它们不同的权重，从而我们引入以下的概念（室内和室外休憩空间分开来考察）。

绝对面积（S_A）：指所有住区室外（或室内）公共休憩空间面积之和，它反映休憩环境实际的大小和可能容纳休憩人数的能力。

基准面积（S_X）：指在住区公共休憩空间中最基本的休憩空间的面积，对于室外空间是指户外敞地面积，对于室内空间是指住宅底部或单建的会所。

扩展面积（S_Y）：指住区室外（或室内）公共休憩空间中不属于基准面积的每一部分空间之和。

$$S_Y = \sum_{i=1}^{n} S_{Yi} \quad (i=1, 2, \cdots\cdots, n)$$

标准面积（S_B）：指住区各类室外（或室内）公共休憩空间按不同的折减系数 $f_i (i=1, 2, \cdots\cdots, n)$ 折算成基准面积的总和。它是反映住区公共休憩环境实际价值的大小及实际使用程度的量值。

这样我们就有以下的公式：

$$S_A = S_X + \sum_{i=1}^{n} S_{Yi} \quad (i=1, 2, \cdots\cdots, n)$$

$$S_B = S_X + \sum_{i=1}^{n} f_i \cdot S_{Yi} \quad (i=1, 2, \cdots\cdots, n)$$

（其中 f_i 是与每一个 S_{Yi} 对应的折减系数）

显然，基准面积是实际价值和效率最高的那部分面积。扩展面积折算成基准面积的关键是确定其对应的折减系数。对于折减系数的确定所涉及的因素很多，确定方法也有多种可能途径。扩展休憩面积的实际价值显然与它本身的环境质量与效果有关，同时还与其吸引力和使用上的便利性、可达性有关。比如屋顶花园的实际价值，与其绝对面积和环境质量、所处高度、有无电梯等都有关，而观光电梯与普通电梯相比，或许更具优势。确定这一系数可以用专家评定法、居民评定法，但都显得过于主观，我们以各类住区人群实际使用该扩展休憩空间的情况——综合使用率、使用强度与基准休憩空间的关系来确定折减系数。显然，各类人群对住区休憩环境的依赖程度（或称权重）是不同的，为了较准确地考察，我们可能需要分别确定儿童、老人、妇女等不同的折减系数，从而得到综合折减系数 f：

$$f=\sum_{i=1}^{n} C_i \cdot f_i$$

(其中是，f_i 是与每一人群对应的折减系数，C_i 是与 f_i 对应的权重)

需要指出的是，上述理论公式的提出，在指导实际计算时，必须依赖大量的实际调查研究，建立在统计数字和经验公式的基础之上，由于该问题的复杂性和本研究的客观限制，本论文中不展开对它进行深入的探索，但这一问题在实际环境评价过程中具有较重要的意义。

4.3.2.2 通过提高"绝对面积"改进住区休憩环境质量

根据珠江三角洲地区经济发展与人口承载力的基本情况，城市住宅住区建设以高层为主几乎是一个必然的选择，这也就出现了较高的容积率与住区休憩空间（主要是室外空间）相对不足的矛盾。

立足于现有条件，尽量提高居民公共休憩空间的面积，从而改善住区休憩环境的整体质量，是我们面临的一大课题。在珠三角地区的实践中，采用了一系列方法提高住区休憩空间的绝对面积，主要方法有：

1. 住宅底部开放

住宅底部设架空层（或称支柱层，open ground-floor space）而将其向住区公众开放，是珠三角地区商品住区广泛采用的设计手法。一般是把住宅（特别是高层住宅）底层或底部数层空间，除去入口、门厅、竖向交通面积（电梯、楼梯间）以及一些必要的辅助使用面积（如煤表间）以外的部分或全部空间，取消一般用墙和窗等元素的限定而使其通透，与外面开敞空间自然地融为一体。

底层架空的处理，广泛存在于古今中外的建筑设计中，如传统的干栏建筑、吊脚楼以及勒·柯布西耶倡导的现代主义建筑中底层架空的设计。西方一些国家出现的"架空底层公有化"的思想和实践偏重于城市公共建筑和公共空间。我国近代南方沿海地区的骑楼建筑也具有城市公共开放空间的性质。在我国南方地区，住宅区的底层架空处理则取得很大发展，在手法上也日趋成熟。

住宅底部架空层主要可分作三类：(1)通透性架空：主要为合理组织住区气流场与通风，组织住区步行交通系统，开阔视野等；(2)停车利用性架空：主要是用作为小汽车、摩托车或自行车的停放等；(3)休憩性架空：主要用作住区公共休憩空间。尽管架空层的设置有出于地域和气候的考虑，也有丰富空间层次和空间过渡的因素，但在现有条件下，增加居民休憩活动空间也是主要出发点之一。

从架空层的位置看,可分为:(1)接地型架空,指与用地的地面标高属于同一层的地面层架空,这是最常见的情形;(2)裙房屋面层架空,指在住宅裙房的屋面上的一层做架空处理,这种架空通常兼具建筑、结构和设备多方面的考虑,裙房则一般用作商业服务空间,有时也用作车库等。

从与住宅入口的关系看,可分为入口层架空和非入口层架空。相对而言,入口层架空形成的休憩空间具有更高的使用便利性和效率,在珠三角地区也更常见;非入口层架空常常出现在用地紧凑的住宅综合体中。

珠三角地区最常见的是接地型入口层架空,比如深圳百仕达花园、广州锦城花园等;接地型非入口层架空,架空层通常是用作车库等,而不作休憩功能使用。如深圳鸿景湾的首层架空层;非接地入口层的典型例子是广州翠湖山庄,其裙房实际上是车库、超市、球馆空间等,在裙房上面是大面积的屋顶花园,住宅围绕花园布置,住户先上到花园再进入各栋住宅楼,每栋住宅都做了部分架空处理。

从使用价值来看,一般而言接地型入口层架空可达性和便利性最好,架空层能自然地延伸到外面的开敞休憩空间并与之融为一体。在珠三角不少楼盘的设计中,绿化、小径等自然地延伸到架空层内,同时利用架空层与外面的高差做出很多丰富的变化,使空间极富吸引力,架空层内外地表的过渡处理是设计成功的关键点之一。

架空层的高度是影响其吸引力的最重要边界条件,事实证明,架空层的净高达到3m以上才能较好发挥其作用。广州汇侨新城的

图 4-24
架空层和敞地空间一体的休憩环境设计,深圳海天一色雅居

Open Ground-floor Space along with Open to Sky Space, Ville de Coasta, Shenzhen

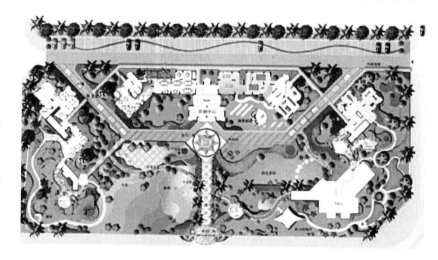

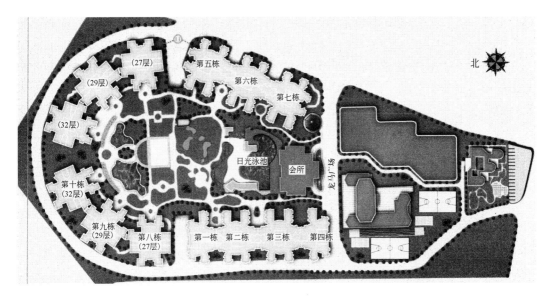

图 4-25
位于大平台上的内庭园和架空层,广州翠湖山庄
Open Ground-floor Space around the Roof Garden, Cuihu Village, Guangzhou

架空层净高不足 2.2m,梁底又布置了很多管线,架空层内暗淡杂乱,难以吸引人们在此停留。《深圳市建筑设计技术经济指标计算规定》第 4.2.1.1 条规定,建筑一层架空或裙房屋顶层主楼架空,用作绿化休闲使用时,架空部分的进深不小于 4.0m,梁底净高不小于 3.6m,并应有不小于 1/4 的绿化面积,可在容积率上给予优惠及奖励,从而对架空层的质量作了限定。架空层的高度与其进深、周围环境的尺度有关,也与用地条件、经济因素等有关,必须因地制宜地确定,但一般以净高 3~4m 为宜。海口市对以架空手法留出的绿地按一定比例承认其绿地率,也肯定了架空层休憩空间的作用。[13]

2. 屋顶休憩空间

利用屋顶作为休憩空间有两种形式,一是利用住宅裙房的屋顶,二是利用住宅本身的屋顶。前者较为普遍,通常是与住宅的架空处理结合在一起采用,形成一个整体的休憩环境;裙房的屋面面积较大,易于创造丰富多彩的休憩环境,而它又在很多住户的视线可及范围内,心理可及性和使用便利性比较优越。而住宅屋顶通常尺度狭小,又有水箱、电梯机房,还会有大量的管线,又不在多数住户视觉及心理感受的可及范围,用作公共休憩空间的较少,通常是结合高层顶部大户型住宅和屋顶退台的处理,形成住户私家露台式屋顶花园。但在某些情况下,屋顶也可以形成有吸引力的公共休憩空间,这种情况通常是与设在屋顶的室内休憩空间,如会所(或仅仅是简单的一个咖啡厅)等组合在一起,并发挥其景观眺望的功能。显而易见,普通的独立点式住宅不适合这样的处理,因为不同楼梯的住户使用单独的竖向交通系统,会造成管理和使用的不便,因而更适合拼接在一起的点式住宅、板式住宅或大型住宅综合体。这样的例子有广州丽水庭园,这个楼盘北边临珠江,五栋高层住宅拼接成"L"型,住宅顶部除了部分划作私家花园,还设置了一处公共的空中观景廊,给那些从自家不能看到珠江的住户提供一边品咖啡、一边观景的机会。

利用裙房屋顶做休憩环境有不少制约因素,首先是裙房本身的大小和尺度,其次是可达性和便利性,各栋楼的交通系统在裙房屋顶层的处理是一个关键。裙房屋顶层与住宅入口同一层当然问题不大,就像翠湖山庄那样,业主先自然上到屋顶花园再到各住宅楼,这时地面到屋顶花园的步行系统显得极为重要,应该尽量做到自然轻松地过渡。在有些住区中设置了自动扶梯来建立不同标高间的联系,如深圳中海华庭。对于入口层不在裙房屋顶层的情况就不太理想,这种情形下的住宅基本都是高层住宅,竖向交通主要依赖电梯,在这种情况下面向屋顶花园的观光电梯能大大改善和加强住户与屋顶休憩空间之间的联系和亲和力。从而也就提高了裙房屋顶花园的吸引力。当然楼梯间在这一层也可以做相应的处理,比如半开敞、扩大平台甚至做类似避难层的处理,总之要让业主清晰地意识到屋顶花园的存在和位置。

3. 其他类型的住区公共休憩空间

除了架空层和屋顶花园外,还有其他类型的住区公共休憩空间,尽管它们起到的作用通常极其有限,但在总体上对改善住区休憩环境质量还有不少帮助。比如结合绿化的外廊式住宅,可适当加宽走廊,设立停留结点空间,并结合一些手法保证住户的私密性。这类位于住宅楼层的空间在经过适当的处理后也能形成良好的休憩交往环境。比如奥斯卡·纽曼十分推崇的美国纽约河湾公寓在半私用空间——外廊与住宅之间以台阶和矮墙等要素做过渡处理,见图4-26。

图4-26

纽约河湾公寓的剖视图和平面

Cutaway View & Plan of Residential Unit of Riverbend House, New York

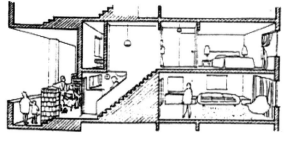
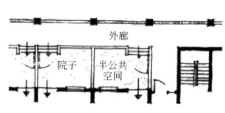

外廊式住宅为国外许多建筑师推崇的原因,在于住户的厨房往往与半公共外廊毗邻,户内居民可边做家务边与户外的各种人、事保持视线的联系,或进一步闲聊,因而有利于密切关系的形成。

但由于外廊住宅相互干扰大,外廊空间出现不合理占用,管理较为困难,因而也出现了"悬空外挑式外廊"和"下沉悬外廊"等改进设计。为了创造有生气的交往空间,国外的设计师进行了一系列成功的尝试。如英国建筑师 Alison 和 Peter Smithson 于 1952 年设计的"金色胡同"在三层设一条宽达 3.6m 的"街道",并与电梯结合,形成跃层停靠系统(Skip Stop System)。在另外一些设计中,如"立体里弄住宅"、"开敞式楼梯"等也在住宅交往空间的设计上提供了良好的思路。但我国在实践中较少采用,在珠江三角地区就更少,这表明这些设计整体被接受程度较低,与居住心理有关,也与设计水平和管理水平有关。

在很多楼盘中,对于休憩空间存在不同的管理方式,有些会抑制居民的休憩活动,比如设置围栏的绿地,收费高昂的会所。有时住户会所在权属上是发展商的物业但却占据了大片宝贵的敞地面积,成为营利性空间,对居民休憩生活极为不利。

4.3.3 珠三角住区休憩空间体系的整合

大量住宅区建设的实践为创造多样化的住区休憩空间提供了宝贵的经验,在一个住区内,处于不同的位置、不同功能的室内外休憩空间必须形成一个有机的整体,避免各自为战,才能充分发挥其整体效能,提高环境的综合质量,这样就必须建立整合的住区休憩空间体系。

4.3.3.1 休憩空间的交通组织

住区各部分休憩功能空间发生联系主要是交通联系和视线联系,交通联系是休憩空间发挥其功能的前提,通畅、自然、富有趣味的交通组织是建立完整的休憩空间体系的重要一环,实际上交通系统本身所属的空间也在很大程度上成为休憩空间体系的关键部分,因为所有居民都必须使用交通系统,这是一种必要性行为。几乎所有以往的研究都证实,在公共交通性空间(走廊、道路、里弄)或其附近最容易发生自发性的休憩交往行为。这当然有就近的原因,但也表明人们通常乐于在人来人往的地方活动,并可以随时作出其他选择。对于商品住宅区而言,人行系统和车行系统是并存的两大系统,人行系统包括人行道、楼梯、电梯等,与休憩环境的关系最密切;

在实践中为做到一定程度的人车分流，机动交通车行系统常分为日常车行流线、偶发车行流线（指搬运物品、接送病人等）和消防车行流线。其中日常车行流线对住区交通组织影响最大，不少专家建议通过量超过 80 辆小时的道路应该实行人车分流，以减少汽车对日常休憩环境的影响，保证行人安全。珠三角不少城市住区用地较小，为了创造更好的休憩环境通常采取人车分流的方式，在这种情况下，保证偶发性行车和消防行车的道路平时仅供步行。深圳中海华庭采取了立交设计，两个地块间的流量很小的市政路作下沉处理，地下车库也从下沉道路处进出，保证平时整个庭园没有机动交通（图 4-27）。深圳四季花城的日常车行流线沿用地周边布置，实现人车的

图 4-27
深圳中海华庭总平面图
Site Plan of the Dynasty Court, Shenzhen

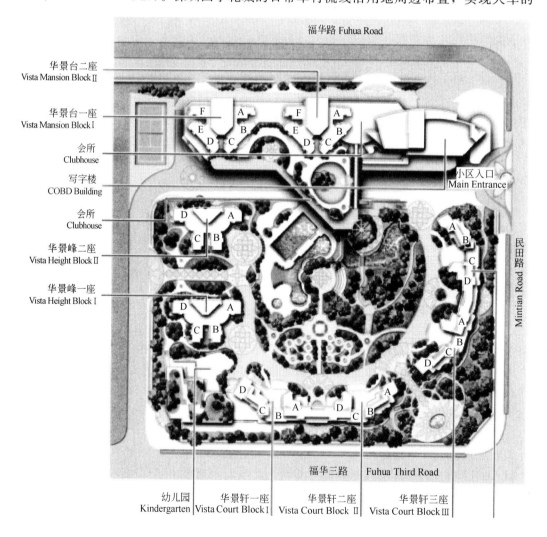

适当分流。星河湾的车行流线不进入组团,在组团入口附近直接进入地下车库。这样的人车交通流线的安排从总体上保证休憩空间免受机车交通的不良影响。

人行交通与住区休憩空间的关系有两个方面,首先人行交通保证了休憩空间的可达性和便利性,其次是人行交通联系各部分休憩空间并使之成为有序的整体。人行交通与休憩空间的关系按其密切程度可以分为通过式、向心式、跨越式和偏心式四种。

1. **通过式人行交通**是指居民日常出行可以穿过特定的休憩空间,从而建立起人与环境亲密的联系。这一类休憩空间通常是线形或带状空间,如走廊、林荫道、绿化带、步行街等。

深圳四季花城(首期)在步行入口处设计出一条宽阔的绿带,两边住宅楼的首层是骑楼式的小商业空间,位于中央的绿带布置了喷泉、雕像以及可供休息就座的空间,形成了集人行交通、购物、休憩为一体的"休憩性步行街市";前面提到了住宅公共走廊、里弄等也属于此种步行交通组织方式。

2. **向心式交通**指主要人行流线在中心休憩绿地或空间的边缘通过,这类休憩空间通常呈团状或块状,面积相对较大,没有主要交通穿越,使之有条件布置较大及较多的休憩设施,一般的住区中心绿地属于此种类型,比如深圳中海华庭的组织方式。向心式布置有利于人群的聚集并形成标志性空间,如小广场等,与居民日常生活关系也较为密切。

3. **跨越式交通**指人行流线纵向跨过呈横向布置的带状休憩空间,这种情况下,居民与休憩空间的联系较弱,但如果处理得当,也可能形成有特色的空间。比如在人行交通线与横向绿带的交叉点上设计可供停留休息的节点空间,或者跨越水面的有特色的小桥等。

4. **偏心式关系**指主要休憩空间偏离主要人行交通流线。在这种关系下,住区休憩空间与步行者的关系最弱,这类空间必须富有特色和新奇感,才能吸引居民,否则可能成为人迹罕至的"飞地",为人们所"遗忘"。番禺祈福新村的小公园与主要人行流线的关系即属于此类型。

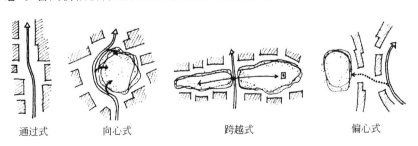

通过式　　向心式　　　　跨越式　　　偏心式

图 4-28
步行流线与住区休憩环境的关系的四种模式

Four Patterns between the Walking Flown Line & the Central Recreation Environment

第四章　探索珠江三角洲住区休憩环境整体优化的思路

主要人行流线与休憩步行小径是两类不同的流线，前者对住区整体而言，因而其设计的合理与否对住区环境质量影响较大；后者的影响是局部的。主要人行流线包括了居民从进入住区一直到自家门口的整个流线，休憩行为很大一部分是在这一流线上发生的，而休憩环境也主要是在这一流线上以不同的程度和不同的层次展现出来。这一过程在不同的阶段是可控的——或者说是可以设计的。有的时候住区户外环境是开门见山式的一览无遗，如广州汇景新城是以较高收入客户群定位的大型市区楼盘，考虑到这部分客户大多并不急于解决居住问题，基本属于第二次或二次以上置业，发展商为吸引这部分客户，刻意营造楼盘的尊贵气度和独具风格，不仅以一条专用的高架支路进入，还将大面积的人工湖和华贵的会所布置在开阔的入口空间，造成较强烈的视觉冲击，给人以别有一番天地之感。更多的住区休憩环境则是逐渐展开，比较典型的是广州翠湖山庄，由十几栋高层围合而成的屋顶花园做得十分细致和丰富，从主要入口向里走，一个个形态各异的小空间不断呈现，展示了空间张力的变化，而到尽端则以一个空间相对开阔的柱廊广场作为流线的高潮结束。

图 4-29
洛涛居入口
Entrance of Luotaoju Garden

图 4-30
雅湖半岛入口
Entrance of Yahu Peninsula

　　在休憩环境的人流组织上，不同空间转换处的处理显得尤为重要。首先是住区外部与内部交通的转换，也就是住区主入口的环境处理，珠三角的商品住宅住区普遍比较重视住区入口的设计，表现出手法和风格的多样化。图 4-29、4-30 等是住区入口的实例。

　　入口到住区内部标高的过渡是另一种重要的转换，好的设计不但能消除人们登台阶不方便的感受，还能丰富环境空间。比如深圳四季花城，它边上的公路与住区有较大的高差，这里被设计成一个极富特色的入口广场阶梯空间。

　　从住区户外公共空间进入各栋住宅，是由外到内的一项过渡，住宅大堂作为这样的转换空间起着很重要的作用，这种作用不仅是功能性的（如保安管理、信报箱设置、休息等），而且是心理（领域性等）上的。在珠三角的住区，对住宅大堂（主要指高层住宅）的设计比较重视，有的结合架空层处理成良好的休憩空间，如翠湖山庄等。

4.3.3.2 休憩空间的视线组织

休憩空间的视线联系是空间组织的最重要形式，保持视线的通畅常常是设计的焦点。其作用首先表现在不受阻挡的视线是观景和交流的基础；其次，视线通畅与否是心理距离和使用便利性感受的基础；第三，视线的组织是保护某种程度的私密性、创造富于变化空间环境、完善空间层次的基础之一。视线组织与交通组织相辅相成，与其他因素一起共同调节各休憩空间之间联系的紧密程度。

住区室内与室外休憩空间是一个整体，不能割裂开来，否则可能使两者在很大程度上失去其特有的魅力。首先，两者的联系存在某些功能上的必然性，比如户外的游泳池必须有室内的淋浴、更衣辅助空间；其次，室内外休憩空间的融通，也是创造富于吸引力的多样化环境的必然。这种融通可能是不同围合程度的空间形态的有机结合，也可能是使用功能在室内和室外空间的自然延伸，甚至可能仅仅是视觉上的联系。正如我们所熟知的，会所咖啡厅或餐厅一般应该有开阔的视野欣赏庭园美景；第三，由于会所、住宅大堂的环境空间及其要素的存在，极大地丰富了整个住区休憩环境的景观质量和空间层次。

在珠三角商品住区的环境设计中，保持室内外休憩空间视线的畅通显得更为重要，本地区的气候提供了室内外空间多义使用的可能性，户外的就座和休息也更具吸引力，能从室内看到充满绿意的庭园也就成了必然。

本章小结

影响珠三角住区休憩环境质量的因素很多，其中最主要的是住区景观环境、适宜的物理环境、绿色生态环境等；本章结合珠三角住区休憩环境建设的实例，提出和分析了决定珠三角住区休憩环境质量的主要客观因素，即：休憩环境的可达性和便利性；休憩环境的适用性（包括各要素空间排布与组合的整体适应性、休憩设施经营和管理模式影响下的适应性、设施本身设计建造的质量和适用性三个方面）；营造趣味中心的四个要素（活动力、趣味性、幽默感和人）以及具体手法。在对实质环境进行分析的基础上，本章探讨了社会环境（软环境）在休憩环境建设中所起的重要作用，并提出了一些具体建议。

本章第二节从探讨整体优化、总体效益的概念入手，指出了发挥总体效益的重要性,分析了居民、发展商、政府部门不同的利益和价值取向,进而提出了休憩环境整体优化应遵循的五个原则,即功能整体性原则、最大满足原则、最小限制律、完备性原则、渐进原则和公众参与原则。实现休憩环境整体优化就必须建立相应的评价标准和评价机制,本书讨论了居民(使用者)和专家两类评价主体的不同特点,进而提出了基本的整体优化模型。

本章第三节从珠三角住区总体休憩环境指标出发,探讨了住区休憩空间面积和尺度问题的含义,结合城市居住环境的特点、密度与拥挤感等问题探讨了住区休憩空间面积问题的实质。从用地指标和用地平衡、会所面积指标等方面分析了珠三角住区休憩空间面积与尺度的特征。

在此基础上提出了绝对面积、基准面积、标准面积、扩展面积等概念,从而建立起评价住区休憩空间面积影响休憩环境质量的理论评价模型。进而结合珠三角地域特点,对住宅底部开放空间、屋顶休憩空间以及其他类型的住区公共休憩空间的,有助于增加和改善休憩空间和规划设计手法进行了探讨。

本章从休憩空间体系整合的思路出发,分析了休憩空间的交通组织和视觉引导手法,总结了通过式、向心式、偏心式、跨越式四种交通组织模式,从交通组织角度对休憩空间的展开方式做了探讨,对室内外空间的视线组织特点和手法做了初步分析。

本章注释:

[1]　A. 比埃尔. 景观规划对环境保护的贡献. 1990;转引自吴家骅《景观形态学》中国建筑工业出版社,1999:5

[2]　聂梅生等编,中国生态住宅技术评估手册. 中国建筑工业出版社,2001

[3]　俞孔坚等:"景观可达性作为衡量城市绿地系统功能指标的评价方法与案例",规划研究. 1999

[4]　"居住区环境——居民室外活动需求调查报告",建筑学报. 1989(3):39-46

[5]　拉特利齐. 大众行为与公园设计. P.32

[6]　吴承照:现代城市游憩规划设计理论与方法. 中国建筑工业出版社,1998:113

[7]　李瑜青等. 人本思潮与中国文化. 北京:东方出版社,1998

[8]　W. P. E. Preiser, et. *Post-Occupancy Evaluation*. New York: Van Nostrand Reinhold Company

[9]   GB 50180—93 城市居住区规划设计规范，1993：第 8 页表 3.0.3
[10] GB 50180—93 城市居住区规划设计规范，1993：第 7 页表 3.0.2
[11] 周俭. 住宅区户外环境指标的研究. 城市规划汇刊. 1999(2)
[12] 刘士兴. 居住行为室外环境设计研究. 同济大学硕士论文，1997：8
[13] 叶伟华，王扬. 建筑底层架空式开放空间设计初探. 新建筑. 2001(6)：55-58
[14] William H. Whyte. *The Social Life of Small Urban Space*. The Conservation Foundation Washington D. C. ©1980

第五章 珠江三角洲住区休憩环境综合评价研究

5.1 居住环境评价研究的理论背景

环境评价是近几十年兴起的重要研究领域，环境评价方法不但能在人类开发行为与各种环境因子之间建立因果关系，而且能以一定的数学模型反映各种环境因子（或变量）的重要程度及其对环境总体质量的影响的大小，从而可以描述、比较和判断环境质量现状和对环境质量变化作出预测。

环境评价方法应用极其广泛，在居住环境质量评价中广泛采用了使用后评估（POE）的方法，其主要领域又可以粗略分为居民对居住环境的满意度的测量和研究、专家对居住环境的质量和性能的综合评价两个部分。在这些领域，国内外学者做了一系列的研究工作，取得了多方面的成果。

5.1.1 国外相关研究

Marans 和 Sprechelmeyer 提出的概念模型解释了客观状况、主观经验与居住满意度之间的关系（1981），Weidemann 和 Anderson 发展了这一模型，论述了以满意度为核心的居民反应与行为意愿、行为和居住环境社会层面的关系（1985）。他们共同阐明了居住环境物质和社会因素在影响居住满意度过程中的重要性。Francescato 等人论述了一个涵盖面极广的满意度模型，它被认为是对居住环境的一种态度，这个模型强调其他所有环境评价因子诸如经济、生态、技术功能的稳定性等都与满意度有关。[1]

另外有许多研究者把居民满意度看作是非独立的变量，或者作为居住质量的一项预报因子。西方国家有关居住满意度的研究案例采用国家尺度的样本（如 Marans 和 Rodgers，1975；Campbell 等人，1976；Davis 和 Fine-Davis，1981），或城市尺度的样本（Galster 和

Hesser,1981)。他们有些关注于不同类型的居住环境,像低收入地区(Fried 和 Gleicher,1961;Lansing 等,1970);有些则批评了政府的政策并关注于公共住宅区(Yancey,1971;Onibokun,1974,1976;Rent 和 Rent,1978;Amerigo 和 Aragones,1990);另一个测量居住满意度的方法把居民满意度解释为若干行为(如居住迁移性)的预报因子。从这一角度看,居住迁移性被认为是个体对居住环境调节过程的一项关联因素(Speare,1974;Newman 和 Dancan,1979)。

以往的研究发现居住满意度受使用者的住宅单元特征、管理、环境与地段因素影响(Awotona,1991;Vrbka 和 Combs,1991)。同样,可获得的设施和服务也被引入满意度指标。Morris 和 Winter 的有关居住适应和调整的理论提出了适用于美国的住宅规范,可用以检验居民对自己住宅的满意度和希望作出的改进(Morris 和 Winter,1978),这一住宅规范的内容包括结构类型、空间(住宅特征)、质量(住宅状况)、邻里公共设施、费用和土地利用。这一理论提供了一个研究住宅满意度的合理框架。然而对许多其他地方,要更好理解满意度的概念,必须了解当地的社会文化背景,比如在我国,南方和北方的观念就有很大不同,较发达地区与欠发达地区又有不同。

概览以往的研究可以看出,若干特性构成了住宅规范的总体,如期望获得的住宅特征与结构类型相关;不同的结构类型需要不同的服务,同时还影响对居住单元的满意度(Johnson 和 Abernathy,1983)。住宅空间适用性依赖于结构类型,空间大小与满意等级相关联(Galster,1980;Kinsey 和 Lane,1983)。独立住宅因为更好的空间、私密性和庭院而比集合住宅拥有更高的满意度(Morris 和 Winter,1978;Rent 和 Rent,1978),住宅特征强烈影响着住宅的满意度(Kaitilla,1993),卧室数量、私密性及厨房的位置影响了尼日利亚核心住宅计划中居民的满意水平(Ozo,1990)。满意度与住宅单元的质量有关(Lord 和 Rent,1987)。满意度并非绝对,而住宅状况也非一成不变,这样住宅状况和(在任一给定时间的)居民满意度只能以相对条件测量。另外,糟糕的住宅状况通常来自不充分的内部设施(Ozo,1986),像厨房、浴室和厕所等如果与其他居民分享,将恶化私密性和便利性(Muoghalu,1984)。[2]

对邻里的满意被认为是一项重要因素(Vrbka 和 Comba,1991)(Ozo,1990),如果对邻里较满意,在一定范围内居民会忽略居住环境的不足。孩子上学、上班和医疗中心的距离,房子所处的地段等最容易引起对邻里不满意(Awotona,1991)。另外,是否能获得公共交通、社区、购物设施和物理环境可在很大程度上解释对邻里的满意度(Ozo,1990)。

早期的研究指出了管理对预测满意度的重要性(Weidemamn等,1982),住宅管理部门的服务(如管理规则的得力和对投诉的处理等)也是满意度的重要因素(Burby和Rohe,1989)。住宅形制与住宅满意度之间存在强烈的关联,明确的住宅特征能强化对住宅形制的理解。

在发展中国家所做的研究之一是Potter对土耳其安卡拉迁移居民对他们在乡下的住宅与城市非法棚户住宅的观念(1993)。Türkoglu也讨论了土耳其乡村居民迁移到首都安卡拉居住而产生的非法棚户区,从居民观点评估了棚户区的居住环境质量,研究了面积和物质条件;到市中心、工作地、医院、商店和市政设施的便利性;社会、娱乐和教育服务的提供;社会和物质环境问题;居住气候控制;对居住邻里的满意等六类因素与总体满意度的关系(1997)。Ukoha和Beamish调查了尼日利亚首都阿布贾为政府雇员建造的公共住宅,指出了住宅特征和总体居住满意度之间的关系,找出了居民最满意和最不满意的若干因素(1997)。

5.1.2 国内学者研究的成果

国内的学者根据我国的国情也做了一系列的研究。吴硕贤等自1990年起陆续对杭州、厦门、南京和温州的17个居住区1297户居民进行了生活环境质量的问卷调查,这些居住区代表了我国南方地区20世纪80年代及以前规划建设的居住区和旧城老住宅区,利用多元统计分析和模糊集理论对调查数据进行了分析。研究了居住环境质量各因子的统计关系和规律,并选出了相互独立的评价因素。指出居住环境质量总体受可视环境因素(如楼房间距、景观、绿化、环境卫生等)支配,同时受突出的不满意因素的控制。[3]

徐磊青等在研究上海居住环境质量时将总体分为社会方面、空间方面和与舒适性有关的服务设施三大类,比较了多层住宅和高层住宅的居民对居住的满意度(1995),发现对多层和高层住宅,"厨房和卫生间的大小,设施布置和使用上的便利"都是主观评价中最重要的预报因子,多层住宅第二位预报因子是"老人对活动空间、社会交往和服务水平的评价",其次比较重要的有"厅和储藏空间的情况"、"社区服务设施"、"安全感和社区管理"等。高层住宅第二位预报因子是"安全感和社区管理",其次比较重要的有"老人对活动空间、社会交往和服务水平的评价"、"住区服务水平的评价"、"水电供应"等。其他因素的重要性差不多。分析发现在现有居住水平下,上海居民的居住行为还比较单一,关注于家庭内部而缺乏公共环境的意识和要求。[4]

张智、陈建玲等探讨了居住区综合环境质量评价的特定评价程序,以及居住区综合环境质量评价结果的判定等问题(1997),在综合评价中,将二级指标分为"自然环境指标"、"环境工程设施指标"和"环境质量管理指标",在居住环境质量指标体系中,提出"物理化学性指标"、"生物生态性指标"和"心理文化性指标"。[5]

陈浮(2000)从安全、舒适、和谐、方便等原则出发,建立了包含5个准则和56个因素的调查与评价因子,通过对南京市近期购房的居民的调查,获得1436份问卷,通过统计分析建立了城市人居环境满意度评估指标体系的基本框架,并对南京市各居住地域的人居环境提出了优化措施和方案。

5.2 本文研究的背景和基本框架

5.2.1 珠三角住区休憩环境评价研究的背景

在居住满意度研究中,主客观因素联系非常密切,如果脱离一定的社会、地域和文化背景,研究就缺乏立论基础。本项研究地域限于珠江三角洲地区。珠三角地处南亚热带,夏季湿热,冬季温暖,区内河网纵横,雨量充沛,植物茂盛,四季常青;本区属于粤语文化圈,具有深厚的历史文化积存;本区集中了广州、深圳、珠海、中山、东莞、佛山等重要城市(香港、澳门虽属珠三角,但不在本文研究之列),在经济发展中居于国内前列,广州、深圳等制定了在一二十年内率先基本实现现代化的发展战略;珠三角地区是全国三大重要的城市密集带之一,改革开放后城市化发展很快。总体来看,本地区气候、文化、经济发展水平等具有很高的同质性。

本地区毗邻港澳,传统上商业贸易发达,住宅商品化程度一直较高,城市住宅建设走在全国的前列。住宅商品化对满足居民需求提出更高要求,住宅产业的良性发展和竞争,使住区居住环境质量得以大幅度提高,出现了一批全国知名的住宅楼盘。

本地区人口密集，土地使用强度很大，中心城市的城区和近郊的新建住宅区基本以高层为主。根据本地区居住环境的实际情况和发展方向，本研究选取的调查对象限定为90年代中期以后建成的商品住区，总体代表了本地区住宅建设的中等偏高水平。

国内对住宅区开展使用后评价的情况，总体来看比较薄弱，少数几位学者的研究也是着眼于住区整体的调查，未见有对住区休憩环境及其设施所做的专项评价研究。珠三角住区休憩环境在国内具有代表性，本次调查的目的是研究影响珠江三角洲城市住区休憩环境质量的主要因素以及它们的相互关系，了解经济发达地区居民对休憩环境和设施的需求，发现其中的规律性，探索本地区城市居民的休憩生活模式，以此指导项目策划，进而对规划设计提供值得信赖的依据。

5.2.2 研究工作的基本框架

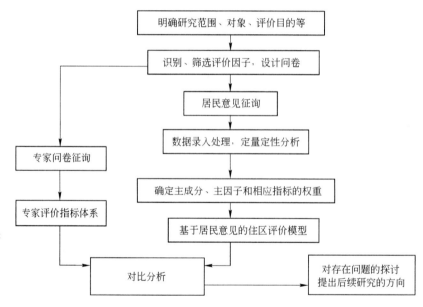

图 5-1
珠江三角洲住区休憩环境评价研究的工作框架

Methodological Framework of POE of Recreational Environment in PRD Housing Estates

5.2.3 本次住区休憩环境质量调查的方法和基本情况

本次对珠江三角洲住区住户所做的休憩环境质量的调查，抽样调查问卷的设计尽量遵循社会调查学和统计学规律，避免以调查者主观意愿"引导"被调查人。大多数问题的选项都采用语义学标度，便于应用多元统计方法和计算机技术进行处理，并取得量化的结论。

本次调查主要包含两方面的内容，其一是要求受访者对影响珠三角住区休憩环境总体质量的各类因素的水平分别作出评价，并对这些因素的相对重要性作出判断；第二个内容是要求受访者对珠三角住区内各种主要休憩设施的质量和需求程度作出评价。由于问卷内容较多，为了避免对被调查者造成负担从而影响调查效果，大多数问卷发放时按上述两方面调查内容分为卷一（附表二）和卷二（附表三）两个部分，每个被调查者只需要回答一份问卷。为了比较真实反映母体的状态，本次调查的 10 个楼盘基本涵盖了不同的档次和不同特征，从而使调查数据更具有代表性。

在中海集团有限公司等单位的协助下，自 2001 年 11 月份开始，对本地区 10 处建成住区进行了问卷调查，历时约一个月，共获得问卷 507 份，其中有效问卷 439 份，发生误差的 68 份问卷为登记性误差，在此次统计分析中不再列入数据库。有关调查到的楼盘和问卷的回收情况见表 5-1。

发放问卷的过程基本保证了选择调查对象的随机性，尽量避免问卷发送人主观原因对调查的信度产生影响。采用物业管理处专人送达住户的方式，在住户填妥后再上门回收。由于住户对管理处较熟悉，这种方式比较能为住户接受，因而问卷回收的效果可以接受。为了调动被调查者的积极性，同时避免他们以敷衍的态度对待调查表，在调查时奉送小礼品的做法也起到了一定作用。

珠江三角洲住区休憩环境综合评价调查的基本情况 表 5-1
Characteristics of the PRD Housing Estates Taking POE of Recreational Environment

城市	住区名称	住 区 性 质	受访户平均入住时间(月)	问卷一回收量	问卷二回收数	近似外销率	近似售价(元/㎡)
深圳	海滨广场	口岸附近中高档高层	49.13	30	30		
	中海丽苑	南山区中档(小)高层	21.22	19		5%	4470
	碧荔花园		32.60	22	22		3800/5000
	中海华庭	中心区高档(小)高层	20.86	13		25%	8300
	海富花园	罗湖区早期高档高层	44.86	15		80%	5100
	怡翠山庄	多层为主关外大型楼盘	15.20	24	20	50%	3400
	中城康桥		13.13	34	29	30%	3200
	逸翠园		30.06	36	14		
广州	骏景花园	中档小高层	20.12	33	38		
	翠湖山庄	高档高层	22.77	35	25		
	总　　计			261	178		

环境评价的方法很多，本研究采用的是在住区居民满意度调查中普遍采用的统计与多元分析法（statistical and multi-criteria analysis），具体分析过程充分考察和借鉴了吴硕贤等的研究，在运算方法上作出了部分调整。

与住户问卷调查同步，我们对多数物业管理处做了访问和问卷调查，以从管理者和服务者角度了解居民对休憩环境的使用情况和看法。为了与居民调查的结果相比较，我们就同样的研究课题对珠江三角洲地区的32位有关专家（主要是规划设计专家，有少数是房地产策划销售专家，分别来自设计单位、高校、规划管理部门、房地产企业）进行了问卷征询（附表五），这样可以将居民评价模型与专家评价模型做有意义的比较。

本次调查回收问卷的有效数据全部录入电脑，采用统计软件SPSS for Windows 10.0 英文版进行处理和分析。本次调查数据分析方法包括平均值分析、相关分析、主成分分析、因子分析、相关分析、模糊评价等。

5.3 珠三角住区休憩环境总体质量及其各类因素的多元统计分析

评价指标的选择既要满足完备性又不能过于繁琐而影响评价的可操作性，本研究选取的10大类27项指标是研究者根据本地区新建商品住区的特点从大量相关指标中筛选出来的，可以从总体上较大程度地概括和描述影响珠三角住区休憩环境质量的各方面的因素。

为了便于统计运算，我们将适合主观判断的满意程度按语义学准则转换成数值区间，约定如下：

住区休憩环境总体质量居民评价尺度表　　表5-2

The POE Standard Scale of Recreational Environment of PRD Housing Estates

对总体感受 Y		对10大类因素及其所属27项指标 X_N	
很满意	$Y \leqslant 1.5$	好	$X_N \leqslant 1.5$
满意	$1.5 < Y \leqslant 2.5$	较好	$1.5 < X_N \leqslant 2.5$
较满意	$2.5 < Y \leqslant 3.5$	较差	$2.5 < X_N \leqslant 3.5$
一般	$3.5 < Y \leqslant 4.5$	差	$X_N > 3.5$
较不满意	$4.5 < Y \leqslant 5.5$		
不满意	$5.5 < Y \leqslant 6.5$		
很不满意	$Y > 6.5$		

5.3.1 评价指标重要性的分析

在问卷中我们要求受访居民从 27 项小指标中选择最重要的七项，在表 5-3 中列出了每项小指标被选中的次数的统计情况。这里我们认为被选中次数越高，则该指标越重要。

居民从 27 项小指标中选择 7 项最重要小指标的频率分布　　　表 5-3

Frequency of the Factors When choosing the Most Important 7 from 27 Factors

排序	被评价指标	在七个空格分别被选的次数							总次数	百分比
1	21. 外部噪声控制	22	12	5	8	11	9	4	71	8.74
2	23. 空气质量	8	11	9	9	4	14	11	66	8.13
3	26. 休憩环境卫生	6	8	7	9	12	3	9	54	6.65
4	25. 绿化生态效果	3	8	7	8	9	7	11	53	6.53
5	13. 防止交通意外	3	9	11	11	9	5	2	50	6.16
6	1. 室外休憩空间面积	24	3	2	3	1	7	7	47	5.79
7	3. 室外康体游戏	8	5	8	4	5	10	3	43	5.30
8	8. 户内康体	4	6	5	5	7	5	6	38	4.68
8	20. 室外通风流通	5	4	7	5	8	7	2	38	4.68
10	4. 户外休息交往设施	9	5	2	4	2	5	7	34	4.19
11	7. 户内休闲设施	3	7	5	3	5	6	4	33	4.06
12	22. 小区日照	1	4	8	4	5	5	2	29	3.57
13	18. 小区园林绿地小品	2	6	3	6	4	3	2	26	3.20
14	12. 防止跌落意外	4	3	3	7	2	2	3	24	3.00
15	5. 基础设施	2	6	3	3	1	2	5	22	2.71
15	16. 气氛活跃和人情味	0	0	4	5	7	3	3	22	2.71
15	27. 休憩设施维护	3	1	4	1	3	3	7	22	2.71
18	15. 休憩环境文化气息	0	2	4	3	3	1	6	19	2.34
18	24. 水土质量	1	2	6	3	0	0	7	19	2.34
20	10. 到中心绿地便利性	0	2	4	2	5	2	3	18	2.22
21	17. 建筑物美观程度	1	2	3	5	1	1	3	16	1.97
21	2. 室内休憩空间面积	5	2	1	1	3	1	3	16	1.97
21	14. 吸引力和趣味性	0	2	3	3	3	3	2	16	1.97
24	9. 到常去设施便利性	1	4	1	2	2	1	1	12	1.48
24	19. 室内休憩空间美观	1	1	0	2	4	3	1	12	1.48
26	6. 户内休息交往空间	0	1	1	0	0	6	1	9	1.11
27	11. 到会所的便利性	0	0	0	0	0	2	1	3	0.37
	总　　和								812	100.00

5.3.2 平均值分析

我们运用表 5-2 所示的评价尺度，对 10 个住区居民对本住区 27 项小指标及总体感受的评价求平均值，得到的数据见表 5-4。

居民对所在住区 27 项休憩环境小指标评价得分的平均值　　表 5-4

Mean Value of 27 Rec. Environmental Factors Grading by Residents in Their Housing Estate

被评价指标	海滨广场	中海丽苑	碧荔花园	中海华庭	海富花园	怡翠山庄	中城康桥	逸翠园	骏景花园	翠湖山庄
1. 室外休憩空间面积	1.87	3.29	2.45	**1.33**	2.40	1.64	1.78	2.22	1.84	2.06
2. 室内休憩空间面积	2.27	3.00	3.27	1.67	3.00	2.50	2.17	2.28	2.37	1.75
3. 室外康体游戏	1.67	2.43	2.45	2.17	3.20	2.57	2.06	1.83	2.00	1.94
4. 户外休息交往设施	1.53	2.00	1.91	2.00	2.00	1.86	1.61	1.78	1.74	1.75
5. 基础设施	1.60	2.00	1.82	**1.33**	2.40	2.36	1.89	1.61	1.89	1.81
6. 户内休息交往空间	1.80	2.14	2.64	2.17	2.80	2.14	2.28	1.72	2.21	1.75
7. 户内休闲设施	1.67	2.71	2.82	2.67	3.60	2.86	2.78	2.56	2.26	2.38
8. 户内康体	1.87	2.00	2.45	2.33	2.40	2.50	2.11	1.89	1.84	2.00
9. 到常去设施便利性	1.73	**1.14**	1.91	2.17	1.80	2.64	1.94	1.67	1.74	**1.44**
10. 到中心绿地便利性	**1.40**	**1.14**	1.73	**1.00**	**1.40**	2.00	1.56	**1.44**	1.53	**1.50**
11. 到会所的便利性		**1.00**	2.00	**1.33**	2.40	2.57	1.67	**1.50**	1.63	1.56
12. 防止跌落意外	1.53	1.57	2.27	**1.50**	2.00	1.64	1.89	**1.39**	2.00	1.75
13. 防止交通意外	1.67	**1.14**	2.45	**1.17**	2.00	2.36	1.94	**1.39**	1.79	1.69
14. 吸引力和趣味性	1.80	2.00	2.55	1.83	2.40	2.00	2.33	2.11	1.84	1.81
15. 休憩环境文化气息	1.87	2.00	2.55	2.00	2.60	2.21	2.00	1.94	1.89	1.75
16. 气氛活跃和人情味	1.73	2.14	2.09	2.00	2.07	2.17	1.94	1.89	1.75	
17. 建筑物美观程度	1.73	**1.43**	1.82	1.67	2.60	**1.36**	1.78	1.61	1.68	**1.44**
18. 小区园林绿地小品	1.80	1.86	2.09	2.17	3.00	**1.50**	1.61	1.89	1.79	1.75
19. 室内休憩空间美观	1.77	2.29	2.55	2.00	3.40	2.00	2.00	1.72	1.95	1.69
20. 室外通风流通	1.67	2.00	1.55	2.00	1.60	1.64	1.94	**1.44**	1.89	1.94
21. 外部噪声控制	2.40	3.29	1.91	2.00	3.60	2.36	2.67	2.00	2.21	2.50
22. 小区日照	1.87	1.71	1.73	2.00	2.00	1.93	1.56	1.61	1.74	2.00
23. 空气质量	1.73	3.14	1.91	1.67	2.00	1.79	2.17	**1.44**	2.21	2.19
24. 水土质量	1.73	1.71	1.82	1.67	2.40	1.79	2.06	**1.44**	1.95	2.00
25. 绿化生态效果	2.13	2.14	1.82	1.67	1.80	1.86	2.11	**1.44**	1.84	1.81
26. 休憩环境卫生	**1.47**	1.71	**1.45**	**1.17**	1.80	**1.50**	1.83	**1.44**	1.63	1.69
27. 休憩设施维护	1.67	1.57	**1.45**	**1.17**	1.40	2.07	1.72	**1.39**	1.84	1.75
总体感受	2.53	3.14	3.00	**2.17**	3.40	3.00	2.83	2.53	2.84	2.75

在调查中我们直接得到了居民对 27 项指标的评价值，为了避免分析过程过于繁琐，以下的分析以 10 大类进行，为此要求出各住区 10 项大指标的平均值，方法如下：

（1）求三级指标对二级指标的权重：

设总的评价目标为一级指标，十项大指标为二级指标，27 项小指标为三级指标，利用从 27 项三级指标中选七项最重要指标的选取结果，比较被选的次数，确定每项三级指标对所属二级指标的重要性，利用层次分析法求出权重。

判断矩阵 $A=(a_{ij})$ 的求法：$a_{ij}=\left[\dfrac{h_i-h_j}{h_i}*10\right]+1$，$h_i>h_j$

$$a_{ij}=\dfrac{1}{\left[\dfrac{h_j-h_i}{h_j}*10\right]+1},\ h_j>h_i$$

h_i 和 h_j 分为第 i 项和第 j 指标被选的次数，方括号表示取整数运算。

（2）用 27 项小指标（三级指标）对 10 类大指标（二级指标）的权重以及 27 项指标在每个住区的平均值做加权计算，得出 10 大类因素满意度的平均值（表 5-5）。

表 5-4、5 中，"总体感受" $Y\leq 2.5$ 及其他指标 $X_N\leq 1.5$ 者以粗体字标明。

居民对所在住区 10 项大指标满意度的平均值　　　　表 5-5

Mean Value of Grading the Satisfaction of 10 Kinds of Guidelines Using AHP Method

住区名称	总体满意	面积大小	室外设施	室内设施	使用便利	安全环境	人文感受	景观美感	物理环境	生态质量	环境维护
海滨广场	2.530	1.914	1.623	1.795	**1.415**	1.650	1.783	1.783	2.226	1.851	**1.495**
中海丽苑	3.140	3.258	2.270	2.262	**1.132**	**1.201**	2.078	1.813	2.930	2.750	1.693
碧荔花园	3.000	2.541	2.241	2.593	1.794	2.424	2.294	2.078	1.831	1.877	**1.450**
中海华庭	**2.170**	**1.368**	2.053	2.443	**1.339**	**1.217**	1.979	2.054	2.000	1.670	**1.170**
海富花园	3.400	2.467	2.785	2.852	1.564	2.000	2.241	2.956	3.112	1.964	1.750
怡翠山庄	3.000	1.736	2.346	2.609	2.206	2.257	2.106	1.518	2.196	1.811	1.571
中城康桥	2.830	1.823	1.915	2.359	1.670	1.933	2.135	1.680	2.449	2.145	1.816
逸　翠　园	2.530	2.227	1.798	2.121	1.506	**1.390**	1.961	1.818	1.868	**1.440**	**1.434**
骏景花园	2.840	1.899	1.915	2.011	1.593	1.820	1.884	1.782	2.114	2.082	1.656
翠湖山庄	2.750	2.026	1.874	2.122	**1.487**	1.699	1.757	1.682	2.359	2.063	1.698

5.3.3 相关分析

两个变量之间的相关性表示在一个变量发生变化时另一个变量随之发生变化的可能性和总的趋势。相关程度以相关系数 r 表示（$-1 \leq r \leq 1$），r 的绝对值越大，表示变量之间的相关性越高，r 为负数时表示一个变量的增加可能引起另一个变量的减少，称为负相关。在表 5-5 中列出了 10 个住区各自 10 项大指标的平均值，利用该表的数据可以求出 10 类指标及总体感受相互间的相关系数（见表 5-6）。在本研究中，作为样本的住区数量 $M=10$，如设置信度 $\alpha=0.01$，则查表可知：在双尾 T 检验下当 r 的绝对值 ≥ 0.76 时，在单尾 T 检验下当 r 的绝对值 ≥ 0.72 时，可认为有显著的相关性。大于等于 0.76 的数值在表 5-6 中以大粗体标明。

从表中可以读知，"室外设施"与"室内设施"、"室外设施"与"人文感受"、"室内设施"与"人文感受"、"使用便利"与"安全环境"之间相关性显著，表明居民对室内、室外的感受是相当一致的，而人文感受可能很大程度上等于室内、室外设施的质量，安全环境差会使人感到使用不便而抑制休憩行为；而"室外设施"和"环境维护"与住区整体感受相关性较大，表明这两项因素对居民形成住区休憩环境总体印象最为重要。

10 项大指标之间的相关系数　　表 5-6

Pearson Correlation between any two of the 10 Guidelines

	总体感受	面积大小	室外设施	室内设施	使用便利	安全环境	人文感受	景观美感	物理环境	生态质量	环境维护
总体感受	1	0.656	**0.746**	0.529	0.256	0.514	0.597	0.409	0.676	0.534	**0.728**
面积大小		1	0.386	0.127	−0.350	−0.067	0.37	0.262	0.508	0.618	0.383
室外设施			1	**0.897**	0.241	0.357	**0.761**	0.682	0.580	0.222	0.231
室内设施				1	0.420	0.465	**0.853**	0.585	0.309	−0.035	0.057
使用便利					1	**0.838**	0.360	−0.184	−0.307	−0.367	0.097
安全环境						1	0.508	0.106	−0.113	−0.135	0.297
人文感受							1	0.485	0.231	0.101	0.126
景观美感								1	0.476	−0.072	0.034
物理环境									1	0.668	0.671
生态质量										1	0.622
环境维护											1

从上表还可以知道，10 项因素并非完全独立的，有些相关性高的因素可以归为一种。这样可以将上述因素进一步归结为面积大小、室内室外设施、使用便利、景观美感、物理环境、生态环境、环境维护等七个核心因素。

5.3.4 主成分分析

主成分分析的基本思想是把多项评价指标综合成少数几项主要成分，再以这几项主成分对总体（评价目标）的贡献率为权重（对总体的重要性程度）构造一个综合指标，并据此作出评判，在各指标间相关性较高时，此方法可以消除多余的指标，其由数学方法生成的权重有较好的客观性。

根据表 5-6 形成的相关矩阵，可以求得与 10 项因素对应的非负特征根，再进一步求出与之对应的特征向量和每一特征向量在各评价因素上的系数，结果见表 5-7（计算公式和过程略）。

按累积贡献率≥90％为准，可选择 Z_1、Z_2、Z_3、Z_4 前四个主成分来概括评价住区居住满意度，这四个主成分是相互独立的。从上表可以读知，Z_1 在"室外设施"、"室内设施"、"人文感受"这三项因素上系数较大，表明 Z_1 主要反映了对住区休憩环境总体感受中对硬件设施的观感印象部分；Z_2 的主要反映休憩环境中生态质量（空气、水土、绿化）的作用；Z_3 在"安全环境"和"环境维护"上的系数最大，可认为反映了设施的管理和维护服务的状况；Z_4 比较明确地反映"面积大小"在总体满意度中的重要性，并表明"人文感受"受"面积大小"影响较大。（各主成分在各因素上较大的系数以大黑体标示）

5.3.5 因子分析

因子分析的理论思路是从影响住区休憩环境满意度的各因子中找出它们共有的公共因子，并利用因子荷载矩阵求出各公共因子对各影响因素所起作用的大小（荷载量 α_{ij}），根据表 5-6、表 5-7 的数值，计算可以得到表 5-8 的结果（公式和运算过程略）。

与主成分分析类似，我们可以得出以下结论：因子 f_1 主要代表室内外休憩设施质量和人文感受，表明休憩设施的丰富及良好状态直接影响人们对环境的人文感受；因子 f_2 主要代表生态质量和面积大小，也表明外部空间的面积的大小对人们对生态质量的评价有直接影响；因子 f_3 主要代表环境维护方面的因素。

主成分分析的结果　　　　　　　　　　　　　　　　　　　表 5-7
Result of Principal Component Analysis

特 征 值		4.0203	2.8175	1.5488	0.7162	0.4509	0.1968	0.1712	0.0498	0.0287	0
贡 献 率		40.20%	28.17%	15.49%	7.16%	4.51%	1.97%	1.71%	0.50%	0.29%	0.00%
累积贡献率		40.20%	68.38%	83.86%	91.03%	95.53%	97.50%	99.21%	99.71%	100.00%	100.00%
特征向量		Z_1	Z_2	Z_3	Z_4	Z_5	Z_6	Z_7	Z_8	Z_9	Z_{10}
每一特征向量在各因素上的系数	面积大小	0.263	0.342	0.014	**0.606**	**0.436**	**0.461**	0.027	−0.040	−0.157	−0.129
	室外设施	**0.466**	−0.069	−0.156	−0.049	−0.235	0.372	−0.313	−0.136	**0.433**	**0.504**
	室内设施	**0.415**	−0.250	−0.177	0.003	−0.366	−0.001	0.121	−0.487	−0.543	−0.231
	使用便利	0.107	−0.488	0.397	−0.034	−0.100	0.386	−0.002	0.228	0.274	−0.553
	安全环境	0.226	−0.385	**0.406**	0.001	**0.403**	−0.243	−0.436	0.093	−0.359	0.294
	人文感受	**0.412**	−0.192	−0.075	**0.403**	−0.068	−0.448	**0.483**	0.356	0.213	0.121
	景观美感	0.327	0.001	−0.477	−0.351	**0.504**	−0.215	−0.162	−0.038	0.233	−0.401
	物理环境	0.334	0.367	0.029	−0.426	−0.162	0.180	0.067	**0.615**	−0.361	0.018
	生态质量	0.189	**0.447**	0.301	0.205	−0.348	−0.400	−0.473	−0.061	0.160	−0.315
	环境维护	0.236	0.241	**0.545**	−0.347	0.208	−0.0452	**0.457**	−0.415	0.184	0.095

三个公共因子对 10 项影响因素的载荷量　　　　　　　　　表 5-8
The Component Matrix Extracted from 10 Guidelines

因　　素	公 共 因 子		
	f_1'	f_2'	f_3'
面积大小	0.527	**0.575**	0.0175
室外设施	**0.934**	−0.116	−0.195
室内设施	**0.832**	−0.419	−0.22
使用便利	0.215	−0.819	0.494
安全环境	0.453	−0.647	0.505
人文感受	**0.825**	−0.323	0.0932
景观美感	0.655	0.0227	−0.594
物理环境	0.67	0.615	0.0362
生态质量	0.378	**0.75**	0.374
环境维护	0.474	0.405	**0.678**

表 5-8 经过方差最大正交旋转得到的因子荷载矩阵见表 5-9，这种转换的意义在于使新因子与某类变量一致。表 5-9 中得到的三个新因子的含义可以理解为：因子 f_1' 表示住区室内外休憩设施质量及人文、景观的感受；因子 f_2' 综合表示住区的生态质量、环境维护、物理环境和面积大小，主要与住区园林绿地的绿化效果、大小和环境卫生等有关；因子 f_3' 表示住区休憩环境方面使用便利和安全方面

的因素。

经方差最大正交旋转后的因子载荷矩阵　　　表 5-9

The Rotated Component Matrix Extracted from 10 Guidelines

因　　素	公　共　因　子		
	f'_1	f'_2	f'_3
面积大小	0.304	**0.68**	−0.232
室外设施	**0.896**	0.287	0.194
室内设施	**0.89**	0.00865	0.353
使用便利	0.0906	−0.23	**0.948**
安全环境	0.244	0.0171	**0.905**
人文感受	**0.797**	0.136	0.374
景观美感	**0.851**	0.0337	−0.236
物理环境	0.403	**0.79**	−0.208
生态质量	0.0441	**0.907**	−0.143
环境维护	0.0521	**0.861**	0.324

综合以上分析可以发现，相关分析、主成分分析、因子分析得到的结论很大程度上相同，表明在决定居民住区休憩环境质量总体感受的因素中，有几项居于核心的地位，主要可以归结为环境设施、生态质量、面积大小和环境维护等。

5.4　珠三角住区休憩设施质量及各类设施需求状况的分析

在调查问卷（见附表三）中我们列出了在珠江三角洲住区常见的 11 类 28 项休憩环境设施，基本涵盖了居民经常使用的设施；同时，我们在表格中留出空位，让受访住户填写住户认为重要但未列出的其他项目。在所有受访者中，只有五位填写了新的内容，其中骏景花园的两位男性私营企业主（均住骏逸轩 C 座）提出了"保安"、"服务"、"医疗配套"等，与休憩设施不尽相符；怡翠山庄的一位女士（本科、文教卫生）认为应包括"篮球场"，骏景花园骏茵轩 B 座 2 层的男性受访者（大专、文教卫生）建议加进"报时钟"，翠湖山庄 3 栋 15 层的一位受访者（本科以上、党政军）认为应该有"室外棋枰"，这三类设施的需求程度均为"需要"。根据问卷情况，在统计分析中不考虑受访者新列出的项目。

在问卷中我们要求受访者对本住区内拥有的各类设施的状况作出评价，并回答对该设施的需求程度，然后对住区休憩设施作总体评价。为了便于统计，我们将主观判断的各等级按语义学准则转换成数值区间，约定如表5-10。

珠三角住区休憩设施质量及需求程度居民评价尺度表 表5-10
POE Scale of Conditions & Requirement Degree of Rec. Facilities of PRD Housing Estates

质量或状态的评价 X_N(对11大类指标及其所属28个项目)		需求程度的评价 Z_N(对11大类指标及其所属28个项目)		对总体感受 Y	
好	$X_N \leq 1.5$	必 需	$Z_N \leq 1.5$	很满意	$Y \leq 1.5$
较好	$1.5 < X_N \leq 2.5$	需 要	$1.5 < Z_N \leq 2.5$	满 意	$1.5 < Y \leq 2.5$
较差	$2.5 < X_N \leq 3.5$	略需要	$2.5 < Z_N \leq 3.5$	较满意	$2.5 < Y \leq 3.5$
差	$3.5 < X_N \leq 4.5$	不太需要	$3.5 < Z_N \leq 4.5$	一 般	$3.5 < Y \leq 4.5$
无	$X_N > 4.5$	不需要	$Z_N > 4.5$	较不满意	$4.5 < Y \leq 5.5$
				不满意	$5.5 < Y \leq 6.5$
				很不满意	$Y > 6.5$

需要指出的是，有些住区并没有某些设施，但少数受访者并不清楚，而未选择"无"这一项，由于本调查偏重于居民主观印象，因此仍然将相应的选择录入数据库，希望通过这一点反映居民对休憩环境及设施的认知状态。

5.4.1 珠三角住区休憩设施需求程度的分析

我们把与"必需"、"需要"、"略需要"、"不太需要"、"不需要"五个选项分别定义为1～5的整数，统计出珠三角七个被调查住区居民对28项休憩设施需求程度的平均值，见表5-11，其中平均值小于等于1.5的以黑体表示。

珠江三角洲七个住区的居民对28项设施需求程度的平均值 表5-11
Mean of Requirement Degree of 28 Facilities Grading by Residents in 7 PRD Housing Estates

三 级 指 标	三级权重	海滨广场	碧荔花园	怡翠山庄	中城康桥	逸翠园	骏景花园	翠湖山庄	总计
1. 儿童室外游戏器械和空间	0.605	2.33	**1.36**	2.10	1.69	2.60	2.21	1.77	1.99
2. 儿童游戏室和电子游戏室	0.395	3.13	3.45	3.70	3.31	3.00	3.21	3.85	3.38
3. 桌球室	0.308	1.80	2.55	2.40	2.08	2.20	2.79	2.54	2.36
4. 乒乓球室	0.345	1.53	2.00	2.10	1.85	1.60	2.05	2.15	1.92
5. 健身房、健身舞室	0.346	1.67	1.73	1.90	1.62	2.40	2.16	2.08	1.91
6. 网球场	0.471	**1.33**	2.27	1.80	1.92	1.80	2.00	2.62	1.97
7. 游泳池、戏水池	0.529	**1.27**	1.55	**1.40**	1.69	2.00	1.58	1.54	1.53

续表

三级指标	三级权重	海滨广场	碧荔花园	怡翠山庄	中城康桥	逸翠园	骏景花园	翠湖山庄	总计
8. 餐饮设施	0.327	1.53	2.91	1.70	2.31	1.60	2.00	1.77	2.05
9. 住宅大堂	0.337	**1.20**	2.64	2.10	2.69	1.60	1.79	1.62	1.93
10. 会所大堂、休息厅	0.336	1.67	2.55	1.90	2.15	2.00	1.84	1.69	1.94
11. 小区内小广场	0.265	1.53	1.73	**1.40**	**1.46**	1.60	**1.37**	**1.38**	**1.48**
12. 室外座椅和停留空间	0.269	**1.40**	**1.18**	**1.40**	1.85	**1.40**	**1.37**	**1.31**	**1.42**
13. 休闲散步道	0.264	**1.40**	**1.45**	**1.40**	1.77	1.53	**1.38**	**1.50**	
14. 屋顶花园、架空层	0.202	2.73	2.45	2.00	2.77	1.60	2.53	3.08	2.56
15. 书报阅览室	0.363	1.80	**1.36**	**1.50**	1.62	2.37	2.00	1.85	
16. 室外公告栏、橱窗	0.352	1.80	1.91	2.30	2.23	1.79	2.00	1.98	
17. 背景音乐系统	0.286	3.13	3.36	1.60	3.15	2.60	2.58	2.38	2.72
18. 卡拉OK歌舞厅	0.471	2.53	3.82	2.70	2.54	3.40	3.53	3.46	3.13
19. 棋牌麻将房	0.529	2.67	2.73	2.67	2.73	2.84	2.78		
20. 桑那浴室	0.422	3.13	4.36	2.30	2.54	3.40	3.63	3.08	3.22
21. 美容美发室	0.578	2.13	2.64	1.60	2.08	3.40	1.84	2.46	2.19
22. 路灯	0.353	**1.07**	**1.18**	**1.20**	**1.31**	**1.00**	**1.42**	**1.31**	**1.24**
23. 垃圾箱	0.348	**1.07**	**1.18**	**1.30**	**1.23**	**1.20**	1.68	**1.31**	**1.31**
24. 无障碍设施	0.299	1.73	2.36	2.10	1.62	1.60	2.16	2.08	1.98
25. 建筑立面与造型	0.503	2.00	1.91	**1.50**	2.08	1.84	2.08	1.87	
26. 铺地、壁画、雕塑等	0.497	1.93	1.73	1.60	2.15	2.00	1.89	2.08	1.92
27. 植物绿化	0.538	**1.20**	**1.09**	**1.10**	**1.38**	**1.00**	**1.26**	**1.31**	**1.22**
28. 天然水体	0.462	2.27	2.64	1.70	1.54	2.20	1.74	**1.46**	1.90

我们进一步用矩阵统计法[6]计算11大类设施(二级指标)相对于设施总体(一级指标)的重要性的权重,以及28项设施(三级指标)对从属的11大类设施(二级指标)的重要性的权重。设指标某一级中一项 U_k 包含 m 个下一级指标(U_{k1},U_{k2},…,U_{km}),各指标重要程度分为 g 个水平,则第 i 个受访者给出的判断值可以构造矩阵:

$$A_{mg}^i = \begin{bmatrix} a_{11} & a_{12} & \cdots & a_{1g} \\ a_{21} & a_{22} & \cdots & a_{2g} \\ \cdots & \cdots & \cdots & \cdots \\ a_{m1} & a_{m2} & \cdots & a_{mg} \end{bmatrix} \quad 其中任一 a_{ij} 满足 a_{ij} = \begin{cases} 1 & j=p \\ 0 & j \neq p \end{cases}$$

就是说,所有判断值非1即0,被选定的一个重要程度为1,未被选中者均为0。这样对于 n 个受访者,就有 $A_{mg} = \sum_{i=1}^{n} A_{mg}^i$

构造向量 $X = \left(\dfrac{g}{n \cdot g}, \dfrac{g-1}{n \cdot g}, \cdots, \dfrac{1}{n \cdot g}\right)^T$

令 $V_k = A_{mg} \cdot X = (V_{k1}, V_{k2}, \cdots, V_{km})^T$

$V_k^T = (V_{k1}, V_{k2}, \cdots, V_{km})$

归一化得到：

$$a = \sum_{i=1}^{m} V_{ki}$$

$$W_k = \dfrac{V_k^T}{a} = \left(\dfrac{V_{k1}}{a}, \dfrac{V_{k2}}{a}, \cdots, \dfrac{V_{km}}{a}\right) = (W_{k1}, W_{k2}, \cdots, W_{km})$$

从而得到 m 个指标的权重向量。

应用这一方法得到 28 小项对于 11 大类设施的权重，见表 5-11。

5.4.2　珠三角住区休憩设施质量评价的平均值分析

我们运用表 5-10 所示的评价尺度，对 7 个住区的居民对本住区 28 项设施及总体质量的评价求平均值，再根据表 5-11 的权重值求得 7 个住区各自 11 大类设施所获得的评价的平均值，得到的数据见表 5-12。

5.4.3　珠三角住区休憩设施质量评价的相关分析

在表 5-12 中列出了 7 个住区各自 11 大类设施和总体评价的平均值，利用该表的数据可以求出 12 项指标（总体感受也作为一项指标）相互间的相关系数（见表 5-13）。在这项调查中，作为样本的住区数量 $M=7$，如设置信度 $\alpha=0.01$，则查表可知：在双尾 T 检验下当 r 的绝对值 $\geqslant 0.87$ 时，在单尾 T 检验下当 r 的绝对值 $\geqslant 0.83$ 时，可认为有显著相关性。大于等于 0.87 的数值在表 5-13 中以大粗体标明。

珠江三角洲七个住区的居民对 11 大类设施和总体质量评价的平均值　　表 5-12

Mean of POE of 11 Kinds of Facilities & Total Grading by Residents in 7 PRD Housing Estates

	儿童游戏	室内康体	室外康体	室内休闲交往	室外休闲交往	视听休闲	文娱设施	被动休闲	公用设施	硬质景观	软质景观	总体质量
海滨广场	3.347	2.661	1.576	2.787	2.409	3.945	4.800	2.148	2.098	2.269	3.346	2.800
碧荔花园	3.293	3.008	2.085	4.879	2.354	3.650	3.715	3.583	2.476	2.405	2.987	3.364
怡翠山庄	3.432	2.739	2.717	2.696	2.268	2.788	4.189	3.532	2.849	2.149	2.293	3.600
中城康桥	3.417	2.248	1.789	2.986	2.065	4.079	4.360	3.576	1.945	2.214	1.876	2.933
逸翠园	4.079	2.912	3.438	3.421	2.265	3.859	4.441	4.533	2.446	2.641	2.989	2.800
骏景花园	2.616	2.030	1.813	2.276	1.737	2.649	3.171	2.881	2.197	1.840	1.863	2.895
翠湖山庄	2.874	2.129	3.258	1.688	1.807	3.012	3.994	3.290	2.045	1.884	1.959	2.714

11 大类设施和总体指标之间的相关系数 表 5-13

Pearson Correlation between any two of the 11 Kinds of Facilities & Total

	儿童游戏	室内康体	室外康体	室内休闲交往	室外休闲交往	视听休闲	文娱设施	被动休闲	公用设施	硬质景观	软质景观	总体看法
儿童游戏	1	0.74	0.371	0.47	0.718	0.642	0.691	0.62	0.358	**0.923**	0.568	0.105
室内康体		1	0.184	0.784	**0.903**	0.413	0.391	0.371	0.649	**0.858**	0.819	0.486
室外康体			1	−0.17	−0.102	−0.204	0.092	0.693	0.347	0.198	−0.043	−0.071
室内休闲交往				1	0.672	0.497	0.016	0.352	0.358	0.735	0.579	0.454
室外休闲交往					1	0.59	0.644	0.077	0.445	0.8	**0.852**	0.41
视听休闲						1	0.687	0.138	−0.354	0.724	0.544	−0.282
文娱设施							1	−0.004	−0.079	0.542	0.523	−0.172
被动休闲								1	0.391	0.542	−0.063	0.169
公用设施									1	0.323	0.253	0.812
硬质景观										1	0.74	0.123
软质景观											1	0.042
总体看法												1

从表中可以读知,"室外康体"与"室外休闲交往"、"硬质景观"两类设施的评价相关性很高,意义不甚明了;"儿童游戏"与"硬质景观"相关性高,可能表明儿童游戏设施本身对形成良好硬质景观作用较大;"室外休闲交往"与"软质景观"之间相关性较显著,表明绿化、水体等有助于形成良好的室外休憩交往环境。

5.4.4 珠三角住区休憩设施质量评价的主成分分析

根据表 5-13 形成的相关矩阵,可以求得与 10 项因素对应的非负特征根,再进一步求出与之对应的特征向量和每一特征向量在各评价因素上的系数,结果见表 5-14(计算公式和过程略)。

按累积贡献率≥90%为准,可选择 Z_1、Z_2、Z_3、Z_4 前四个主成分来概括评价住区休憩环境质量,这四个主成分相互独立。从上表可知,Z_1 在"儿童游戏"、"室内康体"、"室外休闲"、"硬质景观"这四项因素上系数较大;Z_2 的主要反映非运动和游戏的文娱类休憩设施质量;Z_3 在"室内休闲"和"公用设施"上的系数最大;Z_4 比较明确地反映"室内休闲"在总体满意度中的重要性。(各主成分在各因素上较大的系数以大黑体标示)

主成分分析的结果　　　　　　　　　　　　表 5-14
Result of Principal Component Analysis

特征值	5.8711	2.2055	1.4926	0.9656	0.3633	0.1015	0.0012	0.0005	0	0	0
贡献率	53.37%	20.05%	13.57%	8.78%	3.30%	0.92%	0.01%	0.00%	0.00%	0.00%	0.00%
累积贡献率	53.37%	73.42%	86.98%	95.76%	99.06%	99.99%	100.0%	100.0%	100.0%	100.0%	100.0%
特征向量	Z_1	Z_2	Z_3	Z_4	Z_5	Z_6	Z_7	Z_8	Z_9	Z_{10}	Z_{11}
儿童游戏	**0.371**	−0.110	−0.282	−0.026	−0.266	−0.434	0.179	−0.064	0.405	0.288	−0.477
室内康体	**0.385**	−0.099	0.248	−0.087	0.118	0.216	−0.356	−0.048	0.409	−0.605	−0.226
室外康体	0.068	−0.530	−0.363	−0.227	0.509	0.355	0.220	−0.226	−0.129	0.094	−0.145
室内休闲	0.303	0.006	**0.363**	**0.510**	0.056	0.381	0.161	−0.219	0.258	0.440	0.187
室外休闲	**0.377**	0.150	0.184	−0.215	−0.191	0.297	−0.210	0.205	−0.549	0.278	−0.407
视听休闲	0.280	**0.360**	−0.316	0.325	−0.008	0.157	0.555	0.155	−0.182	−0.439	−0.067
文娱设施	0.253	**0.254**	−0.424	−0.432	−0.262	0.302	−0.129	−0.057	0.232	0.112	0.509
被动休闲	0.176	−0.503	−0.266	0.392	−0.126	−0.006	−0.293	0.578	−0.059	0.004	0.229
公用设施	0.174	−0.433	**0.415**	−0.321	−0.381	−0.085	0.486	0.022	−0.117	−0.175	0.273
硬质景观	**0.400**	−0.028	−0.086	0.174	0.059	−0.402	−0.259	−0.566	−0.420	−0.112	0.247
软质景观	0.335	0.199	0.180	−0.234	0.619	−0.348	0.101	0.413	0.062	0.152	0.220

5.5 珠三角住区休憩环境及其设施质量的综合评价

住区休憩环境质量的综合评价可以分为居民对休憩环境满意度的评价和专家综合评价两类，无论评价主体是谁，都需要建立一个完善的评价模型。建立评价模型包含评价目标、评价方法、评价指标体系及其权重的确定、评价过程的组织方式等内容，其中评价指标体系及其权重的确定居于中心的地位。

反映环境影响因素的评价指标一般根据调查结果不断充实和完善。综合评价主观性较高，大多数指标无法直接测量，为了更充分地反映客观现象，权重的确定通常采用概率论和数理统计方法对多个主观意见做分析，获得一个"集体意见"。在具体技术上，广泛采用了多元回归、正交设计等数学方法，以及德尔斐法、层次分析法（简称 AHP 法）等运筹和决策方法。

德尔斐法是美国著名决策咨询机构——兰德公司在二战以后发展起来的一种直观预测方法，是一个可控制的组织集体思想交流的过程，其本质是利用专家的知识、经验、智慧等无法数量化而带有模糊性的信息，以特定的方式进行信息交换。专家们"背靠背"分别回答某个复杂的问题，又不断通过信息反馈获得其他专家的意见，在不断地意见反馈和调整过程中，经过专家之间"思想的碰撞"，逐步取得较为一致的意见。

层次分析法由美国学者 T. L. Saaty 提出，它的理论思路是把复杂问题转化成一个类似树状的多层结构，评价或决策的总目标位于第一层次，它所包含的因素是第二层次，每项第二层次的因素又可分为若干第三层次的因素……，这样就可以通过比较隶属于某因素的若干次因素之间的相对重要性，再构造判断矩阵获得其相对权重，两两比较是该方法的核心。

5.5.1 求影响住区休憩环境的10类因素和11类设施的权重

5.5.1.1 重要性排序的分析

在调查表中，我们分别要求受访居民对影响住区休憩环境质量的10类因素和11类设施按其重要性排序，然后求得各因素排序的平均值（分别见表5-15、表5-16），平均值越低表明该指标越重要。我们同时把居民从27项小指标中选取7项最重要指标隶属于各大类因素的次数和次数排序列出，以便于比较。

居民对10项因素重要性的排序的分析　　　　　　　　　表5-15

Analysis of Result of Sorting the Important Order of 10 Guidelines by PRD Residents

	因　素	面积大小	室外设施	室内设施	使用便利	安全环境	人文感受	景观美感	物理环境	生态质量	环境维护
10类因素	排序序号的平均值	5.36	5.58	6.36	6.16	3.72	6.5	6.1	4.94	4.84	5.53
	重要性次序	4	6	9	8	1	10	7	3	2	5
从27个小项中被作为最重要指标的	次数	63	99	80	33	74	57	54	138	138	76
	排序	7	3	4	10	6	8	9	1	1	5

居民对11类设施重要性的排序的分析　　　　　　　　　表5-16

Analysis of Result of Sorting the Important Order of 11 Kinds of Facilities by PRD Residents

设　施	儿童游戏	室内康体	室外康体	室内休闲交往	室外休闲交往	视听休闲	文娱设施	被动休闲	公用设施	硬质景观	软质景观
排序序号的平均值	5.81	6.15	4.80	5.92	4.56	7.76	6.36	9.39	3.47	6.18	5.61
重要性次序	5	7	3	6	2	10	9	11	1	8	4

从表 5-15 中可以看出，两种方式获得的重要性排序除"安全环境"和"室内设施"外，其余差别不大，其趋势大致相同，产生差别是由不同的调查方法造成的。由此可以证明 10 类因素的排序结果能比较客观地反映其相对重要性；从表 5-16 可知，最重要的设施是公用设施、室外休闲、室外康体等，最不重要的是被动休闲、视听休闲、文娱设施、硬质景观等。我们用上述结果分别构造 AHP 法的判断矩阵，需要指出的是，直接让居民做两两比较的判断显得过于繁琐，这里应用居民排序结果，结合研究者的判断矩阵得出的结果，与完全由居民判断的结果会有出入，但总体趋势是一致的。

5.5.1.2　求 10 类因素的权重

判断矩阵的 A 的求法如下：

$$a_{ij} = \left[\frac{h_i - h_j}{e} + 0.5\right] + 1 \qquad h_i > h_j \text{ 时}$$

$$a_{ij} = \frac{1}{\left[\dfrac{h_j - h_i}{e} + 0.5\right] + 1} \qquad h_j > h_i \text{ 时}$$

其中 $e = d/8$，d 为平均重要性评分的最大值减最小值：

$$e = (6.36 - 3.72) \div 8 = 0.33$$

根据表 5-15 得到 10 项指标相对重要性的判断矩阵 A 如下：

$$\begin{bmatrix}
1 & 2 & 4 & 3 & 1/6 & 4 & 3 & 1/2 & 1/2 & 1 \\
1/2 & 1 & 3 & 3 & 1/6 & 4 & 2 & 1/2 & 1/3 & 1 \\
1/4 & 1/3 & 1 & 1/2 & 1/9 & 1 & 1/2 & 1/5 & 1/5 & 1/3 \\
1/3 & 1/3 & 2 & 1 & 1/8 & 2 & 1 & 1/5 & 1/5 & 1/3 \\
6 & 6 & 9 & 8 & 1 & 9 & 8 & 5 & 4 & 6 \\
1/4 & 1/4 & 1 & 1/2 & 1/9 & 1 & 1/2 & 1/5 & 1/6 & 1/4 \\
1/3 & 1/2 & 2 & 1 & 1/8 & 2 & 1 & 1/4 & 1/5 & 1/3 \\
2 & 3 & 5 & 5 & 1/5 & 5 & 4 & 1 & 1 & 3 \\
2 & 3 & 5 & 5 & 1/4 & 6 & 5 & 1 & 1 & 3 \\
1 & 1 & 3 & 3 & 1/6 & 4 & 3 & 1/3 & 1/3 & 1
\end{bmatrix}$$

归一化后得到：

$$\begin{bmatrix} 0.073 & 0.115 & 0.114 & 0.100 & 0.069 & 0.105 & 0.107 & 0.055 & 0.063 & 0.062 \\ 0.037 & 0.057 & 0.086 & 0.100 & 0.069 & 0.105 & 0.071 & 0.037 & 0.042 & 0.062 \\ 0.018 & 0.019 & 0.029 & 0.017 & 0.046 & 0.026 & 0.018 & 0.022 & 0.025 & 0.021 \\ 0.024 & 0.019 & 0.057 & 0.033 & 0.052 & 0.053 & 0.036 & 0.022 & 0.025 & 0.021 \\ 0.439 & 0.345 & 0.257 & 0.267 & 0.413 & 0.237 & 0.286 & 0.555 & 0.504 & 0.369 \\ 0.018 & 0.014 & 0.029 & 0.017 & 0.046 & 0.026 & 0.018 & 0.022 & 0.021 & 0.015 \\ 0.024 & 0.029 & 0.057 & 0.033 & 0.052 & 0.053 & 0.036 & 0.028 & 0.025 & 0.021 \\ 0.146 & 0.172 & 0.143 & 0.167 & 0.083 & 0.132 & 0.143 & 0.111 & 0.126 & 0.185 \\ 0.146 & 0.172 & 0.143 & 0.167 & 0.103 & 0.158 & 0.179 & 0.111 & 0.126 & 0.185 \\ 0.073 & 0.057 & 0.086 & 0.100 & 0.069 & 0.105 & 0.107 & 0.037 & 0.042 & 0.062 \end{bmatrix}$$

利用和法求权重：

$$\omega_i = \frac{1}{n} \sum_{j=1}^{n} \frac{a_{ij}}{\sum_{k=1}^{n} a_{kj}} \quad i = 1, 2, \cdots, n$$

得到权重向量：

$\omega = (0.086, 0.067, 0.024, 0.034, 0.367, 0.023, 0.036,$
$\quad 0.141, 0.149, 0.074)$

进行一致性检验：

求矩阵 A 的最大特征根 $\lambda_{\max} = \frac{1}{n} \sum_{i=1}^{n} \frac{\sum_{j=1}^{n} a_{ij} \overline{\omega}_j}{\overline{\omega}_i} = 10.375$

计算一致性指标 $C.I.$ (consistency index)

$$C.I. = \frac{\lambda_{\max} - n}{n - 1} = 0.031$$

查找相应的平均随机一致性指标 $R.I.$ (random index)

$n = 10$ 时，$R.I. = 1.49$

计算一致性比例 $C.R.$ (consistency ratio)

$\quad C.R. = C.I./R.I. = 0.028 < 0.1$

因此一致性检验通过。

上面得到的 10 项因素的权重之和为 1，可以看出："安全环境"所占比重最大，达到 36.7%，"生态质量"和"物理环境"各占 14.9% 和 14.1%。这与前面分析的结论是一致的。

5.5.1.3 求 11 大类设施的权重

重复上述方法，根据表 5-16 得到 11 大类设施相对重要性的判断矩阵 A 如下：

$$\begin{bmatrix} 1 & 1 & 1/2 & 1 & 1/3 & 4 & 2 & 6 & 1/4 & 2 & 1 \\ 1 & 1 & 1/3 & 1 & 1/3 & 3 & 1 & 6 & 1/5 & 1 & 1/2 \\ 2 & 3 & 1 & 3 & 1 & 5 & 3 & 7 & 1/3 & 3 & 2 \\ 1 & 1 & 1/3 & 1 & 1/3 & 3 & 2 & 6 & 1/4 & 1 & 1 \\ 3 & 3 & 1 & 3 & 1 & 5 & 3 & 8 & 1/2 & 3 & 2 \\ 1/4 & 1/3 & 1/5 & 1/3 & 1/5 & 1 & 1/3 & 3 & 1/7 & 1/3 & 1/4 \\ 1/2 & 1 & 1/3 & 1/2 & 1/3 & 3 & 1 & 5 & 1/5 & 1 & 1/2 \\ 1/6 & 1/6 & 1/7 & 1/6 & 1/8 & 1/3 & 1/5 & 1 & 1/9 & 1/5 & 1/6 \\ 4 & 5 & 3 & 4 & 2 & 7 & 5 & 9 & 1 & 5 & 4 \\ 1/2 & 1 & 1/3 & 1 & 1/3 & 3 & 1 & 5 & 1/5 & 1 & 1/2 \\ 1 & 2 & 1/2 & 1 & 1/2 & 4 & 2 & 6 & 1/4 & 2 & 1 \end{bmatrix}$$

归一化后得到：

$$\begin{bmatrix} 0.069 & 0.054 & 0.065 & 0.063 & 0.051 & 0.007 & 0.026 & 0.003 & 0.557 & 0.028 & 0.077 \\ 0.069 & 0.054 & 0.043 & 0.063 & 0.051 & 0.087 & 0.053 & 0.107 & 0.028 & 0.055 & 0.039 \\ 0.139 & 0.162 & 0.130 & 0.188 & 0.154 & 0.145 & 0.158 & 0.125 & 0.046 & 0.166 & 0.155 \\ 0.069 & 0.054 & 0.043 & 0.063 & 0.051 & 0.087 & 0.105 & 0.107 & 0.035 & 0.055 & 0.077 \\ 0.208 & 0.162 & 0.130 & 0.188 & 0.154 & 0.145 & 0.158 & 0.142 & 0.070 & 0.166 & 0.155 \\ 0.017 & 0.018 & 0.026 & 0.021 & 0.031 & 0.029 & 0.018 & 0.053 & 0.020 & 0.018 & 0.019 \\ 0.035 & 0.054 & 0.043 & 0.031 & 0.051 & 0.087 & 0.053 & 0.089 & 0.028 & 0.055 & 0.039 \\ 0.012 & 0.009 & 0.019 & 0.010 & 0.019 & 0.010 & 0.011 & 0.018 & 0.015 & 0.011 & 0.013 \\ 0.277 & 0.270 & 0.391 & 0.250 & 0.308 & 0.202 & 0.263 & 0.160 & 0.139 & 0.277 & 0.310 \\ 0.035 & 0.054 & 0.043 & 0.063 & 0.051 & 0.087 & 0.053 & 0.089 & 0.028 & 0.055 & 0.039 \\ 0.069 & 0.108 & 0.065 & 0.063 & 0.077 & 0.116 & 0.105 & 0.107 & 0.035 & 0.111 & 0.077 \end{bmatrix}$$

利用和法求权重，得到权重向量：

$\omega = (0.091, 0.059, 0.143, 0.068, 0.153, 0.025, 0.051, 0.013, 0.259, 0.054, 0.085)$

进行一致性检验：

求矩阵 A 的最大特征根　　　　$\lambda_{\max} = \mathbf{12.015}$

计算一致性指标 C.I.

$$C.I. = \mathbf{0.10148}$$

查找相应的平均随机一致性指标 R.I.

$$n = 11 \text{ 时}, R.I. = 1.52$$

计算一致性比例 C.R.

$$C.R. = C.I./R.I. = 0.067 < 0.1$$

因此一致性检验通过。

上面得到的 11 大类设施的权重之和为 1，可以看出："公用设施"所占比重最大，达到 25.9%，"室外休闲交往"和"室外康体"各占 15.3%和 14.3%。这与前面分析结论也是一致的。

5.5.2 利用模糊集理论对休憩环境及其设施进行综合评价

5.5.2.1 对住区休憩环境的 10 项影响因素进行综合评价

根据模糊集理论，可以构造评价对象集：

$X=$｛海滨广场，中海丽苑，碧荔花园，中海华庭，海富花园，怡翠山庄，中城康桥，逸翠园，骏景花园，翠湖山庄｝

评价因素集：

$C=$｛面积大小，室外设施，室内设施，使用便利，安全环境，人文感受，景观美感，物理环境，生态质量，环境维护｝

各因素的权向量前面已经求出：

$\omega=(0.086, 0.067, 0.024, 0.034, 0.367, 0.023, 0.036,$
$\quad 0.141, 0.149, 0.074)$

评语集：

$E=$｛好，较好，较差，差｝

根据表 5-2 的约定确定隶属度函数如下：

$$\begin{cases} 好 & 0 < E_1 \leqslant 1.5 \\ 较好 & 1.5 < E_2 \leqslant 2.5 \\ 较差 & 2.5 < E_3 \leqslant 3.5 \\ 差 & E_4 > 3.5 \end{cases}$$

根据表 5-5 中得到的数据，与上述隶属度函数对照，对每个住区，可以求得与其 10 项评价因素每一项得分的平均值对应的评价等级。由此对任一住区，可以建立相应的评定矩阵：

$$R_i = (r_{ij})_{10 \times 4}$$

从而得到各住区居民对本住区的综合评价向量 $S_h = R \cdot \omega$，然后根据最大接近度原则对获得的评价向量进行判断，得到各住区的评定等级，结果见表 5-17。

在七级标度的总体感受判断中，除了中海华庭为"满意"外，其余均为"较满意"，而在四级标度的评定结果中，除了中海华庭和逸翠园为"好"外，其余均为"较好"。两个结果的差异不仅是标度不同产生的，居民对总体感受和 27 项指标做判断时也并非完全一致，不过两项判断结合起来，仍能使我们对居民的满意度有一个总体的把握。

综合评价结果 表 5-17

Result of Sybthetical Evaluation of Recreational

Eny, Quality of 10 PRD Housing Estates

地　点	各住区综合评价向量				评定等级
	好	较好	较差	差	
海滨广场	0.108	0.892	0	0	e_2 较好
中海丽苑	0.475	0.149	0.376	0	e_2 较好
碧荔花园	0.074	0.816	0.11	0	e_2 较好
中海华庭	0.561	0.439	0	0	e_1 好
海富花园	0	0.733	0.267	0	e_2 较好
怡翠山庄	0	0.976	0.024	0	e_2 较好
中城康桥	0	1	0	0	e_2 较好
逸翠园	0.590	0.410	0	0	e_1 好
骏景花园	0	1	0	0	e_2 较好
翠湖山庄	0.034	0.966	0	0	e_2 较好

5.5.2.2　对住区 11 大类休憩设施进行综合评价

首先构造 11 大类休憩设施的评价对象集：

X＝{海滨广场，碧荔花园，怡翠山庄，中城康桥，逸翠园，骏景花园，翠湖山庄}

评价指标集：

C＝{儿童游戏，室内康体，室外康体，室内休闲交往，室外休闲交往，视听休闲，文娱设施，被动休闲，公用设施，硬质景观，软质景观}

各因素的权向量前面已经求出：

ω＝(0.091, 0.059, 0.143, 0.068, 0.153, 0.025, 0.051, 0.013, 0.259, 0.054, 0.085)

评语集：

E＝{好，较好，较差，差，无}

根据表 5-2 的约定确定隶属度函数如下：

$$\begin{cases} 好 & 0 < E_1 \leqslant 1.5 \\ 较好 & 1.5 < E_2 \leqslant 2.5 \\ 较差 & 2.5 < E_3 \leqslant 3.5 \\ 差 & 3.5 < E_4 \leqslant 4.5 \\ 无 & E_5 > 4.5 \end{cases}$$

根据表 5-12 的中得到的数据，与上述隶属度函数对照，对每个住区，可以求得与其 11 大类设施每一类评价得分的平均值对应的评价等级。由此对任一住区，可以建立相应的评定矩阵：

$$R_i = (r_{ij})_{7 \times 5}$$

需要指出的是，在隶属度函数中我们将"无"作为一个评价等级，希望反映居民对本住区休憩设施的熟悉和认知状况，因而是具有意义的。这样可得到各住区居民对本住区休憩设施的综合评价向量 $S_s = R \cdot \omega$，然后根据最大接近度原则对获得的评价向量进行判断，得到各住区的评定等级，结果见表 5-18。

休憩设施综合评价结果 表 5-18

Result of Sybthetical Evaluation of Recreational Facilities of 7 PRD Housing Estates

地 点	各住区综合评价向量					评定等级
	好	较好	较差	差	无	
海滨广场	0	0.621	0.303	0.025	0.051	e_2 较好
碧荔花园	0	0.608	0.235	0.089	0.068	e_2 较好
怡翠山庄	0	0.292	0.644	0.065	0	e_3 较差
中城康桥	0	0.752	0.159	0.089	0	e_2 较好
逸翠园	0	0.411	0.408	0.167	0.013	e_3 较差
骏景花园	0	0.820	0.180	0	0	e_2 较好
翠湖山庄	0	0.677	0.271	0.051	0	e_2 较好

在七级标度的总体感受判断中，除了中海华庭为"一般"外，其余均为"较满意"，而在上面五级标度的评定结果中，除了怡翠山庄和逸翠园为"较差"外，其余均为"较好"。两个结果的差异主要是标度不同产生的，和居民判断方式也有关系。

5.6 根据专家意见建立初步的珠三角住区休憩环境评价指标体系

5.6.1 居住环境质量综合评价体系研究方法和主要因素

近年来，运用应用数学和统计学方法建立环境评价模型的研究方法被越来越多地采用，用这一方法来评价规划设计方案和人居环境质量则方兴未艾。商品住宅"休憩环境质量"是综合反映居民休憩生活水平的标志，在实践中迫切需要建立一个适应珠三角需要的"住区休憩环境质量综合评价体系"以改变住区环境评定中的空白，减少过多的主观性和随意性，真正反映多数居民集中的需求，也体现专业人士公认的看法；住区休憩环境与城市公共休憩环境相比，具有更大的相似性和可比性，更易于形成集中的观点。因此，建立适用于商品住区的休憩环境评价体系是完全有可能的。

有关住宅的评价标准的制定是一个比较复杂的系统工程，由于地域、气候、生活习惯、经济发展水平等的差异，很难制定一个普遍适应的指标体系，始终存在适用范围的涵盖性和准确性、指标体系的完备性和实际可操作性等难以两全的矛盾。为此，在研究适应珠江三角洲地区的住宅评价指标时，必须根据实际情况对原有国家标准或指标作出适当的调整。对该指标体系的建立最具影响的外部条件主要有：评价的阶段，评价的主体，地域的适用性，评价过程的可操作性。

1. 评价的阶段：主要有两种情况。一是在建筑设计方案阶段，要在同一工程项目的若干不同方案中选出最优越的方案，着重于优选出最适合的方案，可称之为住宅方案评审，属于前评估。在方案优选阶段，受设计深度的影响，难以对住宅的安全性、耐久性、经济性等作出恰当的评价，评价的内容和指标较少，倾向于定性、概括的描述；二是对建成居住环境满足居住需求的程度或等级的评价，多采用对已建成环境进行现场观测和对施工图和施工记录进行审查相结合的手段，可称之为住宅性能评定，属于后评估。

2. 评价的主体：一是政府主管部门或行业协会，倾向性行业管理和引导；二是开发商或投资商，倾向性追求利润的最大化；三是住宅业主或使用者，倾向于住宅的使用价值或价值的高低；四是独立的评价机构，评价活动本身具有商业目的。

3. 地域的适用性：地域的差异主要反应在气候、生活习惯和经济发展水平三个方面，这种差异直接影响指标体系的构成。

4. 评价过程的可操作性：主要是指评价过程的复杂性、可能性。一个过于复杂的指标体系由于耗费过多的人力、时间和资金，反而失去的实际应用的价值。而一个过于简单的、概括性的指标体系则缺乏对评价目标整体的描述，或者抽象到让评价者无法作出区分和把握，失去评价的科学性。

本研究以国家曾经制定的有关规定和标准，结合珠江三角洲地区的特点、习惯和经验，力图探索出适用于珠江三角洲地区的初步的"住区休憩环境质量综合评价体系"。这个体系的建立主要有两个步骤：一、确定采用哪些指标；二、确定这些指标各自的重要程度

(即权重)。

5.6.2 国家有关住宅评定的规范和标准

住宅产业是关系国计民生的重要部门,但对于住宅的评定,长期内并未引起足够重视,只是在最近一两年才陆续拟定了一系列标准。下面仅简要介绍其中四项。

5.6.2.1 建设部《住宅建筑技术经济评价标准》有关指标体系[7]

该指标体系是由中国建筑技术发展中心编制的国标 JGJ 47—88《住宅建筑技术经济评价标准》中规定的部分内容,住宅功能效果是指住宅满足居住者对于适用、安全、卫生等方面基本要求的总和。该指标体系所评价的设计方案是指同一工程项目的多个待选方案或者在建筑面积标准、住宅类型、建筑层数等方面具有可比性的不同工程的方案。该体系适用于城镇、工矿区的多层、低层住宅,中高层和高层住宅可参照实行。

所有指标分为两级,一级指标为控制指标,其权重适用于各地区;二级指标为表述指标,其权重可根据情况由当地规划、设计、施工部门确定。

某项指标的计算权重是两级权重的乘积。评价时先确定各指标的计算指数,该指数定为 0~4 共五档,"0"分为淘汰标准,任何一项指标得"0"分,方案即被淘汰;"1"分为基准分,表示达到最低合格标准;"2"、"3"分表示使用功能递增的分值,"4"分为创新分,表示指标所反映的内容有独到之优点。据此可确定每项指标的实际得分,其总和即被评方案的总得分。

需要指出的是,这个标准中规定的指标包括建筑功能效果和社会劳动消耗两个方面,本文只引用了前者。这个标准出台时,国家尚处在计划经济时代,城镇住宅的投资主体是国家,追求的目标是以最小的投入建设性能价格比最高的住宅,而在目前住宅商品化的条件下,社会劳动消耗作为控制设计质量的指标意义已经微乎其微了,即不需要为了省钱而降低居住标准,住宅经济合理性体现在满足既定使用需求前提下选择更省钱的设计和建造方案。这个标准实际上并未在工作中采用。

5.6.2.2 《商品住宅性能评定方法和指标体系(试行)》的部分内容[8]

《商品住宅性能评定方法和指标体系(试行)》(以下简称《体系》)是建设部住宅产业化促进中心于 2000 年 9 月制订的关于商品住

宅评定的指导文件。该《体系》制定的目的是"促进住宅技术进步、提高住宅功能质量、规范商品住宅市场、统一商品住宅性能评定的方法和内容"。它适用于全国范围内的城镇新建成的商品住宅，按照住宅的适用性能、安全性能、耐久性能、环境性能、经济性能等五项进行评定，住宅性能等级由低到高依次分为1A、2A、3A，每一等级具有不同的指标体系和要求，其中3A级必须评定所有五项，其指标最完善，要求也最高，1A、2A评定除经济性能之外的其余四项。

商品住宅性能评定由评审委员会进行技术审查，经认定委员会确认后颁发认定证书和认定标志。评定时采用由专家集体评审，评分分值加权平均的方法。每项性能的总分为100分，合格分为80分，所有评定性能均超过80分才能获得相应等级。指标体系中每一小项只区分"是"或"否"，满足该项指标即获得该项全部分值，不满足该项得零分。在该指标体系表中，标有"★"的为一项否决项目，即如果该项不符合要求，则该种功能的评审定为不合格，评审结束；标有"☆"的分项目不符合要求时，含"☆"项目的整个分项得分为零。

在附表六中列出与住区休憩环境密切相关的"3A级住宅环境性能评定指标体系及其分值"的主要内容，供讨论研究时参考。

5.6.2.3 《中国生态住宅技术评估手册(2001年第一版)》[9]

该评估手册编写的背景是近年国内住宅房地产进入理性开发阶段，"可持续发展"、"绿色生态住宅"等观念越来越深入人心，但对于什么是绿色生态住宅却存在很多似是而非的、甚至是完全错误的认识。该手册的编写有助于规范目前国内的生态住宅评价标准和评价方法。其编写目的和宗旨，正如该手册"总则"指出的，"根据国家可持续发展战略，为实现住宅产业的可持续发展，提高住宅功能质量，促进住宅科技进步，规范绿色生态住宅建设，保障住宅消费者权益"，"……，节约资源，防止污染，保护生态，创造健康舒适的居住环境。"

手册的主要内容是第二部分：评估指标体系，该体系借鉴了一些先进国家的绿色生态建筑评估体系(如美国《绿色建筑评估体系(第二版)》)，同时参考了国内已经出台的《国家康居示范工程建设技术要点》、《商品住宅性能评定方法和指标体系(试行)》等的内容，在五个子项，即住区环境规划设计、能源与环境、室内环境质量、住区水环境、材料与资源，提出了具体的评价指标和各指标的分值

（权重）。

五个子项的总分都是 100 分，任一子项的得分均在 60 分以上的住宅才能参加认定，单项得分在 80 分以上的可进行绿色生态住宅单项认定。对于某些和绿色生态原则关系密切的条款，采取一票否决。

5.6.2.4 《广东省绿色住区考评标准及评分细则（2001 年 7 月讨论第三稿）》

这一讨论修改稿中的标准针对的被评对象要具备四个必备条件：(1)用地面积 3 万 m^2 以上，或建筑面积 5 万 m^2 以上的小区或小区中的分期工程；(2)全部楼宇交付使用，或规划楼宇半数以上交付使用；(3)配套设施和环境景观效果基本形成；(4)无重大工程质量问题，无重大投诉。

该标准与《中国生态住宅技术评估手册（2001 年第一版）》的一个重要区别是把人文社会因素纳入生态系统，而将"住区管理"、"住区文化"和与实质环境有关的"规划设计"、"建筑设计与'四新'材料使用"、"环境质量"、"能源"四项并列考评，在具体评价内容上也更为全面，各主要考评方面之间也确定了权重关系。从具体评价方式来看，更注重从国土、规划、建设、投资、设计、环保、市政、居民等不同渠道获得意见，并注重文本审查、现场考评和居民走访等方法的结合。

5.6.3 珠江三角洲住区休憩环境指标评价体系的研究

在住区休憩环境评价过程中，专家意见与普通居民的观点往往有所差别，比较二者的观点能够使评价更具有现实意义。尽管专家体系指标的选择更符合专业思考的角度，因而与对居民的征询表设计有某些差别，我们仍然可以从两者的比较中获得很多有用的信息。为此，我们对在珠三角工作的 31 位专家进行了问卷调查，这些专家分别来自高校、设计单位、规划管理部门、地产开发单位，这些专家 80% 以上具有硕士以上学历，20% 以上拥有高级职称，专业背景以规划和建筑设计为主。

在调查中，我们首先尝试用德尔斐法进行专家征询，但在两轮征询后发现专家的意见比较分散（方差较大），在第二轮征询时收敛并不十分明显，原因可能是专家之间的意见交流不够充分，以及专家对问卷的理解等存在较大偏差。需要指出的是，根据德尔斐法进行的专家征询往往需要很多轮才能获得有良好收敛的满意结果，一般需要一个专门的工作班子、较长的时间和其他必要的条件。限于本研究的条件限制，只能简单地汇总前两轮征询的结果，转而采用层次分析法（AHP法）做专家征询。为了适应AHP法的特点，我们对给住户发放的问卷做了局部调整，适当减少了一级指标数量（将"室外设施"和"室内设施"合并成"休憩环境的适用性"），二级指标也从27项减为25项（调查表见附表五）。

根据征询表的设计，我们要求受访专家根据AHP法相对重要性比较尺度的规定（参见附表5中的标度表）对相应的指标做两两比较，将数据输入电脑，进而求出31位专家比较结果的几何平均值，得到反映专家集体意见的判断矩阵如下（设九个一级指标构造的矩阵为A，九个一级指标下的二级指标分别构造的矩阵为A_1，A_2，A_3，A_4，A_5，A_6，A_7，A_8，A_9）：

$$A = \begin{bmatrix} 1 & 0.540 & 1.806 & 1.753 & 2.279 & 1.955 & 2.148 & 1.806 & 3.710 \\ 1.852 & 1 & 3.643 & 2.753 & 4.272 & 3.323 & 3.617 & 3.097 & 5.244 \\ 0.554 & 0.274 & 1 & 0.824 & 1.469 & 0.977 & 0.982 & 0.751 & 2.252 \\ 0.570 & 0.363 & 1.214 & 1 & 1.389 & 1.092 & 1.294 & 1.179 & 3.101 \\ 0.439 & 0.234 & 0.681 & 0.720 & 1 & 0.694 & 0.837 & 0.730 & 1.931 \\ 0.512 & 0.301 & 1.024 & 0.916 & 1.441 & 1 & 1.240 & 1.002 & 3.371 \\ 0.466 & 0.276 & 1.018 & 0.773 & 1.195 & 0.806 & 1 & 0.923 & 2.358 \\ 0.554 & 0.323 & 1.332 & 0.848 & 1.370 & 0.998 & 1.083 & 1 & 2.838 \\ 0.270 & 0.191 & 0.444 & 0.322 & 0.518 & 0.297 & 0.424 & 0.352 & 1 \end{bmatrix}$$

$$A_1 = \begin{bmatrix} 1 & 4.725 \\ 0.212 & 1 \end{bmatrix} \quad A_3 = \begin{bmatrix} 1 & 2.668 \\ 0.375 & 1 \end{bmatrix}$$

$$A_4 = \begin{bmatrix} 1 & 0.613 \\ 1.631 & 1 \end{bmatrix} \quad A_9 = \begin{bmatrix} 1 & 2.054 \\ 0.487 & 1 \end{bmatrix}$$

$$A_2 = \begin{bmatrix} 1 & 1.174 & 1.464 & 2.017 & 2.444 \\ 0.852 & 1 & 1.241 & 1.958 & 2.293 \\ 0.683 & 0.806 & 1 & 1.933 & 1.993 \\ 0.496 & 0.511 & 0.517 & 1 & 1.485 \\ 0.409 & 0.436 & 0.502 & 0.673 & 1 \end{bmatrix}$$

$$A_5 = \begin{bmatrix} 1 & 1.428 & 1.139 \\ 0.700 & 1 & 1.139 \\ 0.878 & 0.878 & 1 \end{bmatrix}$$

$$A_6 = \begin{bmatrix} 1 & 0.382 & 1.642 \\ 2.618 & 1 & 3.844 \\ 0.609 & 0.260 & 1 \end{bmatrix} \quad A_7 = \begin{bmatrix} 1 & 0.948 & 1.178 \\ 1.055 & 1 & 1.225 \\ 0.849 & 0.816 & 1 \end{bmatrix}$$

$$A_8 = \begin{bmatrix} 1 & 2.253 & 1.037 \\ 0.444 & 1 & 0.543 \\ 0.964 & 1.842 & 1 \end{bmatrix}$$

将上述十个矩阵分别做归一化运算，分别得到 A_g，A_{1g}，A_{2g}，A_{3g}，A_{4g}，A_{5g}，A_{6g}，A_{7g}，A_{8g}，A_{9g} 十个矩阵：

$$A_g = \begin{bmatrix} 0.161 & 0.154 & 0.148 & 0.177 & 0.153 & 0.175 & 0.170 & 0.167 & 0.144 \\ 0.298 & 0.286 & 0.300 & 0.278 & 0.286 & 0.298 & 0.286 & 0.286 & 0.203 \\ 0.089 & 0.078 & 0.082 & 0.083 & 0.098 & 0.088 & 0.078 & 0.069 & 0.087 \\ 0.092 & 0.104 & 0.100 & 0.101 & 0.093 & 0.098 & 0.102 & 0.109 & 0.120 \\ 0.071 & 0.067 & 0.056 & 0.073 & 0.067 & 0.062 & 0.066 & 0.067 & 0.075 \\ 0.082 & 0.086 & 0.084 & 0.092 & 0.096 & 0.090 & 0.098 & 0.092 & 0.131 \\ 0.075 & 0.079 & 0.084 & 0.078 & 0.080 & 0.072 & 0.079 & 0.085 & 0.091 \\ 0.089 & 0.092 & 0.110 & 0.086 & 0.092 & 0.090 & 0.086 & 0.092 & 0.110 \\ 0.043 & 0.055 & 0.037 & 0.032 & 0.035 & 0.027 & 0.034 & 0.032 & 0.039 \end{bmatrix}$$

$$A_{1g} = \begin{bmatrix} 0.825 & 0.825 \\ 0.175 & 0.175 \end{bmatrix} \quad A_{3g} = \begin{bmatrix} 0.727 & 0.727 \\ 0.273 & 0.273 \end{bmatrix}$$

$$A_{4g} = \begin{bmatrix} 0.380 & 0.380 \\ 0.620 & 0.620 \end{bmatrix} \quad A_{9g} = \begin{bmatrix} 0.672 & 0.672 \\ 0.328 & 0.328 \end{bmatrix}$$

$$A_{2g} = \begin{bmatrix} 0.291 & 0.299 & 0.310 & 0.266 & 0.265 \\ 0.248 & 0.255 & 0.263 & 0.258 & 0.249 \\ 0.199 & 0.205 & 0.212 & 0.255 & 0.216 \\ 0.144 & 0.130 & 0.109 & 0.132 & 0.161 \\ 0.119 & 0.111 & 0.106 & 0.089 & 0.109 \end{bmatrix}$$

$$A_{5g} = \begin{bmatrix} 0.388 & 0.432 & 0.347 \\ 0.272 & 0.302 & 0.347 \\ 0.341 & 0.266 & 0.305 \end{bmatrix}$$

$$A_{6g} = \begin{bmatrix} 0.237 & 0.233 & 0.253 \\ 0.619 & 0.609 & 0.593 \\ 0.144 & 0.158 & 0.154 \end{bmatrix} \quad A_{7g} = \begin{bmatrix} 0.344 & 0.343 & 0.346 \\ 0.363 & 0.362 & 0.360 \\ 0.292 & 0.295 & 0.294 \end{bmatrix}$$

$$A_{8g} = \begin{bmatrix} 0.415 & 0.442 & 0.402 \\ 0.184 & 0.196 & 0.210 \\ 0.400 & 0.362 & 0.388 \end{bmatrix}$$

对归一化得到的十个矩阵分别用和法求相应指标的权重，得到的权重见表 5-19：

珠江三角洲住区休憩环境质量综合评价指标体系 表 5-19

System of Evaluating Guidelines of Recreational Environment Quality for PRD Housing Estates

一级指标及权重		二级指标及权重		对指标的解释和说明	
1. 休憩环境面积大小	0.161	82.5	1.1 室外公共休憩空间的面积	包含架空层、屋顶花园在内的所有公共绿地和室外(半室外)活动空间	
		17.5	1.2 室内公共休憩空间的面积	包含住宅大堂、会所、餐饮等具有休闲交往功能的室内空间	
2. 休憩交往空间及其设施	0.280	28.6	2.1 休息停留交往设施	小广场、室外座椅、散步道；住宅大堂、会所休息厅等	评价内容有：各类休憩交往空间和设施设立的合理性；空间布局组织合理性；环境和设施本身的优劣；满足居民需求的程度
		25.5	2.2 儿童游戏类设施	室内外儿童游戏器械、儿童电子游戏、戏水池等	
		21.7	2.2 康乐体育设施	游泳、网球、乒乓、健身、健美操、桌球等体力或身体技能型项目	
		13.5	2.3 休闲娱乐设施	阅读、棋牌、麻将等脑力型项目；美容美发、桑那浴等被动式休闲；餐饮、酒吧等	
		10.7	2.4 公益基础设施	路灯、垃圾箱、公告栏、残疾人坡道、空调、背景音乐等	
3. 使用便利	0.084	72.7	3.1 休息停留交往设施	休憩环境空间布局的合理性，居民使用户内户外休憩空间及其设施的便利性	
		27.3	3.2 儿童游戏类设施		
4. 安全性能	0.102	38.0	4.1 防止磕碰跌落等意外伤害	设施本身(如儿童游戏器械、台阶等)防意外伤害的性能	
		62.0	4.2 避免机动车交通安全事故	合理组织机动车流	
5. 人文感受	0.067	38.9	5.1 休憩环境的吸引力和趣味性	能吸引居民兴趣和好奇心	
		30.7	5.2 休憩环境的文化气息或特点	赋予环境以浓厚的文化气息	
		30.4	5.3 环境气氛的活跃性和丰富性	环境富有生气、丰富多彩	
6. 景观美感	0.095	24.1	6.1 建筑物立面造型	住区内建筑物美观程度	
		60.7	6.2 园林绿地和室外环境景观	住区内园林绿地和休憩环境(包含被用作"借景"的住区外的景观)	
		15.2	6.3 室内公共休憩环境景观	室内设计和装修所创造的室内景观	
7. 物理性能	0.080	34.4	7.1 空气流通	包含室内室外，主要指外部环境	
		36.2	7.2 噪声控制	主要是住区内外的交通噪音等	
		29.4	7.3 日照	避免冬季大面积阴影和夏季阳光直晒	
8. 生态质量	0.094	42.0	8.1 空气质量	空气无污染	
		19.7	8.2 水土质量	天然水体和土壤无污染	
		38.3	8.3 绿地的生态效果	植物茂盛丰实度、群落配置合理程度、大型乔木数量等	
9. 环境和设施的维护	0.037	67.2	9.1 环境卫生		
		32.8	9.2 设施维护保养		

5.6.4 对住区休憩环境指标评价体系(讨论稿)说明

1. 指标体系研究牵涉的边界条件非常多，因此必须以最简化的模式反映最主流的情况和现象。我们这里讨论的对象应该具有以下特点：

(1) 在珠三角范围内，具有中等以上用地规模和建筑面积；

(2) 居住区由多栋住宅形成，容积率恰当，有条件形成住区内部中心绿地；

(3) 住区内部有一定比例的配套公建；

(4) 住宅标准、档次、价位都居于中等上下；

(5) 其他边界条件一般按照最普通的情况考虑，不考虑任何极端情况。

2. 住区休憩环境质量综合评价指标体系所评价的是已经建成并投入使用的居住区，是对建成项目的整体评价。

3. 在适用这一指标体系时，认为开发商的项目策划书和设计任务书等是明确与合理的，参与评价的建成楼盘事先已经过筛选，并满足基本要求(如参评楼盘验收合格等)。

4. 指标体系包含指标内容和指标的权重两个方面。其中权重表示对评价对象而言，某项指标的相对重要程度。

5. 指标体系中的指标均分为两级：

一级指标为总体控制指标，其权重以 0~1 之间的小数表示，所有一级指标权重总和为 1；

二级指标对每个一级指标做进一步描述和分解，其权重以 0~100 之间的整数表示，某一级指标下的所有二级指标的权重之和为 100。

6. 需要指出的是，为了简化问题，该指标体系讨论稿不能面面俱到，仅仅列出了最主要和基本的内容。

7. 评审时，可按照以下两种方式使用本体系：

简化方式：仅对一级指标打分，根据满足某项一级指标的程度，按 0~10 共 11 个级别把评价对象划分等级，再根据等级确定具体分数。

一般方式：对二级指标打分，根据满足某项二级指标的程度，按 0~4 共 5 个级别把评价对象划分等级，再根据等级确定具体得分。

8. 规定带有■的二级指标如果得分低于三分之二，则参评对象被淘汰。

本章小结

本章从环境使用后评估（POE）的理论出发，对国内外学者在居住环境质量评价方面的研究做了简要评述。介绍了珠三角住区休憩环境居民满意度研究的背景、方法和框架，应用多元统计分析方法对影响珠三角住区休憩环境质量的 10 大类 27 项指标以及影响休憩设施整体质量的 11 大类 28 种休憩设施的状况和需求程度做了统计分析，并建立起各自的评价模型，对居民和专家的结论做了对比分析。

主要的研究成果和结论如下：

1. 物理环境、生态质量及安全环境方面的各小项指标被居民认为在所有 27 项指标中是最重要的指标。

2. 在 11 类（总体感受也作为一类指标）影响住区休憩环境质量的指标中，"室外设施"与"室内设施"、"室外设施"与"人文感受"、"室内设施"与"人文感受"、"使用便利"与"安全环境"之间相关性显著，表明居民对室内室外的感受是相当一致的，而人文感受可能很大程度上等于室内室外设施的质量，安全环境差会使人感到使用不便而抑制休憩行为；而"室外设施"和"环境维护"与住区整体感受相关性较大，表明这两项因素对居民形成住区休憩环境总体印象最为重要。

3. 相关分析、主成分分析和因子分析的结论表明住区休憩环境质量主要受四个方面因子（累积贡献率达到 91.03%）的影响：因子一主要反映了对住区休憩环境总体感受中对硬件设施的观感印象部分；因子二主要反映休憩环境中生态质量（空气、水土、绿化）的作用；因子三在"安全环境"和"环境维护"上的系数最大，可认为反映了设施的管理和维护服务的状况；因子四比较明确地反映"面积大小"在总体满意度中的重要性，并表明"人文感受"受"面积大小"影响较大。

4. 在 12 大类（总体看法也算作一类）休憩设施中，对"室外康体"与"室外休闲交往"、"硬质景观"两类设施的评价相关性很高，意义不甚明了；"儿童游戏"与"硬质景观"相关性高，可能表明儿童游戏设施本身对形成良好硬质景观作用较大；"室外休闲交往"与"软质景观"之间相关性较显著，表明绿化、水体等有助于形成良好的室外休憩交往环境。

5. 用 AHP 法求出 10 类因素对住区总体休憩环境质量的权重如下：

评价因素集：

C＝{面积大小，室外设施，室内设施，使用便利，安全环境，人文感受，景观美感，物理环境，生态质量，环境维护}

各因素的权向量：

ω＝(0.086, 0.067, 0.024, 0.034, 0.367, 0.023, 0.036, 0.141, 0.149, 0.074)

可知"安全环境"占 36.7％，权重最大，其次是"生态环境"占 14.9％和"物理环境"占 14.1％，三者对休憩环境质量的影响最大。

6. 用 AHP 法求出 11 类设施相对于住区休憩设施总体质量的权重如下：

评价指标集：

C＝{儿童游戏，室内康体，室外康体，室内休闲交往，室外休闲交往，视听休闲，文娱设施，被动休闲，公用设施，硬质景观，软质景观}

各因素的权向量：

ω＝(0.091, 0.059, 0.143, 0.068, 0.153, 0.025, 0.051, 0.013, 0.259, 0.054, 0.085)

即"公用设施"所占比重最大，为 25.9％，其次是"室外休闲交往"占 15.3％，"室外康体"占 14.3％。

7. 用德尔斐法和 AHP 法建立珠三角住区休憩环境质量专家评价指标体系，具体内容见表 5-19 和有关章节。

本章注释：

[1] H. D. Turkoglu. Residents' satisfaction of housing environments: the case of Istanbul, Turkey. *Landscape and Urban Planning*. 1997, Vol. 39: 55-67

[2] Onyerwere M. Ukoha & Julia O. Beamish. Assessment of Residents' Satisfaction with Public Housing in Abuja, Nigeria. *Habitat International*. 1997, Vol. 21(4): 445-460

[3] 吴硕贤等. 居住区生活环境质量影响因素的多元统计分析与评价. 泛亚热带地区建筑设计与技术(论文集). 广州：华南理工大学出版社，1998：1-16

[4] 徐磊青. 上海居住环境评价研究. 同济大学学报. 1996, Vol. 24(5):

　　　　546-550

[5] 张智等. 居住区综合环境质量评价方法探讨. 北京：中国环境学会城市建设与环境保护学术研讨会，1997

[6] 王秋平,"总图运输设计方案优化多级综合评价模型",《基建优化》，1997，Vol.18(2)贺仲雄,《模糊数学及其应用》，天津科学技术出版社，1983

[7] 中国建筑技术发展中心编制的国标 JGJ 47—88《住宅建筑技术经济评价标准》

[8] 建设部住宅产业化促进中心. 商品住宅性能评定方法和指标体系(试行). 2000.9

[9] 聂梅生等编著. 中国生态住宅技术评估手册(2001年第一版). 中国建筑工业出版社，2001

第六章 探索适应珠江三角洲地区的住区休憩环境

6.1 对新型住区休憩空间的探索与思考

对住区休憩行为及休憩环境的研究最终需要归结于创造具有更高素质的环境空间，针对珠三角地区的一系列宏观背景和特定条件，探索适应珠三角地区的新型住区休憩环境始终是摆在我们面前的重大课题。

6.1.1 探索珠三角新型住区休憩环境的基本要求

在本书开始，我们分析了珠江三角洲城市住区居住环境面临的尖锐和突出矛盾，主要可以归结为两个问题，一是如何充分利用现有条件，尽量少地占用各类资源、趋利避害，从整体上稳步提高珠三角地区城市居住环境；另一个是在富有典型意义的高密度城市商品住区中，如何创造与居民休憩行为相适应的高质量公共休憩环境，营造更具亲和力的社区交往空间。

结合前面的论述，可以把与珠三角地区相适应的新型住区休憩环境的基本要求归结如下：

1. 有利于节约用地或少占用土地

在珠江三角洲人多地少、建设发展用地极其宝贵的客观条件制约下，居住区规划选择较高的人口密度和较高的建筑容积率几乎是惟一的选择，尽管这在人类居住生活质量方面一直是最容易被诟病之处。另一方面，这种高密度模式又是形成城市居住生活特质和城市居住独特魅力的基础。

2. 与社区和邻里观念相适应的环境空间结构形式

住宅增加容积率，大多要向高层发展，向高层发展往往会割裂与传统的低层或多层住宅空间模式相统一的固有的社区和邻里观念，造成高层住宅休憩环境整体质量的恶化和社区邻里观念的淡漠。这就要求我们在探索新型住区休憩环境时，必须充分考虑这些因素，使新的环境空间结构形式与社区和邻里观念、居民环境心理特征相协调和适应。比如空间的私密性、层次性，领域性与可防卫空间，公共休憩空间的尺度等。

3. 与居民具体的日常休憩交往行为相适应的环境设计

居民日常的具体休憩或交往行为丰富多彩、灵活多变，休憩环境各部分及其细部的设计，必须符合并尽量满足这些休憩交往行为的要求，达到安全、适用、舒适等目标。

4. 使用便利

使用便利是与休憩空间的结构形式密不可分的一个因素，是住区休憩活动的基本要求，就近原则是其主要内容，而服务、管理等也是构成使用便利的条件。在前面章节讨论的可达性也是衡量使用便利的重要指标。

5. 公众意识

"以人为本"是一个耳熟能详的口号，其主张是人本主义的，反对的对象是漠视人的需求和人的追求。而在实际工作中，我们面对的往往并不是泛泛的、概念化的人，而是一个个特定的人或人群，这就要求我们正确处理个体与群体、小群体与大群体之间的关系，树立必要的公众意识。这种公众意识是城市作为最重要的人类聚居地的基本要求，它的精神内核实际上就是民主意识，具体来说则是对公众利益满足的最大化。

前面讨论过的"均好性"、"整体优化"等是公众意识的重要表现形式。从住区层面来看，公众意识强调的是全体住户的利益，这种利益对于非住区住户具有排斥性；从城市层面考虑，公众意识强调全体市民的利益，强调城市住区的某些公共环境应该全体市民共享，不提倡目前有的大型郊区住宅区那样人为割裂城市交通脉络，将本该属于全体市民的公共环境封闭起来。进一步地，应该鼓励住区设施和住区景观为城市作出贡献，而不应该动辄采取所谓"封闭式"的布局和管理模式。

6. 适宜的物理环境

物理环境优劣对休憩空间的影响是显而易见的，但在实际规划中却往往被忽视，尤其是在不少创新型的公共休憩空间，过于注重造型和景观，而使不良的采光、日照、噪声和通风条件损害环境的质量，使其吸引力大为减弱。

7. 有助于改善生态

注重生态的设计是一个庞大的系统工程，涉及的内容极广，其中绿化率是反映其生态效果的重要指标，或者更进一步讲，增加绿化的绿色量值是改善住区小气候的重要手段。

8. 工程技术上和经济上的可行性与合理性

创新型的住区公共休憩空间设计，必须确保工程技术上的可行性与合理性，其中主要是建筑设计与结构工程的可行性；在此基础上，经济性是必须考虑的内容，这里是指包含了土地使用费、建筑工程安装费、管理及维持费等的综合成本。由于住宅建设量大面广，综合成本必须控制在一定范围内才具备可行性。

9. 反映地域性、文化性的休憩环境设计。

6.1.2 实例分析

1. 香港荃湾祈德新村

巴马丹拿设计的香港荃湾祈德新村在交往环境上做了不错的处理，这个新村的主体是三栋 40 层的住宅，每栋住宅的四部电梯隔三层停靠，为提高使用效率，在停靠层设有加宽的短外廊，用以联系分成两组的住户单元，其他楼层由开敞的楼梯与各层相通，同时每隔九层设有一处空中花园；短外廊对外开敞，可有效地组织自然通风，并与空中花园一起形成休憩交往空间，明确了空间的层次性，也有助于提高邻里的认同感（图 6-1，图 6-2）。[1]

2. 北京现代城 5#楼设计

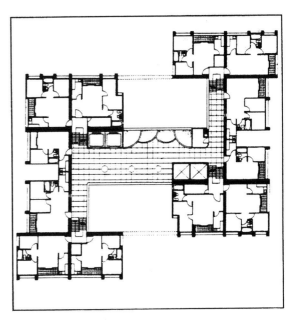

图 6-1
荃湾祈德新村高层住宅标准层平面
Standard Plan of High-rise Building in Qiwan Village

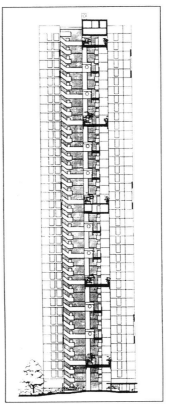

图 6-2
荃湾祈德新村高层住宅剖面
Section of High-rise Building in Qiwan Village

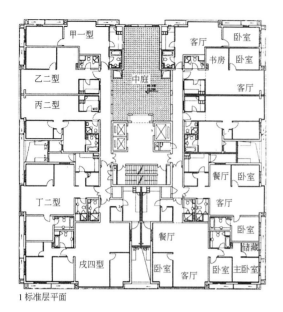

图 6-3
现代城 5#楼标准层
Standard Plan of No. 5 Building in Xiandai Village

北京现代城是总建筑面积 50 万 m^2 的小区，其中 5#楼 29 层，平面方整，拥有一个向北面开口的天井，设计者将竖向筒状的天井按每六层高以楼板分隔，从而每六层形成一个小小的院落，为了抵御冬季寒冷的北风，中庭北向开口均以窗加以封闭，以形成宜人的室内环境。为了保证中庭的安全使用，面向中庭的所有门窗全部设计为防火门窗，在毗邻中庭的厨房设火灾自动报警系统和煤气自动报警系统，中庭设两套火灾自动排烟和煤气排烟系统，中庭周边的走廊设烟感探头和消防喷淋灭火系统。为了减少分摊面积，设计者将中庭上面两层靠外部分设计成卧室，从而使整栋楼的使用系数达到 70% 的要求。这栋高层的叠加式空中庭院设计，尽管存在不少需要改进的地方，但作为一种尝试，还是获得了市场的认可，取得的良好的销售业绩。[2]

3. 广州珠江湾小区设计（投标方案）

拟建中的广州珠江湾小区用地位于珠江边，占地约 $12hm^2$。高层住宅平面以外圆内方的铜钱的 3/4 或 1/2 为母题，并变化出若干拼接方式。"残缺铜钱"平面方孔位置每隔两层设一处平台花园，方形花园约 $140m^2$，由不超过 12 户居民共同使用。该投标方案在住宅造型和空间处理上有所创新，但住宅本身也存在一些不尽合理和完善之处，作为公共休憩空间的平台花园因为三面封闭而通风不良，似乎不太适合珠江三角洲地区的气候。[3]

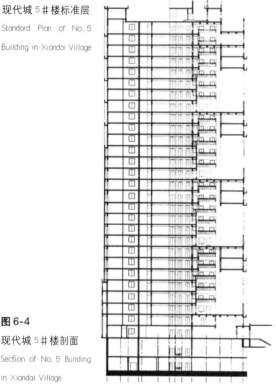

图 6-4
现代城 5#楼剖面
Section of No. 5 Building in Xiandai Village

图 6-5，图 6-6，图 6-7
现代城 5#楼中庭
Atrium of No. 5 Building in Xiandai Village

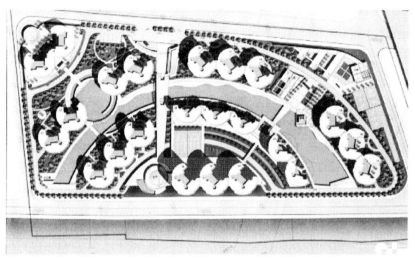

图 6-8 珠江湾小区规划设计某投标方案总平面
Site Plan, One of the Planning & Design of Zhujiang Bay Project

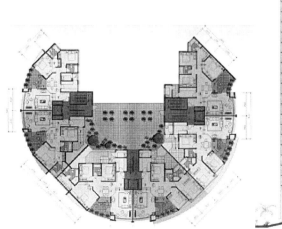
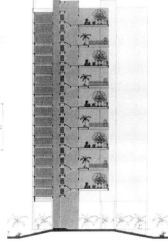

图 6-9
珠江湾小区规划设计某投标方案标准层
Standard Plan, Zhujiang Bay Project

图 6-10
珠江湾小区规划设计某投标方案剖面
Section, Zhujiang Bay Project

第六章 探索适应珠江三角洲地区的住区休憩环境

图 6-11
"绿色方舟"单元平面草图
Unit Plan Sketch of the 'Green Ark'

图 6-12
"绿色方舟"总平面布置草图
Layout Sketch of the 'Green Ark' Unit

6.2 "绿色方舟"——一个针对珠三角地区的探索性概念设计

作者根据对珠三角地区居住环境的理解和思考,在下面的章节提出一个针对珠三角地区的探索性概念设计,这个设计是从住宅群体布局、住宅建筑设计、休憩环境设计等的一个系统全面的探索与思考,也可称之为一个一揽子解决方案,姑且称之为"绿色方舟"。

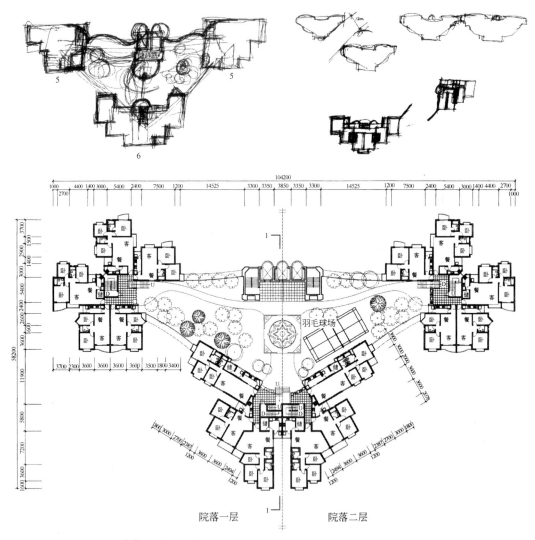

图 6-13　"绿色方舟"院落一层和二层平面
First & Second Floor Plan around The Hanging Courtyard of the 'Green Ark'

6.2.1 "绿色方舟"的建筑设计

1. "绿色方舟"的平面形式

住宅户型和住宅平面设计是居住建筑规划设计的最重要内容之一，其基本要求是平面与空间关系紧凑合理、住宅功能空间完善使用，具有良好的日照、采光、通风等品质。"绿色方舟"的基本单元平面由呈倒"品"字形布置的三栋相对独立的住宅单体构成，三个单体可按 100m 以内的高层住宅考虑，包括处于钝角上的一个蝶形双梯六户住宅和两栋位于锐角上的风车形单梯五户住宅。三个单体之间每隔四层（当然也可以是每隔三层或者五层）由一个巨大的悬空式平台连接为一个整体，由于每个悬空平台由周围的三栋"四层"高住宅围合，形成一个有顶的院落，因此在本文中，我们称之为"悬空院落"。

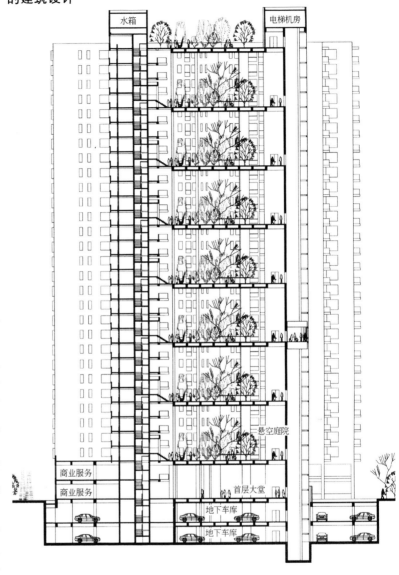

图 6-14
"绿色方舟"单元剖面
Section of the 'Green Ark' Unit

2. "绿色方舟"的竖向交通组织

在钝角所对的长边中间布置有一个交通核，用于解决整个"绿色方舟"单元的竖向交通，这个交通核由两部疏散楼梯和三部大型观光电梯（可按照 24 人梯考虑，其中一到两部兼作消防电梯）组成，

第六章 探索适应珠江三角洲地区的住区休憩环境

电梯一般每隔四层在有"悬空院落"的楼层停靠，居民出电梯后经平台花园分流到各栋住宅楼，经各栋住宅的楼梯（最多只需上或者下两层）到达各自的楼层。这样的交通安排大大减少了电梯的数量和停靠站数，减少了居民候梯的时间，因而也就可以靠三部大容量高速电梯满足竖向运输的任务。这种设计类似仅在大站停车的特快列车。

本方案设两层地下室，地上共 30 层，首层和第二层作为商业及服务用房，3～30 层每四层设一处"悬空院落"，从而形成 7 处"悬空院落"，在屋顶层设一处屋顶花园。这样电梯共停靠地下两层、首层、七个"悬空院落"和屋顶花园共 11 站。而同样情况下三栋独立的住宅，每栋高层需要三部电梯，总共需要至少 9 部电梯，总的停站数量达到 $9 \times 32 = 288$ 个，而采用大站停靠只需 $3 \times 11 = 33$ 个站，这在电梯的一次性资金投入和管理维护等方面的优势是不言而喻的。

3. "悬空院落"与邻里空间

"绿色方舟"的这种设计，实际上相当于把由三个四层住宅及其围成的一个小院落加以"复制"和"竖向叠加"，也可以看作联系若干四层住宅院落之间的小巷变成了竖向的电梯。传统的单栋高层住宅仅仅将多层住宅本身加以竖向"复制"和"叠加"，使住在高层的居民离地面越来越远，失去了与大地的亲近，丧失了住户易于把握的就近的公共休憩空间。在"绿色方舟"的设计中，一个个"悬空院落"成为与之相对应的 $(2 \times 5 + 6) \times 4 = 64$ 户居民的共享小院落，这个小院落略呈三角形，面积约 $1000m^2$，户均分摊 $15.6m^2$，净高约 10m，具有明显的边界，因而富有很强的领域性，在住区的空间序列上介于"半公共空间"和"半私密空间"之间，比较容易形成归属感。按照亚历山大的研究，使儿童易于相互沟通，达到一个合理的接触量并成立游戏小组，每个儿童必须至少和 5 个同龄儿童保持接触，这样按照概率分布计算，需要使用公共（休憩）用地的 64 户居民的规模[4]。不少学者的研究也表明，64 户居民基本上属于最易于建立较为密切邻里关系的规模。也有社会学家认为 300 人（约 90 户）是构成社区交往的小群体的上限，超过这个界限，交往密切程度会降低。尽管国内一些学者根据不同情况提出了多于 64 户（如 150 户）的适度规模，这里我们还是大致以 64 户的规模作为参考，使"绿色方舟"里的居民能以这样的小群体共享一个院落，而这个院落并非一块远远的"飞地"，既是每日必经的交通要道，也是日常休憩空间，较小的孩子们在这里玩耍，大人可以从周围三栋"四层住宅"的短外廊处加以监护，形成良好的可防卫空间。

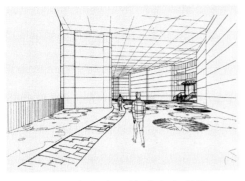
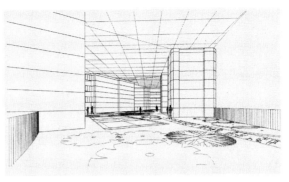

图 6-15
"悬空院落"一角
Perspective of Hanging Courtyard

图 6-16
"悬空院落"一角
Perspective of Hanging Courtyard

4. "绿色方舟"的采光和通风

"绿色方舟"的住宅单体设计充分考虑了日照、采光、通风等因素,以期达到整体的优化。在蝶形住宅单体平面中,全部六户住宅单元的所有客厅和卧室均做到朝南(偏东、偏西的角度在30°以内),通风、采光条件也很优越;风车型住宅平面,五户住宅单元中,有三个单元的客厅和主卧朝南,其余两户的房间基本朝北,总体上避免了不利朝向。除储藏室外的所有用房拥有自然采光,楼梯间也有直接或间接采光。由于空间组合关系的原因,住宅外廊和"悬空院落"中央部分因为建筑遮挡而使光线减弱,对休憩环境质量和休憩活动造成不利影响。为了改善休憩环境的采光质量,住宅临院落一侧或临近的墙面、以及院落的天花板都采用对光线反射率较高而柔和的浅色装饰面材,加上院落有约10m的净高,有助于改善院落的采光而使照度趋于均匀。

对于晚间的人工照明,拟在住宅外廊和交通核等部位增加照度,而院落的天花板可以不设灯具(或仅设少量摹拟星光效果的点状光源),院落中的照明采用柔和的地灯、脚灯、草坪灯、路灯等,仅在中心活动场所(如小表演场)增加照度。这样,天花板由于幽暗和高旷而退隐,配合院落灯光设计,使之更具有室外休闲空间的效果。

从布局看,住宅外廊和院落基本可以保证良好的自然通风效果,院落中部由于建筑遮挡作用可能使风速大大减弱,因而适合于某些对风速敏感的活动,如打羽毛球等。由于临院落的墙面对自然风的遮挡和诱导作用,也有利于避免使某些空间出现密不透风的情况。另一方面,风速过大也会影响休憩环境的舒适度,因此需要对气流场做进一步的分析,可以应用流体流动计算机数值模拟技术,即计算流体动力学(CFD:Computational Fluid Dynamics)技术和相应的软件(比如英国的PHOE-NICS,国内开发的DeSK等)做模拟和分析。在本方案中,对于影响人群休憩的不良气流场,可以增加玻璃百叶,或采用能阻挡楼面风的玻璃墙

图 6-17
"悬空院落"一角
Perspective of Hanging Courtyard

图 6-18
"悬空院落"一角
Perspective of Hanging Courtyard

等措施来改善环境质量。在实践中尤其需要做全面而深入的分析和论证。

5."绿色方舟"的户型设计

两种平面的户型设计都比较紧凑合理,蝶形住宅使用率为84.55%,风车住宅使用率为85.48%(未计算院落面积)。各功能空间面积大小适当,所有主卧室的开间达到3.6m,三室户主卧面积为14.04m²,两室户主卧面积为12.96m²;三室户客厅开间均在4.2m以上,两室户客厅开间为3.6m。两房户型和三房户型各占一半,户内面积则从71.16 m²到110.07m²不等,比较适合珠三角居民的需要。每栋住宅各层都有一个面向"院落"的宽外廊,作为五户或六户居民共享的小型半私密交往空间。

"绿色方舟"的公寓户型分析　　　　　　　　　　　　　　　　表 6-1
Analysis of Apartment Patterns of The 'Green Ark'

	层交通面积(m²)	层建筑面积(m²)	户型	每层套数	户内面积(m²)	分摊交通面积(m²)	户型总面积(m²)	"院落"分摊面积(m²)
蝶形住宅	76.52	659.52	A. 三房	2	107.08	19.56	126.64	19.00
			B. 二房	2	74.35	13.59	87.94	13.19
			C. 三房	2	110.07	20.11	130.18	19.53
风车形住宅	47.44	456.5	D. 二房	4	71.16	12.09	83.25	12.49
			E. 三房	2	97.12	16.50	113.62	17.04
			F. 三房	2	95.72	16.27	111.99	16.80
			G. 二房	2	73.90	12.56	86.46	12.97
每个"院落"周围的住宅总户数=64户,总建筑面积=1666.5×4=6666m²								户均分摊15.6m²
"院落"面积=1000m²,								

注:"分摊交通面积"包含楼栋内的交通面积和公共交通核的面积

6. "绿色方舟"底部商业服务设施

商业与服务配套设施可以集中设在住区内独立的多层建筑内，小型商业服务用房也可以布置在"绿色方舟"底部的两层。"绿色方舟"首层层高可按 3.6m 考虑，二层层高取 3.0m。商服用房可按包含两层的单元租售，靠内部小楼梯竖向联系。某些室内休憩功能也可以就近布置在"绿色方舟"的底部两层，比如茶室、乒乓球室、桌球室、阅览室等。可以仅仅需要少量管理人员，某些管理职能可以由大堂保安一并代劳。

7. "绿色方舟"的地下室

为了满足停车需要，本方案拟设两层地下室，地下室局部扩出，每层面积约 6600m², 车库坡道设在两侧，便于组织车流，实现人车分流。两层车库大致可停小汽车 396 辆，按 448 户居民户均一辆车计算，不足的 52 个车位可以在建筑北面的空地上露天停放。当然，如按照自动停车库设计，就可以大大减少地下室的面积。地下室按人防设施要求，做到平战结合使用。

6.2.2 "绿色方舟"的结构设计

一个"绿色方舟"标准单元东西两端距离约 104.3m，南北两端距离约 58.3m，这样的结构尺度，不能在中间设变形缝，超出了钢筋混凝土技术规范，但在实践中也出现了大量超过 100m 的成功实

图 6-19
"绿色方舟"外观体形效果
Perspective of The 'Green Ark'

图 6-20
"绿色方舟"外观体形效果
Perspective of The 'Green Ark'

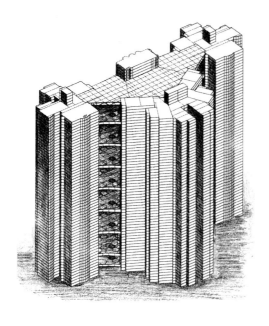
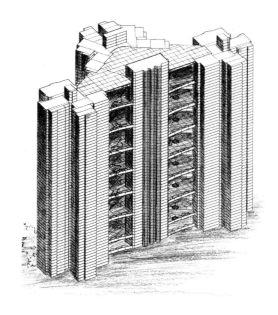

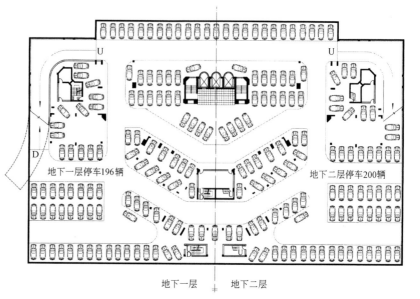

图 6-21
"绿色方舟"地下一层和地下二层平面

Underground Floor Plan of the 'Green Ark' Unit

例,这表明只要技术措施得当(比如采取后浇带处理),这个尺度在技术上是完全可行的。

从结构整体稳定性来看,公共交通核完全由钢筋混凝土浇筑,具有很高的刚度,它的存在大大加强了"悬空院落"的刚度,并使其边缘大梁的最大净跨度控制在 13.1m 以内,交通核心筒体与蝶形住宅之间的两根大梁净跨度为 12.57m,从而可以有效地将梁高控制在可以接受的范围之内。在本设计中,边缘大梁和内部大梁的梁高都可以控制在 1300mm 以内,而大梁之间采用的 2600mm×2600mm 的井字梁结构,梁高可以控制在 900mm 左右。

为了使"悬空院落"内能种植中小型乔木,结构板按反梁的做法,从而可以在 2.6m 见方的梁格内形成有 75cm 厚的覆土的一个个"树坑"。另外还可以设置抬高的树坑(比如砌筑 75cm 高的圆形"小花坛"),使覆土厚度达到 1.5m,结合一些园艺技术措施,就可以栽种较大的乔木,由于在"悬空院落"的两侧都有直接日照,因而也就可以栽种某些喜阳植物。根据结构工程师的粗略估算,上述结构体系整体上能够成立,并建议主梁用钢骨梁的做法。当然作为一个概念设计和粗略的设想,在真正实现以前还有赖于大量的研究和进一步的验证。图 6-22 是"悬空院落"结构布置平面示意图。

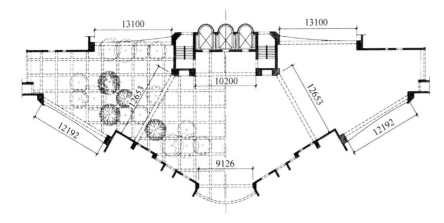

图 6-22
"悬空院落"结构布置示意图
Constructive Arrangement of The Hanging Courtyard

6.2.3 "绿色方舟"的消防设计与安全防范

1. 消防设计

"绿色方舟"作为一个整体,在建筑设计和消防上的考虑主要有两个方面。首先是自动感应及报警系统、消防喷淋灭火系统等消防设施。除了各栋住宅公共部分所设的消防报警和灭火系统,在"悬空院落"和公共交通核内也应设置消防报警和消火栓系统。

消防设计另一个主要内容是人流疏散设计。在火灾情况下疏散流线必须做到简洁、明确,在本概念设计中,由于"悬空院落"是相应的 64 户居民日常通行之处,发生火警时,它也就自然地成为居民的首选疏散地点,加之各栋住宅的公共外廊都面向院落,也都可以清楚地看到公共疏散楼梯,因而这个疏散系统就具有很高的明确性而不易造成误判断。"悬空院落"空间宽畅高旷,具有极好的通风和采光条件,因而可以起到类似避难层和安全岛的作用,其空间特征也便于消防人员组织营救活动。另外还可以在相应位置(如交通核两侧)设置简单可靠的定滑轮悬索逃生设施,帮助居民自救和消防员营救活动。

为了突出"悬空院落"的疏散枢纽地位,使疏散流线更为清晰和明确,同时也为了提高楼梯间的消防安全性能并起到有效划分领域空间的作用。在本设计中,所有楼梯要尽量做到有自然采光,并设置增压送风和机械排烟系统。住宅楼内的疏散梯每隔四层在院落层做一次转折,可以将疏散人流自然引导到院落内,避免出现逃生者一直在封闭的楼梯间内逃生时的无助感和错误判断的几率。当然这样的设计也有助于使竖向叠加的各"院落"之间各自保持相对独立,从而有助于产生领域感。

本设计的空间组织形态也比较有利于消防扑救作业,"悬空院落"可以成为重要的消防作业场所,而院落与住宅敞外廊的关系也有助于消防员判明火场情况。

当然,作为一个概念设计,在消防这一重大课题上还需要不断在实践中积累经验,对于诸如住宅邻近外墙上的门窗是否按防火门窗考虑,临近外墙等处是否增设自动喷淋管网等问题尚需做深入的研究。

2. 安全防范

住宅区安全防范通常主要包括治安防范和防止跌落、交通意外伤害两个方面,住区内避免使用有毒有害植物等内容可以归入后一类。

治安保卫工作是珠三角地区居民尤其是高层住宅居民非常关心的事情,一般的高层住宅通常是在大堂和电梯内安装监控摄像探头,并在大堂设24小时值班的保安员;住宅户内通常是采用动感侦测感应器、手动匪警按钮之类的报警装置与保安中心相连。在"绿色方舟"的设计中,除了采取上述措施外,还可以在每个"悬空院落"内设摄像头,监控住宅外廊和院落的情况,由于这些空间联系十分紧密,所以只需要设置三四个摄像头就可以达到良好的监控效果。

同时,"绿色方舟"的首层可以形成一个十分堂皇而宽阔的两层高入口大堂,因而三栋住宅可以只设一套保安班子,每个"绿色方舟"单元可以设置一处保安监控中心,也可以与消防中心设在一起,从而大大节约管理成本,并提高保安工作的效率和质量。

住宅区内防止意外事故是涉及面很广而非常细致的工作,良好而完善的设计是做好这项工作的基础。以户内安全为例,在厨房设置煤气泄漏报警装置可以达到良好的防范效果。在"绿色方舟"的设计中,一个主要的潜在危险来自"悬空院落",由于人们通常乐于在光线明亮之处活动,而儿童由于好奇心,可能更多地在边缘活动,所以必须有完善的设计减少或避免由于儿童攀爬周边的护栏而发生跌落意外的可能性。为此可考虑在距离外缘1.0m左右的位置设一道高度不低于1.2m的无间隙有机玻璃栏板,必要时还可以在玻璃栏板外设自动语音警告装置。

6.2.4 "绿色方舟"的总平面布置与总体经济技术指标

1. 总平面布置

"绿色方舟"的单元可以非常方便地进行拼接,而对彼此采光、通风质量的影响微乎其微。根据地形的需要，在拼接时还可以简单地变化拼接角度。不过，由于"绿色方舟"单元体量庞大，并不适合过多地拼接，否则会对北侧其他建筑或场地的日照环境造成不利影响。另外过多的拼接所产生的庞大体量也会产生压抑感，在少量拼接（比如最多三个单元拼接）的情况下，由于单元本身体形变化比较丰富，加上高旷的"悬空院落"视线通透，并露出绿色，可以大大削弱体量的压抑感。

图6-23显示了"绿色方舟"单元几种比较典型的总平面布置方式。在扇形布局中，建筑拼接成圆弧形，在中央布置集中的公共绿地，绿地边缘也可以布置幼儿园、小学和会所等建筑；风车式布局可以有效地减少单元彼此之间的遮挡，在中央形成集中绿地。

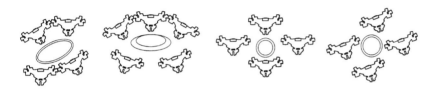

图 6-23
"绿色方舟"总平面布置

Site Plan Arrangements of The 'Green Ark'

2. 经济技术指标分析

结合表6-1，6-2的数据可知，"悬空院落"的面积对总体指标的影响较大，对每个住户而言，分摊的"院落"面积大致相当于该户分摊的公共交通面积，加上"院落"属于大跨结构，上面有覆土和树木花草，结构复杂，施工难度较大，会增加不少造价。在住房短缺、由国家投资住宅建设、居住需求以满足数量为第一要求的时代，这样的构想是根本不现实的，但是在珠三角地区，土地使用成本在整个住宅房地产开发中的比例越来越高，在不少大中城市的城区，土地成本远远超过了建筑安装成本，可以大胆地预见，随着本地区经济的进一步发展，人多地少的矛盾势必更加突出，地价有可能像香港那样占开发成本的相当比例，在这种情况下，由于"悬空院落"而增加的建安投资对综合成本来说就会越来越不明显；另一方面，由于居民对居住环境质量的要求更高了，增加大量的休憩活动空间的社会效益就会凸现出来，对住宅开发企业来讲，这种优势很可能会转化为良好的经济效益，因为老百姓会乐意花钱买好的环境。另一方面，规划管理部门鼓励建设休憩和绿化空间，比如深圳规定，净高不小于6m的架空层可完全不计算建筑面积，有些城市还有某些容积率奖励规定。"绿色方舟"的院落净高约10m，如按深圳规定不计算面积，开发商就不会有容积率方面的损失，这也增加了其可行性。

"绿色方舟"的经济技术指标　　　　　表 6-2

Technical Guidelines of The 'Green Ark'

指　　　标	不计算"院落"面积	100%计算"院落"面积
拟用地面积(m²)	18 000	
容积率	3.25	3.64
地上建筑面积(m²)	58 544	65 544
总建筑面积(m²)	71 744	78 744
"院落"周边建筑面积(m²)	6 666	
底部商业服务面积(m²)	2 820	
基底面积(m²)	2 570	
地下建筑面积(m²)	13 200	

需要特别着重指出的是，本章提出的仅仅是一个探索性、概念性的设计思路，必然是不甚成熟的，也会存在这样那样的问题，并非一个一揽子解决方案。

从"绿色方舟"和"悬空院落"空间本身来看，本方案主要偏重于交往空间的营造，对休憩环境的景观、生态等方面的问题基本没有涉及；从悬空院落的规模来看，仅仅是供几十户人使用的中小型休憩交往空间，空间形式和休憩设施的内容都比较单一；同时，这样的空间处理思路在珠三角目前的社会经济条件和商品住宅开发模式下还缺乏实践的基础，是对未来人多地少矛盾更加突出、对住区休憩交往空间需求的压力加剧这种情况下的一种应对思路。因而它针对的是特定问题，并非说明像"悬空院落"这样的空间比地面的庭院空间更具休憩交往价值和优势；从住区休憩空间的形态看，珠三角目前的休憩空间主要以住区开放空间（庭园）和架空层为主，屋顶花园等为辅，像"悬空院落"这样的空间可以有多种实现的形式，由于各方面限制，本方案未能对这样的多种可能形式做出进一步探讨。

所以，对珠三角新型住区休憩空间的探索，并非一蹴而就的事情，需要不断探索和实践，在这一过程中，必须融合开发者、设计者、使用者多方的智慧才能使之趋于完善。

本章小结

本章探讨了在富有典型意义的高密度城市商品住区中，创造与居民休憩行为相适应的高质量公共休憩环境，营造更具亲和力的社区交往空间的具体途径。把与珠三角地区相适应的新型住区休憩环境的基本要求归纳为九点：

1. 有利于节约用地或少占用土地
2. 与社区和邻里观念相适应的环境空间结构形式
3. 与居民具体的日常休憩交往行为相适应的环境设计
4. 使用便利
5. 公众意识
6. 适宜的物理环境
7. 有助于改善生态
8. 工程技术上和经济上的可行性与合理性
9. 反映地域性、文化性的休憩环境设计

围绕住区休憩空间分析了香港荃湾祈德新村40层住宅、北京现代城5#楼两个实例，并介绍了广州珠江湾小区设计投标方案。作为作者对珠三角地区居住环境的理解和思考，提出一个针对珠三角地区的住区休憩环境的探索性概念设计——"绿色方舟"，这个设计是从住宅群体布局、住宅建筑设计、休憩环境设计等方面考虑的一个较为系统和全面的方案，其核心是"悬空院落"，在方案的基础上，也分析了可行性等问题。这个方案着眼于未来珠三角人多地少矛盾加剧、对休憩空间需求增强的状况，是对开发新型休憩空间可能性的一个粗线条的思路，并非一个一揽子解决方案。这个方案的提出有其针对性，同时也存在很大局限性。

本章注释：

[1] 贾倍思，"可持续发展与城市住宅设计——香港高层住宅实例分析"，《建筑师》1998，Vol. 82(6)：49-50
[2] 吴霄红，林红．"将共享空间引入高层住宅——北京现代城5#楼空中庭院设计构思"，《建筑学报》2001，(7)：28-29
[3] 冼剑雄等．广州珠江湾小区规划设计投标方案
[4] 亚历山大．建筑模式语言．北京：中国建筑工业出版社，1989：367

结　　语

研究珠江三角洲住区休憩环境，有必要把它放在我国改革开放后的宏观背景下加以考察。建国50年，我国住宅产业取得了突破性进展，主要表现在：(1)"住宅建设投资体制发生了根本性变革，投资主体由国家为主转变为国家、集体、个人共同投资。"(2)"城镇住宅分配体制发生了根本性变革，结束了住宅实物分配制度，推行住宅货币分配。"(3)住宅建设体制发生了根本性变革。积极推行"统一规模、合理布局、综合开发、配套建设"的建设方式，提高住宅质量。商品住宅成为城镇住宅供应的主要渠道，而城镇个人购房比例由1986年的18%提高到1998年的70%。

1949年到1998年全国城镇住宅竣工34.2亿m^2，在人口不断增加的情况下，城镇人均居住面积则由1949年$4.5m^2$提高到1998年的$9.3m^2$，农村住宅人均居住面积1998年提高到$23m^2$。全国城乡居民的居住水平有了大幅度提高，住宅的工程质量、功能质量、环境质量、服务质量有了明显提高。另一方面，城镇基础设施得到全面改善，突出加强了供水、交通、环卫等方面的建设。住宅全面商品化后，住宅建设成为国民经济的重要增长点。住房短缺基本结束，住宅需求开始从数量型向数量与质量并重型转变，从"住得下"向"住得好"转变。

尽管我国住房建设取得了一定成就，但城镇人均住宅面积与发达国家及文明居住标准还有较大差距(如90年代初人均建筑面积美国为$60m^2$，英国、德国$38m^2$，法国$37m^2$，日本$31m^2$)。住宅工程质量、功能质量、环境质量和服务质量也与国际文明居住标准有较大差距，鉴于我国人多地少的国情，住宅产业在今后相当长一段时间内仍需保持较大的发展规模。

随着社会进步和居民消费能力、消费观念和生活方式的改变，对住宅的环境质量提出了更高要求。如何适应这种变化、把握市场，管理部门和房地产企业面临一系列的挑战。另外，一些负面因素也长期困扰着我们,较为突出的有环境污染严重、资源利用效益差、住宅产业生产率低下等等。我们不少大中城市依然被各种"城市病"所困扰,这些问题要在可持续发展战略下逐步得到解决。

2000年底我国人均GDP达到850美元,国内生产总值超过一万亿美元,标志着我国社会已全面进入小康社会,到本世纪中叶可望进入中等富裕国家行列,人均GDP达到4000美元左右。从进入小康到中等富裕约50年的跨度,是全面建设小康社会的阶段,可称之为"后小康",而后小康时期可以直观把握的则是前面一二十年。按宋春华的概括"后小康人居模式"大致有6个特征:(1)面积增加;(2)功能完善;(3)环境优化;(4)品位提高;(5)市场主导;(6)梯度推进。后小康与小康相比,最主要的是提高居住质量、居住水平;其次必须坚持可持续发展的原则,提高住区的环境质量,选择资源节约型的人居发展模式。

由此可见,住区休憩环境是决定住区环境质量的一个核心内容,珠江三角洲地区作为我国改革开放的前沿,同时也由于本地区独特的自然和人文地理环境,住区休憩环境建设获得了长足的进步。随着社会经济的进一步发展,在巨大的机遇下,商品住区休憩环境面临着更多的发展机遇,其发展趋势已经初露端倪,大致可以概括为:

1. 住区开发向风格多元化、个性化、品牌化发展。这是市场需求、地产企业竞争加剧的必然结果。

2. 住区绿色生态质量受到日益重视,注重生态逐渐从一种宣传策略转向具体的行动纲领和实践。

3. 住区休憩环境向关注人性化需求,注重居民休憩行为特征的方向迈进。

4. 住区文化建设的重要性逐渐成为人们的共识。

5. 城区内的商品住区和大城市近郊的住区、远郊的住区越来越呈现出不同的开发模式和环境特色。

挑战与机遇并存,从不足和制约条件看,主要有:

1. 住区规划和住宅设计缺乏突破,空间形态总体看比较单一。

2. 由于住户、发展商、物业管理单位、政府部门的利益和目标指向的不尽一致,住区文化的发展缺乏强有力的组织和制度支持,难以纳入社区建设的大的系统。

3. 大规模、高速度的开发对城市近郊的某些不利影响需要进一步研究。

4. 在住区景观特色上存在以张扬、浮华、艳丽等为特征的视觉刺激的倾向，对满足景观的精神需求研究不足，以售楼效果为导向的策划设计对入住后实际的使用需求缺乏关注。

通过本文对珠三角住区休憩环境的研究，还可以得出以下结论：

1. 住区休憩环境不是单纯的实质环境建设的问题，它的完善还依赖于良好的社区人文环境，最终需要达到实质空间、人文空间、意象空间三者的完美统一。

2. 居民是住区公共空间的所有者，也是住区休憩活动的主体，在珠三角商品住区，居民休憩活动的参与程度、居民交往及对住区事务的参与程度与其个人背景存在特定关系，但与所住楼盘的区位和实质休憩环境质量、社会氛围的关系更为显著。这说明，通过改善实质环境和社会环境可以提高居民的社区参与程度，从而使规划设计真正对"社区重构"的目标有所促进。

3. 居民、发展商、物业管理单位、政府部门在住区休憩环境建设上存在不同的利益指向，但总的目标是一致的，各方须相互协作，才能共建社区。

4. 居民休憩行为存在不少共性，但更多是差异，在千差万别的现象中，要以大的原则为指导，通过具体的案例分析，使研究落在实处。

5. 休憩行为研究是住区休憩环境研究的基础。"以人为本"并非一句空话，实现休憩环境的整体优化应该遵循功能整体性原则、最大满足原则、最小限制率、完备性原则和渐进原则。

6. 充分发挥和合理开发住区各类休憩空间的价值，是立足于珠三角住区基本状况的必由之路。

7. 根据居民满意度调查的结论，影响住区休憩环境质量的因素中，有几项居于核心地位，主要有环境设施、生态质量、面积大小和环境维护等；在对设施的需求程度上，公用设施、室外休闲交往设施、儿童游戏设施、室外康体设施居于主要地位。

8. 珠江三角洲新型住区休憩环境探索的一个思路是向空中发展，住区休憩环境与住区总体规划和住宅建筑设计是密不可分的整体，只有用整体的思维，才能探索出富于吸引力和具可行性的新型住区休憩空间。

由于研究条件的限制，同时由于所研究课题涉及面很广，内涵十分丰富，在本文中不可能在各方面展开探讨，存在很多需进一步研究的领域，其中比较有价值的研究方向有：

1. 住区景观偏好与住户个人背景的关系，景观偏好在居民对休憩环境的认知及休憩活动的参与上所起的作用如何。

2. 不同个人背景、不同类型住区对居民休憩行为和择居观念的影响。

3. 有关珠三角住区休憩环境的专家指标评价体系(前评估和后评估)及环境评价方法的研究。

4. 基于对各类建成休憩设施(儿童游戏场、游泳池等)的主客观评价与规划设计决策分析。

5. 物理环境如何影响居民满意度和休憩活动参与度，测量和评价住区休憩环境物理指标的方法，改善物理环境的途径。

6. 绿化、水体在住区中的生态作用和设计方法。

7. 区位条件与休憩环境设施配置的关系。

8. "公众参与"如何落实到住区休憩环境建设中。

可以看出，有关住区休憩环境的研究，已经在很大程度上超出了单纯的建筑设计的范畴，必须融入规划科学、社会学、生态学、心理学等的一些理论和研究方法，这样才能使研究向广度和深度发展。

主 要 参 考 文 献

中文文献：

1. 董黎明. 城市化与住房问题. 国外城市规划. 2001，(3)：21-24
2. 单文慧. 不同收入阶层混合居住模式——价值评判与实施策略. 城市规划. 2001，Vol.25(2)
3. 邓卫. 突破居住区规划的小区单一模式. 城市规划. 2001，Vol.25(2)30-32
4. 董昕. 城市住宅区位及其影响因素分析. 城市规划. 2001，Vol.25(2)33-39
5. 高鹏. 社区建设对城市规划的启示. 城市规划. 2001，Vol.25(2)40-45
6. 龚兆先. 现代居住区物质景观发展模式初探. 城市规划. 2001，Vol.25(2)46-48
7. 于一凡. 新加坡的居住环境设计. 城市规划. 2001，Vol.25(2)49-51
8. 胡伟. 纽约市社区规划的现状评述. 城市规划. 2001，Vol.25(2)52-54
9. 沈杰. 中国的城市化与城市住宅问题. 浙江大学学报（人文社会科学版）. 1999，Vol.29(3)：103-108
10. 杨宏烈. 南粤居住建筑文化的大手笔. 建筑学报. 1999，(9)：42-45
11. 杨宏烈. 浅谈南粤居住小区园林. 中国园林. 2000，Vol.16(5)：37-40
12. 王承慧. 从住区规划建设的误区谈起. 规划师. 2001，Vol.17(3)：19-22
13. 李可勤，李晓峰. "休闲"视野里的传统精神与现代设计. 新建筑. 2000，(6)8-11
14. 杨玉培，靳敏. 发展屋顶绿化、增加城市绿量. 中国园林. 2000，Vol.16(6)：26-29
15. 宋春华. 后小康人居及其政策取向. 南方房地产. 2001，(10)：4-6
16. 后小康人居向我们走来——后小康人居论坛专家观点辑要. 南方房地产. 2001，(10)：7-14
17. 谢家瑾. 建国五十年来住宅建设的回顾与展望. 城乡建设. 1999，(10)
18. 李飞. 广州市"后小康"城市人居模式的探索和实践. 南方房地产. 2001，(10)：15-18
19. 秦佑国. 中外生态住宅评估体系比较. 首届中国国际生态住宅新技术论坛发言稿，广州，2001

20. 王如松. 系统化、自然化、经济化、人性化——城市人居环境规划方法的生态转型. 首届中国国际生态住宅新技术论坛发言稿, 广州, 2001
21. 邹颖, 卞洪滨. 对中国城市居住小区模式的思考. 世界建筑. 2000, (5): 21-23
22. 黄伟平. 居住的类型学思考与体系. 建筑学报. 1994, (11)
23. 何兴华. 居住及其比较研究. 城市规划. 1998, Vol. 22(4): 33-35
24. 张宏. 广义居住与狭义居住. 建筑学报. 2000, (6): 47-49
25. 蒲蔚然, 刘骏. 探索促进社区关系的居住小区模式. 城市规划汇刊. 1997, (4): 54-58
26. 李金路. 中国城市居住区环境建设中的"以人为本". 中国园林. 1999, Vol. 15(6): 41-43
27. 赵和生. 行为模式与居住环境设计. 南京建筑工程学院学报. 1997, (3): 35-39
28. 许学强, 周春山. 论珠江三角洲大都会区的形成. 城市问题. 1994, (3)
29. 王燕. 浅析流动人口对珠江三角洲城市化进程的影响. 城市问题. 1997, (6)
30. 薛凤旋, 杨春. 外资影响下的城市化——以珠江三角洲为例. 城市规划. 1995(6)21-27
31. 魏清泉. 珠江三角洲经济区城市发展研究. 地域研究与开发. 1997, Vol. 16(2): 33-36
32. 刘怀君. 珠江三角洲城镇民俗初探. 中山大学学报(社会科学版). 1997, (2): 68-75
33. 许永刚等. 珠江三角洲群众体育社会需求特点的研究. 体育科学. 2000, Vol. 20(1)
34. 许永刚等. 珠江三角洲人们参加体育锻炼影响因子的分析研究. 体育学刊. 1998, (3): 13-15
35. 李凌江等. 社区人群生活质量研究——职业差异及其影响因素. 中国行为医学科学. 1995, (2)
36. 李东. 走向生态与社区的融合——二十一世纪住区规划思想展望. 规划师. 1999, Vol. 15(3): 71-74
37. 潘金洪等. 江苏省社区老龄服务需求调查分析. 市场与人口分析. 2000, Vol. 6(3): 57-62
38. 马卫红等. 上海市居民社区参与意愿影响因素分析. 社会. 2000, (6): 14-16
39. 叶红. 居住的人性回归——社区重构. 城市发展研究. 2000, (1): 24-28
40. 李王鸣等. 城市人居环境评价——以杭州城市为例. 经济地理. 1999, Vol. 19(2): 38-43

41. 杨贵庆. 上海城市高层住宅居住环境和社会心理调查分析与启示. 城市规划汇刊. 1999, (4)

42. 徐磊青. 为高层住宅辩护——两个高层住宅实例的居住满意度与邻里关系分析. 新建筑. 2000, (2): 46-47

43. 向大庆. 商品住宅消费中的择居意向与价值观. 新建筑. 1995, (2): 47-49

44. 王唯山. 对居住外部空间的剖析. 规划师. 1999, Vol. 15(3): 67-70

45. 徐磊青, 俞泳. 地下公共空间中的行为研究: 一个案例调查. 新建筑. 2000, (4): 18-20

46. 刘海卿, 苏东风. 模糊评价法在住宅建筑设计方案评定中的应用. 住宅科技. 1997(12)

47. 王秋平. 总图运输设计方案优化多级综合评价模型. 基建优化. 1997, Vol. 18(2)40-44

48. 聂晓晴. 对居住区交往空间的一些思考. 重庆建筑大学学报. 1998, Vol. 20(3): 79-82

49. 万邦伟. 老年人行为活动特征之研究. 新建筑. 1994, (4): 23-26

50. 钱城. 居住小区邻里关系的心理分析. 工业建筑. 1999, Vol. 29(4): 19-21

51. 潘一禾. 论工作与休闲的关系及意义. 浙江大学学报. 1996, Vol. 10(4): 40-46

52. 陈麟辉. 休闲文化: 社会发展的新机遇. 探索与争鸣. 1995, (12): 28-31

53. 孙樱. 我国城市老年人休闲行为初探. 城市问题. 2000, (2): 29-30

54. 朱永梅. 珠江三角洲群众体育的特点和发展前景. 体育与科学. 2000, Vol. 21(1)

55. 陈烈等. 珠江三角洲小城镇可持续发展研究. 经济地理. 1998, Vol. 18(4) 22-26

56. 阎小培等. 珠江三角洲乡村城市化特征分析. 地理学与国土研究. 1997, Vol. 13(2)29-35

57. 徐林发. 珠江三角洲工业化与城市化互动发展研究. 城市研究. 1998, (6) 34-40

58. 汤惠君. 珠江三角洲经济区土地资源的人口承载力研究. 广东工业大学学报. 1997, Vol. 14(3)

59. 李克华. 珠江三角洲城乡一体化的若干问题. 南方经济. 1998, (3)

60. 张振江. 珠江三角洲经济发展与文化变迁——以语言为对象的研究. 中山大学学报(社会科学版)1997, (1)55-59

61. 魏清泉. 广州市未来十年城市住区发展趋势. 南方房地产. 2001, (9)

62. 叶伟华, 王扬. 建筑底层架空式开放空间设计初探. 新建筑. 2001, (6): 55-58

63. 张剑敏. 适宜城市老人的户外环境研究. 同济大学建筑系教师论文集. 中国建工出版社，1997：79-83

64. 徐磊青. 居住环境评价的理论和方法. 同济大学建筑系教师论文集. 中国建工出版社，1997：199-204

65. 胡四晓. DUANY & PLATERZYBERK 与"新城市主义". 建筑学报. 1999，(1)

66. 邹兵. "新城市主义"与美国社区设计的新动向. 国外城市规划. 2000，(2)

67. 桂丹，毛其智. 美国新城市主义思潮的发展及其对中国城市设计的借鉴. 世界建筑. 2000，(10)

68. 周俭. 住宅区户外环境指标的研究. 城市规划汇刊. 1999(2)

69. 贾倍思. "可持续发展与城市住宅设计——香港高层住宅实例分析". 建筑师. 1998，Vol. 82(6)：49-50

70. 聂梅生. 住宅产业热点研讨. 商品住宅性能认定文件资料汇编. 建设部住宅产业化促进中心，2000

71. 孙克放. 更新理念、拓展思路、设计新一代康居住宅. 建筑学报. 2000，(4)：9

72. 聂梅生. 新世纪我国住宅产业化的必由之路. 建筑学报，2001(7)

73. 俞孔坚等. 景观可达性作为衡量城市绿地系统功能指标的评价方法与案例. 规划研究. 1999

74. 北京市院课题组. 居住区环境——居民室外活动需求调查报告. 建筑学报. 1989，(3)

75. 范耀邦. 邻里交往、住宅设计、小区规划. 建筑师. 第17期

76. 徐磊青. 上海居住环境评价研究. 同济大学学报. 1996，Vol. 24(5)：546-550

77. 居住意识、住宅性能、居住环境调查的启示. 北京建筑工程学院学报. 1997，Vol. 13(1)：39-42

78. 傅云新. 城市形象的综合评价——以广州市为例. 城市问题. 1998，(5)：7-10

79. 马建业. 北京市城市日常闲暇行为及其环境研究. 华中建筑. 2000，Vol. 18(4)：87-89

80. 徐磊青，杨公侠. 环境与行为研究和教学所面临的挑战及发展方向. 华中建筑. 2000，Vol. 18(4)：134-136

81. 吴硕贤等. 居住区生活环境质量影响因素的多元统计分析与评价. 泛亚热带地区建筑设计与技术(论文集). 广州：华南理工大学出版社，1998：1-16

82. 叶荣贵教授. 康乐建筑手记. 1997

83. 叶荣贵教授. 比较建筑学讲义. 1999

84. 叶荣贵教授. 居住区规划与环境设计札记. 2000
85. 吴硕贤教授. 建筑与数理统计学讲义. 1999
86. 曹又平，木楠. 小区会所成公共场所. 粤港信息日报. 2001年11月9日第23版
87. 黎向群. 住宅小区文化生态环境的思考. 南方房地产. 2001，（4）：44-45
88. 建社区文化就是做房地产品牌. 粤港信息日报. 2001年12月7日第18版
89. 深圳华侨城地产和世联地产. 锦绣花园会所功能需求调查报告. 2000年3月
90. 深圳德惠市场调研有限公司. 深圳宝安项目综合报告.
91. 广州市建筑科学研究院，华南理工大学建筑节能与DeST研究中心. 万科温馨家园日照与环境噪声测试评价报告. 2000年7月
92. 清华大学建筑技术科学系. 北京市天鸿东润枫景小区住区环境综合评价. 2000年6月
93. 杜宏武. 珠江三角洲小区居住环境评价研究. 2001年11月
94. 杜宏武. 珠江三角洲居住实态及人居环境研究报告. 2001年6月
95. 邹明武，郭建波. 人居风暴. 深圳：海天出版社，1999
96. 沈克宁，马震平. 人居相依. 上海科技教育出版社，2000
97. 许育民，刘凤翼. 新住宅运动. 湖南人民出版社，2000
98. 李瑜青等. 人本思潮与中国文化. 北京：东方出版社，1998
99. 贺仲雄. 模糊数学及其应用. 天津科学技术出版社，1983
100. 建设部住宅产业化促进中心. 商品住宅性能评定方法和指标体系（试行）. 2000
101. 聂梅生等编著. 中国生态住宅技术评估手册（2001年第一版）. 中国建筑工业出版社，2001
102. （美）拉特里奇. 大众行为与公园设计. 王求是，高峰. 中国建筑工业出版社，1990
103. 面向二十一世纪的建筑学. 第20届国际建协UIA北京大会出版物，1999
104. 叶裕民. 中国城市化之路——经济支持与制度创新. 商务印书馆，2001
105. 黄晓鸾. 居住区环境设计. 中国建筑工业出版社，1994
106. 李道增. 环境行为学概论. 清华大学出版社，1999
107. 吴承照. 现代城市游憩规划设计理论与方法. 北京：中国建筑工业出版社，1998
108. 常怀生. 建筑环境心理学. 台湾：田园城市文化事业有限公司，1995
109. 林玉莲，胡正凡. 环境心理学. 中国建筑工业出版社，2000
110. （丹麦）扬·盖尔. 交往与空间. 何人可. 中国建筑工业出版社，1992
111. 杨裕富. 都市住宅社区开发研究. 台北：明文书局
112. 吴家骅. 景观形态学. 中国建筑工业出版社，1999

113. 美国绿色建筑学会. 绿色建筑技术手册. 王长庆等. 中国建筑工业出版社，1999/4/8
114. 赖明茂. 住居生活空间营造的新视野. 台湾：建筑情报出版社
115. 杨裕富. 住宅社区建筑原型. 台北：田园城市文化事业有限公司
116. 乔迪. 兰德决策. 成都：天地出版社，1998
117. 刘卫东，彭俊等. 上海市居民生活方式和住宅空间研究. 同济大学出版社，2001
118. 刘文军，韩寂. 建筑小环境设计. 同济大学出版社. 1999
119. 罗子明. 消费者心理学. 北京：中央编译出版社，1994
120. 杨永生. 建筑百家言. 中国建筑工业出版社，1998
121. 杨贵庆. 城市社会心理学. 同济大学出版社，2000
122. 李敏. 城市绿地系统与人居环境规划. 中国建筑工业出版社，1999
123. 林其标. 住宅人居环境设计. 华南理工大学出版社，2000
124. 西安建科技大学绿色建筑研究中心. 绿色建筑. 北京：中国计划出版社，1999
125. (美)克里斯托弗·亚历山大等. 建筑模式语言——城镇建筑构造. 王昕度，周序鸿. 中国建工出版社，1989
126. (美)凯文·林奇. 城市意向. 方益萍，何晓军. 北京：华夏出版社，2001
127. (美)阿摩斯·拉普卜特. 建成环境的意义——非语言表达方式. 黄兰谷等. 中国建工出版社，1992
128. 刘士兴. 居住行为室外环境设计研究. 同济大学硕士论文，1997
129. 范学功. 住户会所建筑设计研究. 华南理工大学硕士论文，1998
130. 赵洁. 广州地区九十年代住宅小区研究. 华南理工大学硕士论文，2000
131. 朱立本. 居住区儿童户外活动空间环境的研究. 华南工学院硕士论文，1986
132. 翁颖. 邻里交往空间的研究. 华南工学院硕士论文，1986
133. 孙昕. 试论传统居住环境空间体系的更新和发展. 天津大学硕士学位论文，1996
134. 李中康. 广东地区居住小区规划发展动态研究. 华南理工大学硕士论文，2000
135. 范逸汀. 深圳市居住区生态环境分析. 华南理工大学硕士论文，2000
136. 陈坚. 家用轿车与城市居住环境——兼论北京市居住区规划设计与管理对策. 清华大学博士论文，1999
137. 张险峰. 居住区外环境质量控制. 哈尔滨建筑工程学院硕士论文，1992
138. 陈广俊. 深圳城市居住问题研究. 同济大学硕士学位论文，1997
139. 苏锟. 南方城市滨水居住小区规划与设计研究. 华南理工大学硕士论

文，2001

140. 赵松乐. 高层住宅外部形态的生成机制研究——以珠江三角洲为例. 华南理工大学硕士论文，2001

141. 王晖. 珠江三角洲城市住区开放空间景观研究. 华南理工大学硕士论文，2001

142. 张弘. 城郊接合部居住区规划设计研究. 华南理工大学硕士论文，1999

143. 程伟. 从实现居住文明探讨居住区公共设施配套建设. 华南理工大学硕士论文，2000

144. 陈清. 广州居住区配套公建定额标准控制方法和项目设置研究. 华南理工大学硕士论文，2001

145. 燕果. 珠江三角洲建筑二十年（1979—1999）. 华南理工大学博士论文，2000

146. 郭芳慧. 居民的户外行为与邻里交往环境. 郑州工学院硕士论文，1996

147. 方可. 探索北京旧城居住区有机更新的适宜途径. 清华大学博士论文，2000

148. 谭英. 从居民的角度出发对北京旧城居住区改造方式的研究. 清华大学博士论文，1997

149. 马立. 社区环境权之研究——从社区意识、环境意识之角度. 台湾：政治大学硕士论文，1995

150. 许仁成. 多属性决策方法评估标准之研究——特征向量法的应用. 台湾：中兴大学硕士论文，1995

151. 施凤娟. 景观偏好知觉与景观生态美质模式之探讨. 台湾：中华工学院硕士论文，1995

152. 周宏昌. 台湾地区民营游乐区游客需要特征之研究——以亚哥花园为例. 台湾：逢甲大学硕士学位论文，1995

153. 王玉娟. 从市场分析的观点探讨台中市民众之户外游憩偏好. 台湾：逢甲大学硕士学位论文，1995

154. 任炳勋. 珠江三角洲城市住区内部开放空间研究. 华南理工大学硕士学位论文，1999

155. 陈雄. 论住宅外部空间环境的创造——关于居民行为与环境的探讨. 华南工学院硕士学位论文，1986

156. 杜宏武. 现代休闲会所建筑设计研究. 华南理工大学硕士论文，1997

157. 康勇. 珠江三角洲地区商品住宅开发建设分析. 华南理工大学硕士论文，2000

158. 王宏杰. 当代住宅底部空间设计研究. 天津大学硕士论文，1999

159. 孙明娟. 居住区动静交通规划设计初探. 东南大学硕士学位论文，1998

160. 杜建华. 可持续发展与公众参与居住社区规划. 同济大学硕士论文, 1997

英文文献:

1. Sam Davis. *The Form of Housing*. pp. 141
2. W. P. E. Preiser, et. *Post-Occupancy Evaluation*. New York: Van Nostrand Reinhold Company
3. William H. Whyte. *The Social Life of Small Urban Space*. The Conservation Foundation Washington D. C ⓒ1980
4. Gary R. Clay, Terry C. Daniel. Scenic landscape assessment: the effects of land management jurisdiction on public perception of scenic beauty. *Landscape and Urban Planning*. 2001, Vol. 49, pp. 1-13
5. Tara Smith, Maurice Nelischer, Nathan Perkins. Quality of an urban community: a framework for understanding the relationship between quality and physical form. *Landscape and Urban Planning*. 1997, Vol. 39, pp. 229-241
6. A. Terrence Purcell, Richard J. Lamb. Preference and naturalness: An ecological approach. *Landscape and Urban Planning*. 1998, Vol. 42, pp. 57-66
7. Harri Silvennoinen, *etc*. Prediction models of landscape preferences at the forest stand level. *Landscape and Urban Planning*. 2001, Vol. 56, pp. 11-20
8. Ian D. Bishop. Predicting movement choices in virtual environments. *Landscape and Urban Planning*. 2001, Vol. 56, pp. 97-106
9. Ron Store, Jyrki Kangas. Integrating spatial multi-criteria evaluation and expert knowledge for GIS-based habitat suitability modeling. *Landscape and Urban Planning*. 2001, Vol. 55, pp. 79-93
10. Anne Ellaway, Sally Macintyre. Does housing tenure predict health in the UK because it exposes people to different levels of housing related hazards in the home or its surroundings? *Health & Place*. 1998, Vol. 4, No. 2, pp. 141-150
11. Owen J. Furuseth. Neotraditional planning: a new strategy for building neighborhoods. *Land Use Policy*. 1997, Vol. 14, No. 3, pp. 201-213
12. Onyerwere M. Ukoha & Julia O. Beamish. Assessment of Residents' Satisfaction with Public Housing in Abuja, Nigeria. *Habitat International*. 1997, Vol. 21(4), pp. 445-460
13. Isil Hacihasanoglu, Orhan Hacihasanoglu. Assessment for accessibility in housing settlements. *Buliding and Environment*. 2001, Vol. 36, pp.

657-666

14. V. I. Soebarto, T. J. Williamson. Multi-criteria assessment of building performance: theory and implementation. *Buliding and Environment*. 2001, Vol. 36, pp. 681-690

15. Min-Shun Wang, Hsueh-Tao Chien. Enviromnental behaviour analysis of high-rise building areas in Taiwan. *Buliding and Environment*. 1999, Vol. 34, pp. 85-93

16. Mohammed Abdullah, Eben Saleh. Actual and Perceived Crime in Residential Environments: A Debatable Discourse In Saudi Arabia. *Buliding and Environment*. 1998, Vol. 33, pp. 231-244

17. Jose Luis Carlec, *etc*. Sound influence on landscape values. *Landscape and Urban Planning*. 1999, Vol. 43, pp. 191-200

18. H. D. Turkoglu. Residents' satisfaction of housing environments: the case of Istanbul, Turkey. *Landscape and Urban Planning*. 1997, Vol. 39, pp. 55-67

19. Joke Luttik. The value of trees, water and Open space as reflected by house prices in the Netherlands. *Landscape and Urban Planning*. 2000, Vol. 48, pp. 161-167

20. Vedia Dokmeci, Lale Berkoz. Residential-location preferences according to demographic characteristics in Istanbul. *Landscape and Urban Planning*. 2000, Vol. 48, pp. 45-55

21. Susan Herrington, Ken Studtmann. Landscape interventions: new directions for the design of children's outdoor play environments. *Landscape and Urban Planning*. 1998, Vol. 42, pp. 191-205

22. Geoffrey J. Syme, *etc*. Lot size, garden satisfaction and local park and wetland visitation. *Landscape and Urban Planning*. 2001, Vol. 56, pp. 167-170

23. M. Goossen, F. Langers. Assessing quality of rural areas in the Netherlands: finding the most important Indicators for recreation. *Landscape and Urban Planning*. 2000, Vol. 46, pp. 241-251

24. A. D. Kliskey. Recreation terrain suitability mapping: a spatially explicit methodology for determining recreation potential for resource use assessment. *Landscape and Urban Planning*. 2000, Vol. 52, pp. 33-43

25. Ingunn Fjortoft, Jostein Sageie. The natural environment as a playground for children: Landscape description and anaysis of a natural playscape. *Landscape and Urban Planning*. 2000, Vol. 48, pp. 83-97

26. Rachel Katoshevski & Harry Timmermans. Using Conjoint Analysis to Formulate User-centred Guidelines for Urban Design: The Example of New Residential Development in Israel. *Journal of Urban Design*. 2001, Vol. 6, No. 1, 37-55

27. Sue Weidemann, James R. Anderson. Residents' perception of satisfaction and safety: A Basis for Change in Multifamily Housing. *Environment and Behavior*. 1982, Vol. 14, No. 6, pp. 695-724

28. George C. Galster, Garry W. Hesser. Residential Satisfaction: Compositional and Contextual Correlates. *Environment and Behavior*. 1981, Vol. 13, pp. 735-758

29. Howell S. Baum. How Should We Evaluate Community Initiatives? *APA Journal*. 2001, Vol. 67, No. 2, pp. 147-158

30. Ivonne Audirac. Stated Preference for Pedestrian Proximity: An Assessment of New Urbanist Sense of Community. *Journal of Planning Education and Research*. 1999, Vol. 19, pp. 53-66

31. Rachel Kaplan, *etc*. With People in Mind: Design and Management of Everyday Nature. *Places*. 2001, Vol. 13, No. 1, pp. 26-29

32. Ellen Dunham-Jones. New Urbanism as a Counter-Project to Post-Industrialism. *Places*. 2001, Vol. 13, pp. No. 2, 26-37

33. Anne Vernez Moudon. Proof of Goodness: A Substantive Basis for New Urbanism. *Places*. 2001, Vol. 13, pp. No. 2, 38-44

34. William R. Morrish. New Urbanism and the Environment Nature in the CNU Charter. *Places*. 2001, Vol. 13, pp. No. 2, 45-47

35. Emily Talen. Traditional Urbanism Meets Residential Affluence: An Analysis of the Variability of Suburban Preference. *APA Journal*. 2001, Vol. 67, No. 2, pp. 199-216

36. Gustavo S. Mesch, Orit Manor. Ethnic Differences in Urban Neighbour Relations in Israel. *Urban Sdudy*. 2001, Vol. 38, No. 11, pp. 1943-1952

37. X. Q. Zhang. The Impact of Land Reform on Housing Development in Urban China. *Urban Design International*. 2000, Vol. 5, pp. 37-46

38. James D. Thorne. Livable Communities. American Public Works Association. ©1997

39. New Urbanism-Executive Summary

40. New Urbanism-Alleys

41. Xu Xue-qiang, Li Shi-ming. China's open door policy and urbanization in the Pearl River Delta region. International Journal of Urban and Regional

Research. 1990, Vol. 14, pp. 49-69
42. Victor F. S. Sit, Chun Yang. Foreign-investment-induced Exo-urbanization in the Pearl River Delta, China. *Urban Studies*. 1997, Vol. 34 No. 4, pp. 647-677
43. George C. S. Lin. Metropolitan Development in a Transitional Socialist Economy: Spatial Restructuring in the Pearl River Delta, China. *Urban Studies*. 2001, Vol. 38 No. 3, pp. 383-406
44. William Michelson. Behavioral Research Methods in Environmental Design. Halsted Press.
45. Kai Gu. Urban Morphological Concepts in China's Context: A Case Study of Haikou.
46. Kai Gu. Urban Morphological of China in the post-socialist age: Towards a framework for analysis. *Urban Design International*. 2001

图 片 来 源

图 1-1 珠江三角洲经济区划图——来源：广东省地图册
图 1-2 工作、休息、休闲的关系模式图
——参考：杜宏武. 现代休闲会所建筑设计研究. 华南理工大学硕士论文：P1
图 1-3 城市居民游憩活动体系
——来源：吴承照.《现代城市游憩规划设计理论与方法》，中国建筑工业出版社，1998：P30
图 1-4 住区休憩环境要素的构成——来源：叶荣贵教授札记
图 1-5 百仕达花园一景——来源：作者自摄
图 1-6 东海花园一景——来源：发展商宣传资料
图 1-7 二沙岛棕榈园小尺度环境——来源：作者自摄
图 1-8 充满绿意的锦城花园内庭院——来源：发展商宣传资料
图 1-9 以叠石为特色的曦龙山庄——来源：作者自摄
图 1-10 中海名都的小桥流水——来源：发展商宣传资料
图 1-11 广州盈翠华庭的内庭园环境设计——来源：发展商宣传资料
图 1-12 星河湾的建筑风格——来源：作者自摄
图 1-13 阳光棕榈园会所的建筑风格——来源：发展商宣传资料
图 1-14 汇景新城会所的建筑风格——来源：发展商宣传资料
图 1-15 祈福新村会所——来源：作者自摄
图 1-16 行为科学与建筑设计的结合——转引自：李道增. 环境行为学概论. 清华大学出版社，1999：7
图 1-17 珠江三角洲住区休憩环境研究课题生成的机制模型——来源：作者
图 1-18 珠三角住区休憩环境研究工作程序——来源：作者
图 1-19 珠三角小区休憩环境研究的理论框架——来源：作者

图 2-1　儿童活动时空模型——来源：R. Moore. Patterns of Acting in Time and Space

图 3-1　番禺鸣翠苑环境设计总平面图——来源：叶荣贵教授手稿

图 3-2　南北主轴上的休憩性步道的局部，番禺鸣翠苑——来源：叶荣贵教授手稿

图 3-3　集知识性趣味性为一体的卵石步道节点，番禺鸣翠苑——来源：叶荣贵教授手稿

图 3-4　车辆不进入组团内部，星河湾畅心园——来源：发展商宣传资料

图 3-5　周边布置的消防车道，黄埔雅苑——来源：发展商宣传资料

图 3-6　休憩亭，百仕达花园——来源：作者自摄

图 3-7　坐在球上的儿童，鸿瑞花园——来源：作者自摄

图 3-8　休憩亭，广州奥林匹克花园——来源：中海地产

图 3-9　一个石凳，康裕北苑——来源：中海地产

图 3-10　雕塑"孩子与狗"，广州碧桂园——来源：中海地产

图 3-11　架空层内的座椅，锦城花园——来源：中海地产

图 3-12　户外休憩的居民，海滨广场——来源：作者自摄

图 3-13　布置不当的座椅，骏景花园——来源：作者自摄

图 3-14　不适合围坐打牌的座凳布置，海滨广场——来源：作者自摄

图 3-15　粗犷的凉亭和石座凳，广州奥园——来源：中海地产

图 3-16　可坐的花坛边缘，中海华庭——来源：作者自摄

图 3-17　可坐的花坛边缘，鸿瑞花园——来源：作者自摄

图 3-18　树边的座凳，星河湾——来源：作者自摄

图 3-19　座凳，中信海天一色——来源：中海地产

图 3-20　俯瞰花园的凉亭，中海华庭——来源：中海地产

图 3-21　避风的打牌者，骏景花园——来源：作者自摄

图 3-22　南国奥园的入口广场——来源：作者自摄

图 3-23　创世纪滨海花园小广场——来源：作者自摄

图 3-24　小型喷泉广场地面细部，星河湾——来源：作者自摄

图 3-25　东莞御景花园小广场——来源：中海地产

图 3-26　中海华庭的小广场——来源：中海地产

图 3-27　海滨广场的下沉式小广场——来源：作者自摄

图 3-28　海滨广场的小广场——来源：作者自摄

图 3-29　翠湖山庄的小广场——来源：作者自摄

图 3-30　星河湾的小广场——来源：作者自摄

图 3-31　广州奥林匹克花园小广场的"柱廊"——来源：作者自摄

图 3-32　华南新城集会广场的观众席——来源：作者自摄

图 3-33　华南新城集会广场的舞台——来源：作者自摄

图 3-34　冷冷清清的下沉式广场，海滨广场——来源：作者自摄

图 3-35　创世纪滨海花园的小广场——来源：作者自摄

图 3-36　露天剧场的位置，中海华庭——来源：作者自摄

图 3-37　从台阶上看小广场，南国奥园——来源：作者自摄

图 3-38　露天剧场的看台，中海华庭——来源：作者自摄

图 3-39　小广场中的表演台，曦龙山庄——来源：中海地产

图 3-40　广场和柱廊，东莞御景花园——来源：中海地产

图 3-41　小广场边的石柱，中信海天一色——来源：作者自摄

图 3-42　位于小区中心的 400m 长的商业步行街和购物广场，广州雅居乐——来源：发展商宣传资料

图 3-43　住区主路边上的商业空间，海滨广场——来源：作者自摄

图 3-44　台阶令顾客不便，海滨广场——来源：作者自摄

图 3-45　以步行街为主要休憩带，四季花城——来源：《建筑学报》2000(4)：封内彩页

图 3-46　步行街，海滨广场——来源：作者自摄

图 3-47　隔溪相望，星河湾组团内的咖啡厅——来源：作者中海地产

图 3-48　架空层内环境设计，广州东圃汇友苑——来源：设计宣传资料

图 3-49　架空层内的竹林，金色家园——来源：设计宣传资料

图 3-50　架空层内一景，金色家园——来源：设计宣传资料

图 3-51　架空层内篮球场，金色家园——来源：设计宣传资料

图 3-52　高敞的架空层，中海名都——来源：发展商宣传资料

图 3-53　架空层内运动器械场，金色家园——来源：中海地产

图 3-54　高敞的架空层，锦城花园——来源：中海地产

图 3-55　儿童游戏设施，广州碧桂园——来源：中海地产

图 3-56　架空层内游戏设施，金色家园——来源：中海地产

图 3-57　儿童自有他们的乐趣，广州奥园——来源：中海地产

图 3-58　围绕儿童游戏场的座椅，鸿瑞花园——来源：作者自摄

图 3-59　孤零零的游戏设施，创世纪滨海——来源：作者自摄

图 3-60　南国奥林匹克花园中"撒野公园"的总平面——来源：发展商宣传资料

图 3-61　可随意摆弄的儿童游戏设施能带来最大快乐——来源：《大众行为与公园设计》P.37 图 3.8

图 3-62　儿童游戏设施，广州奥园——来源：中海地产

图 3-63　从会所俯瞰游泳池，锦城花园——来源：中海地产

图 3-64　室内游泳池，东海花园——来源：中海地产

图 3-65　假山隐藏游泳池更衣室，百仕达花园——来源：中海地产

图 3-66　假山隐藏游泳池更衣室，翠湖山庄——来源：中海地产

图 3-67　游泳池池岸设计，中海华庭——来源：中海地产

图 3-68　游泳池池岸设计，曦龙山庄——来源：中海地产

图 3-69　游泳池中的喷泉，星河湾——来源：发展商宣传资料

图 3-70　游泳池池岸设计，怡安花园——来源：中海地产

图 3-71　游泳池，东海花园——来源：发展商宣传资料

图 3-72　游泳池和会所，雅湖半岛——来源：中海地产

图 3-73　游泳池边的座椅，东海花园——来源：发展商宣传资料

图 3-74　室内游泳池边的座椅，东海花园——来源：中海地产

图 3-75　游泳池边的座椅，骏景花园——来源：作者自摄

图 3-76　室内游泳池边的座椅，曦龙山庄——来源：中海地产

图 3-77　游泳池空间限定，金色家园——来源：发展商宣传资料

图 3-78　游泳池空间限定，雅湖半岛——来源：中海地产

图 3-79　游泳池空间限定，怡安花园——来源：发展商宣传资料

图 3-80　游泳池空间限定，中海华庭——来源：中海地产

图 3-81　游泳池空间限定，雅湖半岛——来源：中海地产

图 3-82　游泳池空间限定，南国奥园——来源：作者自摄

图 3-83 网球场围栏的美化，星河湾——来源：作者自摄

图 3-84 热闹的篮球场，海滨广场——来源：作者自摄

图 3-85 住户对会所功能的要求——来源：发展商宣传资料，《锦绣通讯》2000(11)：5

图 3-86 首期总平面，中城康桥——来源：《建筑学报》2000(4)封内彩页

图 3-87 带型住区中的一段，汇景新城——来源：发展商宣传资料

图 3-88 首期架空层平面，金色家园——来源：设计单位宣传资料

图 4-1 俯瞰内庭院，中海华庭——来源：中海地产

图 4-2 建筑细部，金地翠园——来源：中海地产

图 4-3 "沙滩"和会所，金海湾——来源：中海地产

图 4-4 建筑外观，中海棕榈园——来源：中海地产

图 4-5 汇景新城总平面图——来源：发展商宣传资料

图 4-6 山水庭苑鸟瞰图——来源：《建筑学报》2000(4)：15

图 4-7 四季花城总平面局部——来源：《建筑学报》2000(4)：51

图 4-8 祈福新村总平面——来源：房地产宣传资料

图 4-9 海滨广场的复合性休憩生活——来源：作者自摄

图 4-10 老少皆宜—广州碧桂园——来源：中海地产

图 4-11 休息的妇女儿童，海滨广场——来源：作者自摄

图 4-12 儿童游戏设施，广州碧桂园——来源：中海地产

图 4-13 山石瀑布，曦龙山庄——来源：中海地产

图 4-14 儿童游戏设施，广州碧桂园——来源：作者自摄

图 4-15 "马车夫和孩子们"，广州碧桂园——来源：中海地产

图 4-16 歌唱小组，蛇口花园城——来源：中海地产

图 4-17 促销活动聚集的人群，骏景花园——来源：作者自摄

图 4-18 "孩子和狗"，广州碧桂园——来源：中海地产

图 4-19 富于动感的景廊，蔚蓝海岸——来源：作者自摄

图 4-20 大鸟笼，中海华庭——来源：中海地产

图 4-21 鸽群和孔雀，海滨广场——来源：作者自摄

图 4-22 "水车"，丽江花园——来源：中海地产

图 4-23 居住时间与相识几率的关系——本书成果

图 4-24 架空层和敞地空间一体的休憩环境设计，深圳海天一

色雅居——来源：发展商宣传资料

图 4-25　位于大平台上的内庭园和架空层，广州翠湖山庄——来源：发展商宣传资料

图 4-26　纽约河湾公寓的剖视图和平面
——来源：转引自林玉莲，胡正凡编著《环境心理学》，中国建筑工业出版社，2000：120-121

图 4-27　深圳中海华庭总平面图——来源：发展商宣传资料

图 4-28　步行流线与住区休憩环境的关系的四种模式——来源：作者自摄

图 4-29　洛涛居入口——来源：中海地产

图 4-30　雅湖半岛入口——来源：中海地产

图 5-1　珠江三角洲住区休憩环境评价研究的工作框架——本书成果

图 6-1　荃湾祈德新村高层住宅标准层平面——来源：《建筑师》1998，Vol.82(6)：4-5

图 6-2　荃湾祈德新村高层住宅剖面——来源：《建筑师》1998，Vol.82(6)：4-5

图 6-3　现代城5♯楼标准层——来源：《建筑学报》2001，(7)：28-29

图 6-4　现代城5♯楼剖面——来源：《建筑学报》2001，(7)：28-29

图 6-5，图 6-6，图 6-7　现代城5♯楼中庭——来源：《建筑学报》2001，(7)：28-29

图 6-8　珠江湾小区规划设计某投标方案总平面——来源：设计者

图 6-9　珠江湾小区规划设计某投标方案标准层——来源：设计者

图 6-10　珠江湾小区规划设计某投标方案剖面——来源：设计者

图 6-11　"绿色方舟"单元平面草图——来源：作者绘制

图 6-12　"绿色方舟"总平面布置草图——来源：作者绘制

图 6-13　"绿色方舟"院落一层和二层平面——来源：作者绘制

图 6-14　"绿色方舟"单元剖面——来源：作者绘制

图 6-15　"悬空院落"一角——来源：作者绘制

图 6-16　"悬空院落"一角——来源：作者绘制

图 6-17 "悬空院落"一角——来源：作者绘制
图 6-18 "悬空院落"一角——来源：作者绘制
图 6-19 "绿色方舟"外观体形效果——来源：作者绘制
图 6-20 "绿色方舟"外观体形效果——来源：作者绘制
图 6-21 "绿色方舟"地下一层和地下二层平面——来源：作者绘制
图 6-22 "悬空院落"结构布置示意图——来源：作者绘制
图 6-23 "绿色方舟"总平面布置——来源：作者绘制

附　表

珠江三角洲小区居民休憩行为调查表　　　　　（附表一）

休憩环境是小区居民休息娱乐交往等活动的公共空间，包含园林绿地、室内公共空间（会所等）以及各种公共设施，为了了解您的实际需求，提升我们的服务水平，恳请您协助我们进行这次用户问卷调查。

（管理处）

您住的小区名：_____；楼栋号：_____；住第_____层；入住已经_____年零_____月，（男/女）

一、您家主要经济收入来源人的职业是：1.□党政军；2.□文教卫生；3.□企业领导；4.□企业中级员工；5.□一般白领员工；6.□一般蓝领员工；7.□私营企业主；8.□个体工商户；9.□其他：_____。

二、主要收入来源人的学历：1.□初中/初中以下；2.□高中/中专；3.□大专；4.□本科；5.□本科以上。

三、您的家庭成员包括（在相应空格内打勾，如符合该条件的不止一人，就填写出人数）：

	婴幼儿	小学生	中学生	30岁以下成人	30~40岁	40~50岁	50~60岁	60岁以上
男								
女								

四、请根据您的家庭成员参加日常休憩活动的大致次数，选择适当的序号填在相应空格里。

活动类型（主要指在本小区内的公共休憩空间进行的活动）	把符合各人活动次数的代号填在相应空格： A. 少于每月一次　B. 约每月一次　C. 约半月一次 D. 约每周一次　E. 每周两次　F. 每周三四次　G. 每周五到七次　H. 每周七次以上					
	男主人	女主人	子女/一	子女/二	老人/男	老人/女	保姆
户外活动（游戏/闲坐/散步/打牌/聊天）							
会所内活动（游戏/桌球/棋牌/聊天/歌舞）							

续表

活动类型（主要指在本小区内的公共休憩空间进行的活动）	把符合各人活动次数的代号填在相应空格： A. 少于每月一次　B. 约每月一次　C. 约半月一次 D. 约每周一次　E. 每周两次　F. 每周三四次　G. 每周五到七次　H. 每周七次以上					
	男主人	女主人	子女/一	子女/二	老人/男	老人/女	保姆
游泳或戏水							
体育运动（网球/乒乓球/羽毛球/健身等）							
晨练（打拳/舞剑/散步等）							
带婴幼儿户外玩耍							
步行到附近就餐							
饮早茶、在附近吃早点							
其他活动（内容：　　　　）							

五、请根据您的家庭成员参加日常休憩活动的大致时间，选择适当的序号填在相应空格里。

活动类型（主要指在本小区内的公共休憩空间进行的活动）	按平均每次活动所用时间，把符合各人情况的代号填在相应空格： A. 15分钟以内，　B. 15～30分钟，　C. 30～45分钟， D. 45～60分钟，　E. 1～1.5小时，　F. 1.5小时以上					
	男主人	女主人	子女/一	子女/二	老人/男	老人/女	保姆
户外活动（游戏/闲坐/散步/打牌/聊天）							
会所内活动（游戏/桌球/棋牌/聊天/歌舞）							
游泳或戏水							
体育运动（网球/乒乓球/羽毛球/健身等）							
晨练（打拳/舞剑/散步等）							
带婴幼儿户外玩耍							
其他活动（内容：　　　　）							

六、和您同住一个小区并同您家有过交往的其他住户的数量是：
1. □无；2. □一户；3. □两户；4. □三户；5. □四户；6. □五户；7. □六户；8. □七户或更多。

七、您能凭印象知道对方也是本小区居民的人数是：　1. □5人以下；2. □5～10人；3. □10～15人；4. □15～20人；5. □20～25人；6. □25～30人；7. □30人以上。

八、下列八种认识小区内其他居民的途径，根据你家的经历将其排序，最主要认识途径为1，其次是2、3、…、最不可能的途径为8。

方式	相互请求帮助	通过孩子	通过老人	讨论装修	经常碰面	一起维护权益	休闲娱乐时	偶然机会
排序								

珠江三角洲小区休憩环境质量调查表　　　　（附表二）

您住的小区名：_____；楼栋名或编号：_____；住第几层：_____；入住已经_____年_____月，（男/女）

一、您家主要经济收入来源人的职业是：1. □党政军；2. □文教卫生；3. □企业领导；4. □企业中级员工；5. □一般白领员工；6. □一般蓝领员工；7. □私营企业主；8. □个体工商户；9. □其他：_____。

二、主要收入来源人的学历：1. □初中/初中以下；2. □高中/中专；3. □大专；4. □大学本科；5. □本科以上。

三、根据您所在小区的休憩环境的实际情况和您的看法，对其各项指标作出判断或评价：

类　别	项　　　目	对评价指标的看法（四个选项选一个打勾）			
面积大小	1. 公共园林绿地和室外休憩空间的面积	大	较大	较小	小
	2. 住宅大堂、会所等室内公共空间面积	大	较大	较小	小
室外设施	3. 康体游戏（儿童游戏、游泳池、网球场等）	满意	较满意	不太满意	不满意
	4. 休息交往设施（小广场、座椅、散步道）	满意	较满意	不太满意	不满意
	5. 基础设施（路灯、垃圾箱、公告栏、残疾人坡道等）	满意	较满意	不太满意	不满意
室内设施	6. 休息交往空间（住宅大堂、会所休息厅等）	满意	较满意	不太满意	不满意
	7. 休闲设施（餐饮、桑那、美发、阅览视听等）	满意	较满意	不太满意	不满意
	8. 康体娱乐（乒乓、健身、桌球、棋牌游戏等）	满意	较满意	不太满意	不满意
使用便利	9. 到常去的活动设施	近	较近	较远	远
	10. 到小区中心绿地	近	较近	较远	远
	11. 到会所等室内公共场所	近	较近	较远	远
安全环境	12. 防止磕碰、跌落等意外伤害的安全性	安全	较安全	不太安全	不安全
	13. 防止小区内部交通事故的安全性	安全	较安全	不太安全	不安全
人文感受	14. 休憩环境的吸引力和趣味性	高	较高	较低	低
	15. 休憩环境的文化气息或特点	好	较好	较差	差
	16. 环境气氛的活跃性和人情味	好	较好	较差	差
景观美感	17. 建筑物美观程度	好看	较好看	较难看	难看
	18. 园林绿地、环境雕塑小品等的优美程度	好看	较好看	较难看	难看
	19. 会所等室内公共休憩空间的优美程度	好看	较好看	较难看	难看

续表

类 别	项 目	对评价指标的看法(四个选项选一个打勾)			
物理环境	20. 室外空气流通	好	较好	较差	差
	21. 外部噪声控制(小区内外的交通噪音等)	安静	较安静	较吵闹	很吵闹
	22. 日照(避免冬季大面积阴影和夏季日晒)	好	较好	较差	差
生态质量	23. 空气质量	好	较好	较差	差
	24. 水土质量	好	较好	较差	差
	25. 绿化生态效果(植物茂盛度和大型乔木数)	高	较高	较低	低
环境维护	26. 休憩环境卫生	满意	较满意	不太满意	不满意
	27. 休憩设施维护(保持休憩设施良好状态)	满意	较满意	不太满意	不满意

上述1~27项指标中，您觉得哪七项对小区休憩环境质量的影响最大，请把它们的序号写在下格中：

将上述十大类按其对小区休憩环境质量的影响大小排序，影响最大的为1，依次为2，3，…，最次要为10。

类 别	面积大小	室外设施	室内设施	使用便利	安全环境	人文感受	景观美感	物理环境	生态质量	环境维护
影响力排序										

您对您居住的小区的休憩环境质量的总体满意程度：(选择一个答案，在小格中打勾)

很满意	满意	较满意	一般	较不满意	不满意	很不满意

珠江三角洲小区休憩设施调查表　　　　（附表三）

您住的小区名：_____；楼栋名或编号：_____；住第几层：_____；入住已经 年_____月，（男/女）

一、您家主要经济收入来源人的职业是：1. □党政军；2. □文教卫生；3. □企业领导；4. □企业中级员工；5. □一般白领员工；6. □一般蓝领员工；7. □私营企业主；8. □个体工商户；9. □其他：_____。

二、主要收入来源人的学历：1. □初中/初中以下；2. □高中/中专；3. □大专；4. □大学本科；5. □本科以上。

三、您对您住的小区内各类公共设施和环境要素的观点（对设施和要素的满意程度，对设施需求程度）

类别	项目	对所在小区该设施的看法（在五个选项中选一个打勾）					对该设施需求程度高低的看法（在五个选项中选一个打勾）				
儿童游戏	1. 室外游戏器械和空间	好	较好	较差	差	无	必需	需要	略需要	不太需要	不需要
	2. 游戏室和电子游戏室	好	较好	较差	差	无	必需	需要	略需要	不太需要	不需要
室内康体	3. 桌球	好	较好	较差	差	无	必需	需要	略需要	不太需要	不需要
	4. 乒乓球	好	较好	较差	差	无	必需	需要	略需要	不太需要	不需要
	5. 健身房、健身舞室	好	较好	较差	差	无	必需	需要	略需要	不太需要	不需要
室外康体	6. 网球场	好	较好	较差	差	无	必需	需要	略需要	不太需要	不需要
	7. 游泳池（含戏水池）	好	较好	较差	差	无	必需	需要	略需要	不太需要	不需要
室内休闲交往	8. 餐馆、酒吧等餐饮设施	好	较好	较差	差	无	必需	需要	略需要	不太需要	不需要
	9. 住宅大堂	好	较好	较差	差	无	必需	需要	略需要	不太需要	不需要
	10. 会所大堂、休息厅等	好	较好	较差	差	无	必需	需要	略需要	不太需要	不需要
室外休闲交往	11. 小广场等集散空间	好	较好	较差	差	无	必需	需要	略需要	不太需要	不需要
	12. 室外座椅和停留空间	好	较好	较差	差	无	必需	需要	略需要	不太需要	不需要
	13. 休闲散步道	好	较好	较差	差	无	必需	需要	略需要	不太需要	不需要
	14. 屋顶花园、架空层等	好	较好	较差	差	无	必需	需要	略需要	不太需要	不需要
视听休闲	15. 书报阅览室	好	较好	较差	差	无	必需	需要	略需要	不太需要	不需要
	16. 室外公告栏、橱窗等	好	较好	较差	差	无	必需	需要	略需要	不太需要	不需要
	17. 背景音乐系统	好	较好	较差	差	无	必需	需要	略需要	不太需要	不需要
文娱设施	18. 卡拉OK歌舞厅	好	较好	较差	差	无	必需	需要	略需要	不太需要	不需要
	19. 棋牌室、麻将房	好	较好	较差	差	无	必需	需要	略需要	不太需要	不需要
被动休闲	20. 桑那浴室	好	较好	较差	差	无	必需	需要	略需要	不太需要	不需要
	21. 美容美发	好	较好	较差	差	无	必需	需要	略需要	不太需要	不需要

影响小区休憩环境质量的因素的重要性各不相同，请按以下标度表语义和数值的对应关系(2、4、6、8表示两个相邻判断的中值)两两比较这些因素的相对重要性。将比较数值填在表A、表B、表C中。(表A、表B中，"右上"和"左下"两个半边的数值互为倒数，只需填写"右上"边即可)

标度表

极其重要		很重要		明显重要		略重要		同等重要
9	8	7	6	5	4	3	2	1

例如景观比防噪音明显重要，则景观：防噪音＝5∶1；防噪音：日照略重要，则日照：防噪音＝1∶3；景观：日照介于"极其重要"和"很重要"之间，则景观：日照＝8∶1。

示例：

	景观	防噪音	日照
景　观	1	5	8
防噪音	1∶5	1	3
日　照	1∶8	1∶3	1

表A(根据上面标度表的约定两两比较下列指标，在相应位置填写其相对重要性的比分)

	1. 休憩环境面积大小	2. 休憩环境的适用性	3. 使用便利	4. 安全性能	5. 人文感受	6. 景观美感	7. 物理性能	8. 生态质量	9. 卫生和设施的维护
1. 休憩环境面积大小	1								
2. 休憩环境的适用性	—	1							
3. 使用便利	—	—	1						
4. 安全性能	—	—	—	1					
5. 人文感受	—	—	—	—	1				
6. 景观美感	—	—	—	—	—	1			
7. 物理性能	—	—	—	—	—	—	1		
8. 生态质量	—	—	—	—	—	—	—	1	
9. 卫生和设施的维护	—	—	—	—	—	—	—	—	1

续表

类别	项目	对所在小区该设施的看法 (在五个选项中选一个打勾)					对该设施需求程度高低的看法 (在五个选项中选一个打勾)				
公用设施	22. 路灯	好	较好	较差	差	无	必需	需要	略需要	不太需要	不需要
	23. 垃圾箱	好	较好	较差	差	无	必需	需要	略需要	不太需要	不需要
	24. 残疾人无障碍设施	好	较好	较差	差	无	必需	需要	略需要	不太需要	不需要
硬质景观	25. 建筑物立面与造型	好	较好	较差	差	无	必需	需要	略需要	不太需要	不需要
	26. 铺地、壁画、雕塑等	好	较好	较差	差	无	必需	需要	略需要	不太需要	不需要
软质景观	27. 植物绿化	好	较好	较差	差	无	必需	需要	略需要	不太需要	不需要
	28. 天然水体	好	较好	较差	差	无	必需	需要	略需要	不太需要	不需要
其他重要而未列出的设施		好	较好	较差	差	无	必需	需要	略需要	不太需要	不需要
		好	较好	较差	差	无	必需	需要	略需要	不太需要	不需要
		好	较好	较差	差	无	必需	需要	略需要	不太需要	不需要

您对您居住的小区内各类设施和环境要素的总的看法：(以完备性和适用性为标准，选择一个打勾)

很好	好	较好	一般	较差	差	很差

根据自己的观点，将上述十二大类按照重要性排序，最重要的为1，依次为2，3，…，最不重要为12。

类别	儿童游戏	室内康体	室外康体	室内休闲交往	室外休闲交往	视听休闲	文娱设施	被动休闲	公用设施	硬质景观	软质景观	其他
排序												

珠江三角洲居住环境与行为调查 (附表四)

尊敬的业主：

  为了更好地满足本楼盘居民的居住需求，提升我处物业管理水平和服务质量，并向开发商提供有利于提高规划设计水平，满足居民居住需求的合理建议，我们特开展这次小区居住状况的调查。恳请您给予大力支持。请您根据您自己的想法和实际情况对以下问题给予回答。为了感谢您的密切配合，我们在回收调查表的同时为您奉上一份精美实用的小礼品。（物业管理处）

  您住的小区是：_____楼栋：_____门牌：_____，入住已经_____年_____月，性别：男／女，您的住房是：_____房_____厅_____厕，建筑面积：_____ m^2，实用面积：_____ m^2

一、根据题目的要求，从给定选项中选择您认为最合适的选项打勾。

  1. 从离开家门到您工作的单位所花费的平均时间，您认为在_____分钟内可以接受，在_____分钟内比较满意。　1. □20 分钟以下；2. □20～30 分钟；3. □30～40 分钟；4. □40～50 分钟；5. □50～60 分钟；6. □60 分钟以上。

  2. 从您家步行到您经常使用的公交车站（地铁站）所花费的时间，您认为在_____分钟内可以接受，在_____分钟内比较满意。　1. □5 分钟以下；2. □5～10 分钟；3. □10～15 分钟；4. □15～20 分钟；5. □20～25 分钟；6. □25 分钟以上。

  3. 您家拥有的自行车数量是：1. □没有；2. □有一辆；3. □有两辆或两辆以上；
您家拥有的摩托车数量是：1. □没有；2. □有一辆；3. □有两辆或两辆以上；
您家拥有的小轿车数量是：1. □没有；2. □有一辆；3. □有两辆或两辆以上。

  4. 您同您的邻居认识吗？1. □是；2. □否。
您参观过邻居的房子或到邻居家里作过客吗？1. □是；2. □否。
您是否曾经因为来自左邻右舍的噪音影响而向他们提出过抱怨？1. □是；2. □否。

  5. 在您的小区内同您有过交往，见面会打招呼或点头的其他住户的数量是：1. □无；2. □一户；3. □两户；4. □三户；5. □四户；6. □五户；7. □六户；8. □七户或更多。

  6. 您能凭印象知道对方也是本小区居民的人数是：1. □5 人以下；2. □5～10 人；3. □10～15 人；4. □15～20 人；5. □20～25 人；6. □25～30 人；7. □30 人以上。

  7. 从您家走到小区内的中心绿地的时间：1. □两分钟内；2. □2～4 分钟；3. □4～6 分钟；4. □6～8 分钟；5. □8～10 分钟；6. □10 分钟以上。

  8. 假如您的房子有一处可以增加一点面积，您最希望增加面积的两个地方是：_____。
1. □客厅；2. □餐厅；3. □主卧室；4. □次卧室；5. □厨房；6. □卫生间；7. □主人卫生间；8. □书房；9. □储藏室；10. □阳台；11. □其他。

  9. 在小区内可能设置的各种活动场地中，您认为最需要的两个是：_____
1. □网球场地；2. □篮球场地；3. □游泳池；4. □室外羽毛球；5. □器械（单杠等）；6. □儿童游戏场地；7. □带台阶的露天小广场；8. □其他。

  10. 在小区的会所可能设置的室内活动场地中，您认为最需要的两个是：_____
1. □乒乓球；2. □羽毛球；3. □桌球；4. □壁球；5. □棋牌；6. □电子游戏室；7. □健身房；8. □其他。

珠江三角洲小区休憩环境质量——专家意见征询表　　（附表五）

休憩环境是小区居民休息、娱乐、交往等的室内外公共活动空间。请您根据自己的观点确认各指标的重要程度，据此在相应空格内填写各指标的权重数值。

一级指标	一级权重	二级权重	二级指标	对二级指标的解释和说明	
1 休憩环境面积大小			1.1 户外公共休憩空间的面积	包含架空层、屋顶花园在内的所有公共绿地和室外(半室外)活动空间	
			1.2 室内公共休憩空间的面积	包含住宅大堂、会所、餐饮等具有休闲交往功能的室内空间	
2 休憩环境的适用性			2.1 休息停留交往设施	小广场、室外座椅、散步道；住宅大堂、会所休息厅等	评价内容有：各类休憩空间和设施设置的合理性，满足居民需求的程度；环境和设施本身(设计施工等)质量的优劣。
			2.2 儿童游戏类设施	室内外儿童游戏器械、儿童电子游戏、戏水池等	
			2.3 康乐体育设施	游泳、网球、乒乓、健身、健美操、桌球等体力或身体技能型项目	
			2.4 休闲娱乐设施	阅读、棋牌、麻将等脑力型项目；美容美发、桑那浴等被动式休闲；餐饮、酒吧等	
			2.5 公益基础设施	路灯、垃圾箱、公告栏、残疾人坡道、空调、背景音乐等	
3 使用便利			3.1 户外休憩环境的便利性	休憩环境空间布局的合理性，居民使用户内户外休憩空间及其设施的便利性	
			3.2 室内休憩环境的便利性		
4 安全性能			4.1 防磕碰、跌落等的安全性能	设施本身(如儿童游戏器械、台阶等)防止意外伤害的性能	
			4.2 防交通事故的安全性能	合理组织小区内部机动车流，减少威胁	
5 人文感受			5.1 环境的吸引力和趣味性	能吸引居民兴趣和好奇心	
			5.2 环境的文化气息或特点	赋予环境以浓厚的文化气息	
			5.3 气氛的活跃性和丰富性	环境富有生气、丰富多彩	
6 景观美感			6.1 建筑物立面造型	小区内建筑物美观程度	
			6.2 园林绿地和室外环境景观	小区内园林绿地和休憩环境(包含被用作"借景"的小区外的景观)	
			6.3 室内公共休憩环境景观	室内设计和装修所创造的室内景观	
7 物理性能			7.1 空气流通	包含室内室外，主要指外部环境	
			7.2 噪声控制	主要是小区内外的交通噪音等	
			7.3 日照	避免冬季大面积阴影和夏季阳光直晒	
8 生态质量			8.1 空气质量	空气无污染	
			8.2 水土质量	天然水体和土壤无污染	
			8.3 绿地的生态效益	植物茂盛丰实度、群落配置合理程度、大型乔木数量等	
9 卫生和设施的维护			9.1 休憩环境卫生		
			9.2 休憩设施维护保养		

表 B(根据上面标度表的约定两两比较下列指标,在相应位置填写其相对重要性的比分)

	2.1 休息停留交往设施	2.2 儿童游戏类设施	2.3 康体娱乐设施	2.4 休闲娱乐设施	2.5 公益基础设施
2.1 休息停留交往设施	1				
2.2 儿童游戏类设施	—	1			
2.3 康体娱乐设施	—	—	1		
2.4 休闲娱乐设施	—	—	—	1	
2.5 公益基础设施	—	—	—	—	1

表 C(以下将属于同一个一级指标下面的二级指标做两两比较,请根据上面标度表的约定和您自己的意见,在相应位置填写它们相对重要性的比分)

两个二级指标重要性比较	比分	两个二级指标重要性比较	比分
户外公共休憩空间面积:室内公共休憩空间面积		户外休憩设施的适用性:室内休憩设施的适用性	
防磕碰跌落等的安全性能:防交通事故的安全性能		休憩环境卫生:休憩设施维护保养	
环境的吸引力和趣味性:环境的文化气息 环境的文化气息:气氛的活跃性和人情味 环境的吸引力和趣味性:气氛的活跃性和人情味		空气流通:噪声控制 空气流通:日照 噪声控制:日照	
建筑物美观程度:园林绿地和室外环境景观 建筑物美观程度:室内公共休憩环境景观 园林绿地和室外环境景观:室内公共休憩环境景观		空气质量:水土质量 空气质量:绿地生态效益 水土质量:绿地生态效益	

3A级住宅环境性能评定指标体系及其分值表　　（附表六）

一级指标	分值		二级指标	具体定性定量指标（三级指标）的概括性描述
用地与规划	25	10	规划结构	选址得当，避免不良环境条件影响并与环境协调；功能分区明确，用地配置合理，布局结构清晰、协调有序，容积率控制得当；因地制宜，合理利用原有地形；方便居民生活，有利于邻里交往，适应物业管理需要；
		10	道路与交通	道路系统构架清晰，分级明确，与城市道路衔接合理；出入口选择得当；道路简洁通畅，避免过境交通，满足消防抗灾等需要；人车流组织有序，停车布局合理；道路满足无障碍通行；
		5	住宅群体	住宅布置满足日照、通风和避免视线干扰，保证室内外环境质量，同时做到节能节地；空间层次清楚，尺度恰当，丰富多样，有利于居民生活的安静与安全；
用水与节水	15	4	保障供水水质	供水水质符合《生活饮用水卫生标准》；采用对供水水质无污染的管材，并有证明材料；设置变频调压供水装置；
		2	保障供水水压	由市政供水管网或有独立供水加压设施供水，压力符合规范要求；
		2	排水设施	设有完善的雨污分流排水系统，并分别接入城市雨污水系统；设独立的污水处理系统时，处理后污水满足国家污水排放标准；
		2	地面水水质	天然水体水质和人造景观水体满足《景观娱乐用水水质标准》；
		3	节水器具和设备应用	公共用水设备采用节水器具；合理采用透水地面铺装材料；设置独立中水系统时，处理后水质满足《生活杂用水水质标准》；
		2	人工游泳池水质	设水循环和消毒设施，符合《游泳池给水排水设计规范》；经循环和消毒处理，水质符合《游泳场所卫生标准》；
绿地及景观	20	6	绿地配置	绿地率≥30%；绿地配置合理，位置和面积适当，点线面、集中与分散相结合；充分利用停车位、墙面、屋顶、阳台等地进行绿化；
		5	室外活动空间	结合绿地设置适当地硬质铺装场地，有遮荫措施；设置老人、儿童活动场地；结合室外活动场地设照明设施；
		5	植物丰实度及绿化栽植	植物种类多样，空间层次多变；栽植符合采光、通风、遮荫、景观视线；随季节变化富于观赏性；无裸土，长势好、成活率高；
		4	建筑造型与室外环境景观	造型美观新颖，能体现鲜明时代特征，具有文化内涵，体现地方文脉；造型充分考虑群体效果，反映住宅建筑特征；细部处理得当，有较好的灯光造型设计和夜景；造型设计考虑外立面的持久性及便于物业管理，对外露管道有造型上的处理；标识标牌醒目、美观，夜间可见；
室外噪声与空气污染	8	2	室外噪声	等效噪声级：白天≤50dB(A)，晚上≤40dB(A)偶然噪声级≤55dB(A)；
		6	室外空气污染	无排放性污染源或有排放性污染源但经过除尘脱硫设备处理；无开放性局部污染源或有开放性局部污染源但燃烧采用洁净燃烧；无辐射性局部污染源；无溢出性局部污染源；
环境卫生	10	4	卫生设施	公共厕所、垃圾箱的标准、数量、位置满足标准；
		6	居民生活垃圾收运	居民生活垃圾袋装、集中密闭收运；
公共服务设施与智能化系统	22	11	公共服务设施	小区内设教育、卫生保健、室内健身体育用房、室外儿童游戏场和体育场所、游泳池、商业、社区服务、停车、无障碍设施等；
		11	智能化系统	设置入口及公共设施的安防报警和电视监控，设电子巡更、可视对讲、远程抄表、有线电视、宽带网络、物业管理局域网、户内安防和紧急呼救报警系统；

后 记

本书系根据作者博士学位论文《珠江三角洲住区休憩环境研究》稍加修改而成，攻读博士的四年半时间似乎转眼而过，好在凝聚心力的成果终于在 2002 年 12 月顺利通过答辩。承蒙论文评阅人吴硕贤、卢济威、栗德祥、鲍家声、许安之诸位先生肯定论文并提出意见，感谢答辩委员会黄为隽、陆元鼎、叶荣贵、彭其兰、黄浩诸位先生一致同意论文答辩通过并指出今后深入研究的方向。

在攻读博士学位整个过程中，导师叶荣贵教授给予我悉心指导和关怀，叶先生不但有渊博的学识、丰富的实践经验，而且善于兼收并蓄，为人勤勉诚恳、诲人不倦。他严谨的治学态度、坦率达观的性格，对我而言是一笔宝贵的精神财富。在对本论文的指导中，导师富于洞察力和前瞻性的思想令人难忘，同时他强调理论结合实践，勇于研究和解决实际问题，这种求实态度对本人是一种潜移默化的影响。

在论文构思和写作过程中，本人有幸旁听了吴硕贤教授讲授的数理统计课程，并有机会请先生评述问题、解答疑惑，先生严谨的科研作风和工作方法给我以很大启发；吴庆洲等教授提出的真知灼见令论文更加趋于完善，他们的观点令本人开阔了理论视野，领略到不同风格的治学方法。

论文的调查研究过程，头绪繁多，大量工作的完成离不开同学朋友和各方面人士的倾力协助。感谢原中国海外集团公司杜晶先生、王英女士、赵洁女士，广州保利房地产公司康勇先生，侨鑫集团林金萍女士，中山雅居乐房地产公司等单位有关人士的大力协助。李中康、冯远征、杜堃等为开展问卷调查提供了很多帮助；陈纪凯、郭谦、陆琦、庄少庞、陈建华、赵勇伟、叶伟华、王扬、刘宇波、尹朝晖、韩冬、俞伟、孟丹、黄涛、梁海岫、李晖、赵阳、程权、袁仲伟、杨金铃、冼京晖、宋江涛、王立全、郭卫红、凌育红、朱小雷、苏平、许自力、陈军、周玄星、肖旻等人参与了问卷调查，有的提供了宝贵意见，在此一并致谢！

感谢加拿大滑铁卢大学城市规划学博士谷凯，他帮助搜集了大量外文资料，对论文摘要和目录的英语译文做了改动，使译文更准确流畅；华工应用数学系丁仕虹在论文数理统计的有关内容上，提供了大量的指导和帮助，并做了大量的计算机运算工作。

感谢我的父母家人，他们不断的鼓励和无私的付出，令我能够在艰辛的求学和工作过程中得以保持平和乐观的心态，是我永远的心灵慰藉。感谢我的妻子，她的支持和鼓励使我能将论文付梓出版并不断求索。

人在旅途，一刻不闲！

学海无涯，惟有奋进！

2006 年 3 月